データ×AI人材キャリア大全

職種・業務別に見る必要なスキルとキャリア設計

村上智之 著

本書内容に関するお問い合わせについて

このたびは翔泳社の書籍をお買い上げいただき、誠にありがとうございます。弊社では、読者の皆様からのお問い合わせに適切に対応させていただくため、以下のガイドラインへのご協力をお願い致しております。下記項目をお読みいただき、手順に従ってお問い合わせください。

■ **ご質問される前に**

弊社Webサイトの「正誤表」をご参照ください。これまでに判明した正誤や追加情報を掲載しています。

正誤表　https://www.shoeisha.co.jp/book/errata/

■ **ご質問方法**

弊社Webサイトの「刊行物Q&A」をご利用ください。

刊行物Q&A　https://www.shoeisha.co.jp/book/qa/

インターネットをご利用でない場合は、FAXまたは郵便にて、下記"**翔泳社 愛読者サービスセンター**"までお問い合わせください。
電話でのご質問は、お受けしておりません。

■ **回答について**

回答は、ご質問いただいた手段によってご返事申し上げます。ご質問の内容によっては、回答に数日ないしはそれ以上の期間を要する場合があります。

■ **ご質問に際してのご注意**

本書の対象を越えるもの、記述個所を特定されないもの、また読者固有の環境に起因するご質問等にはお答えできませんので、予めご了承ください。

■ **郵便物送付先およびFAX番号**

送付先住所　〒160-0006　東京都新宿区舟町5
FAX番号　03-5362-3818
宛先　㈱翔泳社 愛読者サービスセンター

はじめに

「データサイエンティストっていったい何をやる仕事なんですか？」
「データエンジニアと機械学習エンジニアってどう違うんですか？」

私がデータ分析コミュニティやデータ分析スクールを運営する中で、このような質問が多くあります。

近年データ×AI領域では、IoTセンサの普及やコンピュータの計算性能の向上に伴って、製造業や物流、小売といったリアルのデータ分析も盛んになってきました。また、取り組むプロジェクトも、機械学習モデルの構築による作業の自動化、データ分析に基づく意思決定のサポート、BIツールを用いたデータの可視化など、多岐にわたります。同じ「データサイエンティスト」と呼ばれる職種でも、どの事業でどのようなプロジェクトを中心に活動するかで身につけるべきスキルセット、キャリアデザインも異なります。しかし、多くの方がデータ×AI人材としてのキャリア像を掴むことに苦戦している状況があります。

本書を執筆している現時点では、ビッグデータブーム、データサイエンティストブーム、AIブームに続くDXブーム真っ只中で、データ×AI領域の需要は年々増してきています。市場のニーズが高まるのに合わせて、未経験からデータ×AI領域を目指して学習する方も増えてきました。そのような方々を教育する中で、多くの方がデータ×AI領域に関する全体感を把握できておらず、以下のような課題を持っていることがわかりました。

「データ×AIプロジェクトがどのような流れで進んでいるのかわからない」
「データ×AI領域には似たような職種がたくさんあって違いがわからない」
「スキルを上げるために、どのような手順で学習すればよいのかわからない」
「どのような実績を作ればデータ×AI人材として評価されるのかわからない」
「技術者としてのキャリアをどのようにデザインすればよいのかわからない」

本書は、これらの疑問を持った際に参照できる手引きとできるよう、データ

×AI人材のキャリア構築において必要な情報を網羅的に整理し、説明しました。

本書の構成

本書は、3部構成となっています。

第1部は、データ×AI領域の前提知識を正しく把握することを目的としています。なぜ今データ×AI領域が成長してきているのか、データ活用、AI活用で具体的にどうやって価値を出すのか、解説します。また、データ×AI領域で活動するにあたって、押さえておくべき基礎知識を列挙し、解説しています。

第2部は、機械学習システム構築プロジェクト、データ分析プロジェクト、データ可視化・BI構築プロジェクトというデータ×AI領域での主要なプロジェクトに関して解説します。プロジェクトごとに、フェーズ×職種ごとの実施事項やアウトプットを整理しています。各プロジェクトの全体イメージと各職種の役割分担を明確にすることで、自身のロールモデル、キャリア設計を具体的にイメージできるようにすることを目的としています。

第3部は、具体的なキャリア構築に関して解説します。未経験から転職を決めるまでのロードマップ、データ×AI人材として評価されるためのポートフォリオの具体例、キャリアスタート後のキャリアアップの方針などを紹介します。どのようなアクションを取ればよいのか、どのような観点をキャリアデザインで考慮した方がよいのかといった、実践的な内容にフォーカスしました。

本書の読み方

本書は、未経験の方からデータ×AI人材になりたての方、既にある程度経験のある中堅の方まで、幅広い方が活用できる内容となっています。

第1部では基本的な基礎知識を解説するので、既にある程度データ×AI領域に関する知識を持っている方は、第2部から読み進めてもよいでしょう。第3部以降はご自身のフェーズによって使い分けが必要になるので、キャリアの各フェーズにおいて悩んだ際に都度手にとって、指針を決める参考にしてください。

以下に「データ×AIプロジェクト未経験の方」「データ×AI人材になりたての方」「既にデータ×AIプロジェクトに携わっている方」のフェーズごとの本書の読み方をまとめました。以下の活用事例を参考に、ご自身のフェーズに合わせて本書を活用してもらえれば幸いです。

データ×AIプロジェクト未経験の方

第1章ではなぜデータ×AI領域が伸びているのか解説します。この領域が成長している理由を知ることで、業界の今置かれている状況と今後の可能性を把握できます。第2章ではデータ×AI領域において最低限押さえておくべき基礎知識を解説しているので、ここで紹介されているキーワードを一通り理解することで、領域の技術的な全体像を掴むことができます。

第3章～第6章では具体的なプロジェクトに関して解説しているので、実務未経験ではイメージができない部分も多くあるでしょう。そのため、未経験の方は、どんなプロジェクトがあるのか、どんなステップで進むのか、どんな職種があるのかといった大枠を掴むレベルで問題ありません。すべての職種の理解は難しいかもしれませんが、自分の経験と近そうな職種であればイメージできる部分もあるはずです。自分の経験と近い職種がプロジェクトの各ステップでどのような役割を担うのかを中心に理解を深めることで、自分の目指すデータ×AI人材の人材像の解像度が上がるはずです。

第7章ではデータ×AI人材を目指すための具体的なステップを解説しています。こちらのステップに基づいてデータ人材への転職を目指すことで、転職の確率を高めることができるでしょう。第8章、第9章では、転職に向けてのポートフォリオ作成で具体的にどのような成果物を作るべきか解説をしているので、転職に向けたポートフォリオ作成に役立ててください。

データ×AI人材になりたての方

第1章、第2章は既にご存じのことが多いはずなので、読み飛ばしてもよいでしょう。紹介しているトピックの中で、学習から漏れていたトピックを把握して、データ×AI領域の全体像の解像度を上げるのに活用してください。

現在携わっている、もしくは今後携わるデータ×AIプロジェクトは、ほとんどが第3章〜第6章で解説している、3つのプロジェクトのいずれかに当てはまることでしょう。ご自身が携わっているプロジェクトにどのような役割の人が関わっているのか、どうやってプロジェクトが進んでいくのかといったプロジェクトの全体像を把握することに役立ててください。また、自分のポジションがどのようなポジションで、どのような役割を求められているのかに対する理解も深めることができる内容となっています。

第8章、第9章で紹介しているポートフォリオは転職のためのポートフォリオとして紹介していますが、データ×AI人材としてのスキルアップにも活用できます。また、それぞれの成果物を作成する中で気をつけるべきことを具体例を用いて解説しています。ポートフォリオでも実務でも、注意点は共通するので成果物ごとに押さえておくべきポイントの理解を深めることに活用できます。

第10章では、技術者としてのキャリアを構築する際の考え方を解説しています。どのようなスキルを獲得するのか、今後のキャリアを大きく左右する重要な選択です。第10章で解説しているポイントに気をつけることで、より良い技術者としてのキャリア設計が行えるでしょう。

既にデータ×AIプロジェクトに携わっている方

第1章、第2章は、データ×AI領域の知識がない方へ社会的な背景、基礎知識を伝える際の、参考資料として活用できるはずです。

第3章〜第6章に関しては、プロジェクトごとに各職種の役割分担を解説しています。プロジェクトをリードする立場になった際に、プロジェクトの全体を掴み、適切な人材アサインと役割分担を行うための指針となるでしょう。また、データ×AIプロジェクトに関わっている場合でも、第3章〜第6章で解説しているすべてのプロジェクトには関わっていないという場合も多いでしょう。ご自身の経験したプロジェクトと他のプロジェクトを比較することで、類似点、相違点を理解し、未経験プロジェクトの理解促進に役立てられるはずです。

第7章〜第9章はキャリアの構築、ポートフォリオに関するコンテンツであるため、後輩の指導を行う際に活用できます。第8章、第9章のポートフォリオ作成は、経験のない分野に挑戦する際のきっかけにしてください。

第10章のキャリアに関する内容は、既にある程度考えていること、知っていることも多いかもしれません。自身のキャリアを見直す際に参照して、キャリアを見直す視点を増やすための材料として活用してください。

謝辞

本書を執筆するにあたり、担当編集者である片岡氏、大嶋氏、榎氏を始めとした多くの方々のご協力をいただきました。田宮直人氏、伊藤徹郎氏には書籍のレビューにご協力いただき、多くのフィードバックをいただきました。本書で使用したポートフォリオのサンプル、キャリア構築における具体的な人物像の設定、プロジェクトの各ステップは、データラーニングギルドの活動を通じて生み出すことができました。データラーニングギルド、データラーニングスクールを通じて多くの方のキャリア形成に関わることができたからこそ、この一冊を書き上げることができたのだと思います。本書執筆のきっかけとなった第8章、第9章の「データ×AI人材としての転職を決めるポートフォリオ」に関しては、増田壮大氏よりコンテンツを寄稿いただきました。

他にも、本書の執筆にあたり、多くの方のご協力をいただきました。ご助力いただいた方々のおかげで、無事書籍の出版に至ることができました。ご協力いただいた方々には、この場をお借りして深くお礼を申し上げます。

ダウンロードファイル（第9章サンプルコード）について

本書の第9章で紹介しているサンプルコードを、翔泳社のWebサイトからダウンロードできます。以下のURLにアクセスし、リンクをクリックしてダウンロードしてください。

https://www.shoeisha.co.jp/book/download/9784798172347

Contents

第3部 データ×AI人材になるために必要なこと

第9章 データ×AI人材としての転職を決めるポートフォリオ（作成編） 283

第1部

データ×AI業界の全体像

第1部では、第2部以降で解説するデータ × AI領域の話題を理解するために、データ × AIによる社会の変革と、データ × AI領域で押さえておくべき基礎知識に関して解説します。なぜ今データ × AI領域が発展しているのか、データ × AI領域を学ぶ上でどのようなことを押さえておくべきか理解し、データ × AI領域の全体感を把握することが狙いです。

第1章では、まずは市場にどのような変化が起こっているのか、人材需要の変化をみていきます。また、第四次産業革命と呼ばれるデータ × AI領域による社会の変化でどのようなことが起こるのか、金融・保険、Web、製造業、医療、小売といった具体的な業種業態ごとに事例を紹介します。そして、これらの変化の背景にある、デバイスの進化と普及、エコシステムの普及、コロナによって進んだデジタル化などが、データ × AIの領域でどのような発展に影響しているのかを解説します。

第2章では、データ × AI活用に関する基礎知識を解説します。前半では、データ × AIで具体的にどのようなことができるのか、組織のレベルごとのデータ活用のイメージ、具体的なデータ × AIプロジェクトの進め方を紹介します。後半では、データ × AI領域に関わる上で押さえておくべき以下のような基礎知識を解説します。

- AIと機械学習、人工知能
- 機械学習関連手法、分析手法
- ハードウェア
- データ取得
- データ活用基盤
- データ × AI活用を支えるソフトウェア、サービス
- データ分析、データ活用の方法

第 1 章

データ× AIによる社会の変革

第1章では、第四次産業革命とも呼ばれている世の中で、各業界でどのような変化が起こっているのか、なぜそのような変化が発生したのか、社会的な変化に関する解説を行います。その後、技術、ソフトウェア、ハードウェア、インフラといったデータ×AIを支えるテクノロジーについて解説します。

データ×AIによって新たな革命が起きている

本節では、データ×AI人材市場がどのように伸びているのか、矢野経済研究所、Glassdoor、LinkedInの調査などを紹介しながら、データ×AI人材の将来の可能性を見ていきます。また、なぜデータやAIの活用が「産業革命」といわれているのか、過去の産業革命でどのような変化が起こったのかと比較しながら、どのように産業構造が変化するのかを解説します。

急激に伸びているデータ×AI市場

2010年代、ビッグデータブームに始まり、データサイエンスブーム、人工知能ブームと言葉を変えて、データ×AI領域のブームが発生しました。そして、本書を執筆している2022年の段階ではDX[1-1]、デジタル化がしきりに叫ばれています。では、実際にどのくらい市場は伸びているのでしょうか。

1-1：デジタルトランスフォーメーションの略。デジタル技術を用いてビジネスモデルを変革すること

矢野経済研究所によると、人数ベースでの市場規模[1-2]は、2018年度は44,200人でしたが、2023年度には3倍以上の141,900人になると予測されています。特に、実績ベースでの調査結果である2018年度から2019年度の変化では、44,200人から73,200人と大幅に伸びていることがわかります（図1-1）。

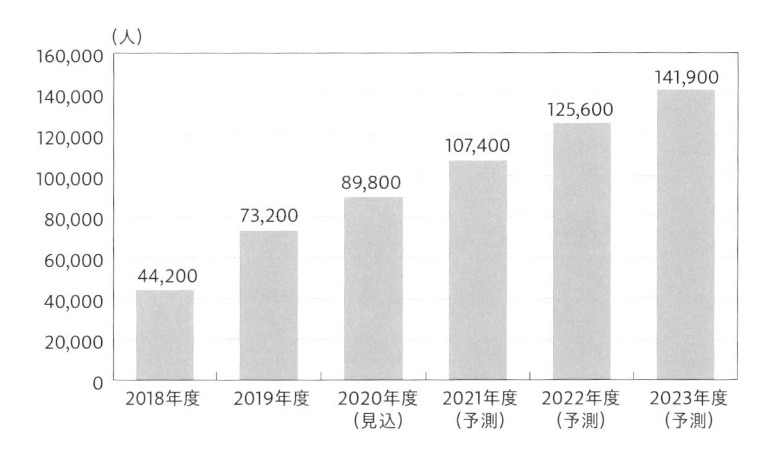

図1-1　データ分析関連人材規模に関する調査（2020年）2021年1月27日発表
出典：https://www.yano.co.jp/press-release/show/press_id/2639

また、米国の求人情報サイトGlassdoorでは、国内のすべての職業について、年収の中央値と満足度と求人数から総合的に順位をつける「The Best Jobs in America 2019」の中で、データサイエンティストが最高の職種であると示しています。この調査によると、年収の中央値が1,200万円程であり、職業に対する満足度も高いという結果が出ています。

また、LinkedInの米労働市場で最も増加率が高かった職業のランキングを発表している「Emerging Jobs Report2020」では、2020年の1位にAIスペシャリスト、3位にデータサイエンティストが入賞していま

1-2：①分析コンサルタント、②データサイエンティスト、③分析アーキテクト、④プロジェクトマネージャーの4つの職種の人数を合計して算出

す。2021年の同調査ではコロナの影響で医療関係のニーズが高まったため、相対的にデータ×AI人材の印象は薄まったものの、東南アジアでデータアナリストがランクインしています。

このように、ありとあらゆる調査結果から、国内外問わずデータ×AI人材のニーズが高まっていることが見て取れます。

これだけの伸びを見せているにもかかわらず、まったくデータの利活用に踏み切れていない企業や、データの蓄積はしたものの有効に使えていない企業は多く、今後さらに伸びていく業界であると考えられます。

では、なぜデータ×AI領域においてこのような劇的な成長が発生しているのでしょうか？

データ×AI活用がなぜ第四次産業革命と呼ばれるのか

現在、データ×AI活用で起こっている変化は「第四次産業革命」と呼ばれています。つまり、データ×AI活用によって、過去の産業革命と同等の変化が起こると考えられているのです。以下では、簡単に第一次産業革命から第三次産業革命について説明します。産業革命の社会に対する影響がどれほど大きいのかわかるはずです。

第一次産業革命は18世紀後半のイギリスで起きた紡績機の発明と蒸気機関の改良に代表される産業構造の変化です。これらの発明によって、人間が手作業で行っていた作業が自動化されました。また、蒸気機関車や蒸気船によって物流も発達しました。

18世紀のイギリスで起きた紡績機の発明と蒸気機関の改良に始まり、工業化が加速しました。それに伴い、工場や機械に対する投資を行う資本主義的な考え方が広まり、労働者と資本家が大きく二分されました。産業革命によって、社会の構造、社会が前提とするルール自体が変わってしまったのです。

第二次産業革命は19世紀後半に起こった鉄鋼・機械・造船などの重工業の機械化と、動力源の電力・石油への移行による産業構造の変化です。これにより、ありとあらゆるものが工業化されて大量生産が可能になりました。

第三次産業革命は、20世紀半ばから20世紀後半にかけたコンピュータ、ロボット、インターネットの活用による産業構造の変化です。これによって、プログラムに基づいた制御が可能になり、人間が行っていた単純作業の多くが自動化されました。

現代社会において、これらの技術がない社会を考えるのは難しいのではないでしょうか。では、第四次産業革命ではどのような変化が起こっているのでしょうか。大きく2つの変化が挙げられます。

1つ目はIoT及びビッグデータの解析によって、個別最適化されたサービスの提供、意思決定の質とスピードの上昇といった付加価値が生み出されるようになったことです。工場の機械の稼働状況から、交通、気象、個人の健康状況まで、様々な情報がデータ化され、ネットワークを通じて蓄積され、解析・利用することで、ビジネス的な価値に転換できるようになりました。またコンピューティングリソースやクラウドサービス、Web、IoTなどの発展によって、これまで計測の難しかった数値が計測できるようになり、活用の幅が広がりました。

2つ目はAIによる知的活動の自動化です。AIの登場により、人間が詳細に条件を与えなくても、コンピュータ自らが学習し、一定の判断を下すことが可能になり、ロボットもさらに複雑な作業ができるようになりました。そして、こうした技術革新により、以下のようなことが実現可能となっています。

1. **大量生産・画一的サービス提供から個々にカスタマイズされた生産・サービスの提供**
2. **既に存在している資源・資産の効率的な活用**
3. **AIやロボットによる、従来人間によって行われていた労働の補助・代替**

これによって、企業は新規市場の開拓とともに、劇的な生産性の向上が実現可能になりました。消費者サイドでは、既存の商品、サービスをより安価に、かつ好きなときに購入できるようになるのに加えて、より自分のニーズにマッチした商品、サービスを手に入れることができるようになったのです。

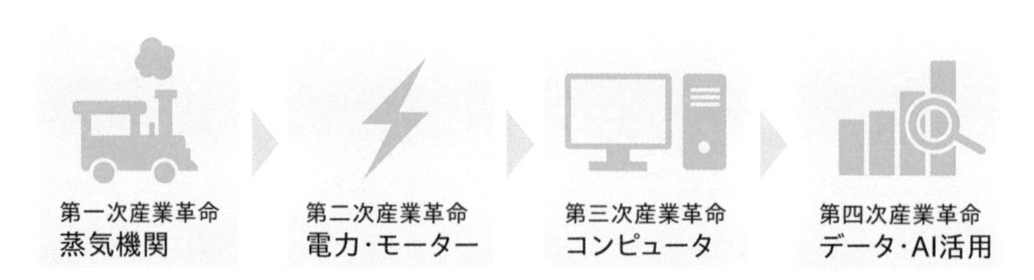

図1-2　第一次産業革命～第四次産業革命のイメージ

すべての業種・業界がデータ×AIによって変化する

現在、データ×AIの活用によって、ありとあらゆる業種・業界が変化しています。実際にどのような変化が起こっているのか、Web業界、金融保険業界という情報空間での活用事例と、製造業、ヘルスケア、小売といった現実空間での活用事例を見てみましょう。

近年、デジタル化、DXというワードが話題になっていますが、領域によって浸透のスピードが違います。Webや金融・保険といった領域はデータ、お金、契約といった物理的な実態がないものを扱っている領域です。これらの領域は、最初から情報それ自体に価値の主体を置いていた領域といってよいでしょう。こういった情報を扱う領域では、データの取得と施策の反映が容易なため、他の領域に先行してデータ活用が進みました。

その後、インフラやハードウェア、ソフトウェアの発展等によって現実世界で起こっていることをデータ化し、活用できる土壌が整い、現実世界でのデータ活用が始まりました。そのため、本書を執筆している2022年の段階では、情報空間でのデータ×AI活用は高度化しているのに対して、現実空間のデータ×AI活用はまだまだ試行錯誤を繰り返している企業が多い印象です。

たとえば、Google、Amazon、Facebookなどは大量のユーザー情報に基づいて、広告やサービスへの表示内容を最適化しています。中小企業であったとしても、ユーザーデータを分析してマーケティング施策を検討することは日常的に行われています。一方で、現実社会でのデータ活用はフーマー（中国スーパーマーケットチェーン）、コマツ（建機メーカー）といった大企業や、テスラ（米国EVメーカー）などの新興企業が中心です。

現実世界でのデータ×AI活用は、ハードウェアやネットワークも考慮に入れなければならないため、どうしても活用のために考えることが複雑になりがちです。これらの違いを意識することで、現在自分の働いている業界でのデータ活用状況に対する理解を深めることができるでしょう。たとえば製造業をはじめ、AI活用のように高度な手法でなくても、IoTセンサの導入やデータの可視化などによって価値が生み出せる領域はまだまだ多くあります。

情報空間でのデータ×AI活用

情報空間のデータ×AI活用事例では、最も古くから活用が行われてきた金融・保険領域と、最も変化のスピードが早く、活用が進んでいるWeb業界での事例を見ていきます。

金融・保険領域

データ活用が最も早く進んだ領域の1つが金融、保険などの領域です。

これらの領域ではお金という実態のないものを扱うため、情報を正しく把握した上で意思決定を行うことで、莫大な利益を生み出してきました。

これらの領域では、データサイエンスが話題になる前からクオンツ[1-3]、アクチュアリー[1-4]といった統計的な手法を用いる専門的な職種が存在していました。

保険の起源は古く、17世紀まで遡ります。イギリスのジョン・グラントは、ロンドンの教会が記録した市販の死亡表をまとめ上げ、出生・婚姻・死亡に関する集団的な法則性を見出し、1662年に「死亡表に関する自然的および政治的諸観察」を発表しました。その後、それをもとにエドモント・ハレーは1693年に「生命表」を発表しました。そして、1762年に世界で初めて近代的な保険制度に基づく生命保険会社が設立されます。金融領域では、1970年代頃に金融取引に数理的なモデルを用いたのがクオンツの始まりといわれています。

現在、金融領域ではアルゴリズムによるトレードが頻繁に行われており、その比率は約定件数ベースで全体の4割～5割、注文件数ベースで7割程度といわれています。ゴールドマンサックスでは、2000年には600人いたトレーダーが2017年1月時点で2人にまで減ったそうです。融資の判定でも、今まで断られていた企業が融資を受けられるようになったり、審査を依頼してからすぐに融資が下りたりするような状況が整っています。保険領域でも、必要情報をネットで入力したら、その場で保険金額が決まるようなサービスや、運転の情報に基づいて保険金額を割り引く自動車保険など、データを活用したサービスが続々と登場しています。

これらの背景には、データの収集が容易なこと、データのフォーマットや質が均質で大量なデータを集めやすいこと、分析結果を行動に繋げやすいこと、意思決定がダイレクトに利益に繋がることなどが挙げられ

1-3：高度な数学的手法を用いて様々な市場を分析したり、様々な金融商品や投資戦略を分析したりする職種のこと

1-4：確率論や統計学など数学的な手法を駆使して、将来のリスクや不確実性の評価を行う職種のこと

ます。たとえば、集めたデータを分析して、ある金融商品を買う／買わないという意思決定をしたり、保険対象に支払うであろう予測金額をもとに保険商品の値付けをしたりすることで、利益に繋げることができるのです。

Web領域

Web領域は、データ×AI活用が最も発展している領域といってよいでしょう。そのユーザーがどのような行動を行ったか、どこからアクセスしているのかといったデータを、逐一の通信単位で記録することができ、個人のデータを蓄積することが可能になります。また、インターネットを通じて膨大なコンテンツデータにアクセスできるため、それらを分析し、コンテンツの分類や検索に役立てることができます。Web企業はこれらのデータを用いて、個人個人に最適なコンテンツを配信したり、行動データに基づいてサービスの改善を行ったりしています。Web領域でのデータ利活用は、データ活用とWebエンジニアリングの親和性が高かったことも影響して、近年で急速に発展しました。

その最たる例がGAFA[1-5]です。Googleは膨大なコンテンツデータを解析し、検索エンジンを通して効率良く情報を検索する方法を開発しました。また、広告においては、各ユーザーの閲覧情報等を用いて、そのユーザーに最適な広告を配信する方法を構築しています。Facebookも同様に、繋がりの情報や興味関心をもとに広告を配信しています。またAmazonでは、ユーザーが買った商品や閲覧した商品に基づいておすすめの商品のレコメンドを行っています。Amazonをはじめとしたデータ×AIの活用が進んだ企業では、Webだけに留まらず、Webの情報をもとに現実世界の倉庫や物流を最適化するなど、Webとリアルの統合も行っています。

Web領域では、GAFAのような巨大企業だけでなく、中小企業やベン

1-5：Google社、Amazon社、Facebook社（現Meta社）、Apple社を総称した略称

チャー企業でもデータ×AI活用が進んでいます。Webサイトを構築したらGoogle Analyticsのようなアクセス解析ツールを導入するのは当たり前ですし、各種マーケティング用のSaaS[1-6]システムにはデータ解析の仕組みが備わっています。コンテンツ系のサービスでは好みのコンテンツを見つけてもらうため、マッチング系のサービスではマッチングの精度を上げるため、検索サービスでは検索精度を上げるために、データとAIが用いられています。このように、Web領域で事業を行うにあたっては、データやAIの活用がごく当たり前になっています。

Web領域でのデータ活用が急速に発展した理由としては、クラウドサービスが浸透している、質の高いデータが低コストで取得できる、施策反映からフィードバックまでのサイクルが短い、利益化がしやすい、必要なスキルを持った人材が多いといった要因が挙げられます。

現実空間でのデータ×AI活用

現実空間のデータ×AI活用事例では、製造業、医療・ヘルスケア、小売といった領域で、それぞれどのような活用が行われているのか紹介します。現実空間でのデータ×AI活用では、情報空間には存在しなかった物理的な制約が存在するため、活用がなかなか進まない側面もあります。実態にあった活用のイメージを持てるようにするために、どのように活用されているのか、また、どのような制約があるのかという両軸から事例を見ていきます。

製造業領域

製造業の領域では、異常検知や異常の原因分析、業務のプロセス改善、需要予測に基づいた生産計画の策定など、特定のトピックでのデータ×

1-6：Software as a Serviceの略。インターネットを通じてソフトウェアをユーザーに提供するサービスのこと

AI活用が進んでいます。2022年の時点では、先進的な企業がデータ活用の取り組みを行い、追随する形でその他の企業でも導入が始まり出したといった状況です。実態としては、先進的なデータ活用からは程遠く、現場の工場で管理している紙の帳票をデジタル化するというような取り組みから徐々に着手している企業がほとんどです。現状の製造業では、新たな売上を生み出すような施策ではなく、歩留まりの向上、生産性の向上といったコストカットの施策が多いです。中小企業では成果が出しづらく、デジタルへの移行にかかるコストが高いといった背景もあり、他の領域と比べて浸透のスピードは緩やかです。一方で、自動運転やロボティクス、ファクトリーオートメーションのような領域は急速な成長を遂げており、製造業における市場の伸びの主な要因となっています。

日本の製造業の中で最も先進的な企業の1つが建設機械メーカーのコマツです。コマツではドローンによって計測された測量データ、実際に施工したデータ、施工に関する設計データなど、ありとあらゆる情報をデータ化して活用する「スマートコンストラクション」に取り組んでいます（図1-3）。この取り組みでは、今日どれだけ土を掘ったのか、どんな地形になったのかといったデータを可視化し、現場の進捗確認や分析に役立てています。そうすることで、明日何をやるべきなのか、最適な施工計画をリアルタイムに作ることができ、機械費・労務費・材料費などのコストも最適化できるようになるのです。生産性の向上によって、結果的に年間数兆円の価値が建設業界全体に生まれています。

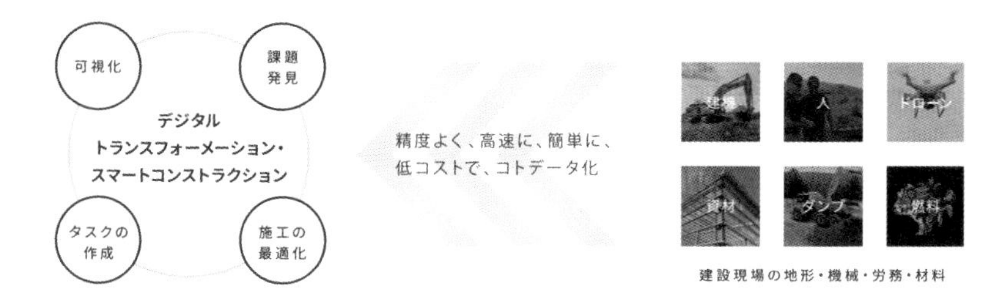

図1-3　コマツの掲げるスマートコンストラクションのイメージ
出典：https://kcsj.komatsu/ict/smartconstruction/whats

中小企業でのデータ×AI活用は難しいと説明しましたが、内製化によるコストの削減、適切な作業スコープの設定などができれば、データの活用は可能です。たとえば、自動車部品製造を営んでいる旭鉄工では、独自のIoTシステムを構築しています。各製造ラインの製造数量（時間あたり）、停止（時刻、長さ）、サイクルタイム（製品1個を作る時間）などの情報を、秋葉原で直接仕入れた1つ50円の光センサや、1つ250円の磁気センサなどを使って、自動で取得する仕組みを構築しています。これにより、全行程のうちどこを効率的にすることで生産量を増やせるのか把握することができ、トヨタ式のカイゼンを回すことができます。その結果、平均で43%、最も改善効果が高かったラインでは280%（3.8倍）もの生産性向上を実現しています。旭鉄工は規模としては400名程度の会社ですが、センサの単価は格段に安くなっているため、工夫によってはここまでの改善をすることができるのです。

しかし、上記のようなデータ×AI活用の推進には、多くの壁が存在します。製造業でのデータ活用においては、IoTセンサの導入とネットワーク整備の低コスト化・容易化、分析パッケージサービスの登場による分析コストの低減、会社全体のデジタル化、施策コストの低減など、実現しなければいけない課題があります。データ×AI活用は、これらの壁を打破するようなサービスの普及に合わせて、徐々に社内にも浸透していくと考えられます。

また、分業化が進んでいる大企業においては本社社員とグループ会社社員、契約社員、派遣社員など様々な人員がデータ×AI活用に関わるため、意思の統一がしにくい、ITスキルのばらつきが多いといった組織的な問題も発生します。現場のデータ×AI活用に対する理解は、現場でのデータ入力の精度に影響する部分も大きいため、末端までが重要性を理解した環境を作ることが重要です。そのため、分業化の進んだ大企業のデータ×AI領域の活動においては、社内教育、組織制度の再設計、契約形態の見直し等も重要な業務となります。

医療・ヘルスケア領域

医療・ヘルスケア領域では、AI問診サービス、AIを活用した画像診断をはじめとした、様々なシチュエーションでのデータ×AI活用が進んでいます（図1-4）。

図1-4　データ×AI技術を活用した医療・ヘルスケア領域

医療には、医療統計や疫学といった学術領域があるように、データの利活用が叫ばれる以前から統計が活用されてきました。マーケティングで利用されている数理モデルの中には、元々医療分野で使われていたものが多く存在します。たとえば、アプリユーザーの継続率の分析を行う際に、医療領域の生存分析の考え方を応用することがあります。診断におけるデータ活用では、年齢、食事、運動、睡眠、心拍数といった様々なデータを取得することで、かかりやすい病気を検知したり、生活の改善を促したりすることが可能です。また、診断においても、画像を活用した診断などによって効率的な医療が実現されつつあります。

すべての人に関わる領域であるため、市場のポテンシャルは非常に大きいですが、法律の整備が整っていない、医療データという個人情報の取り扱いに関する基準が定まっていないといった理由などから、ビジネス化において大きな壁があります。各種診断ツールやサービスは病院が主体で導入を進める必要がありますが、各病院で使用した個々人のデータを院外に提供するためには患者の許可が必要になります。そのため、外部へのデータの持ち出しが難しく、ツールの提供会社でも横断的な分析ができません。病院はそれぞれが独立して運営されているため、一般企業の大手チェーン店のようにデータを統合して分析するようなことが難しく、大規模な分析が難しいという状況があります。また、医療分野においては医療の得点に応じて診察費が決まるため、検知精度の高いシステムを導入したからといって病院の利益に繋がる訳ではありません。このような構造的な理由によって、医療・ヘルスケア領域では、データとAIを活かしきれておらず、民間のヘルステック企業を中心に市場を開拓しているような状況です。

小売領域

小売領域は、現実空間においてデータ×AI活用が進んでいる領域の1つです。需要予測に基づいた在庫管理と発注の自動化システムの構築、AIカメラによる顧客行動の分析、併売情報による棚割りの変更、出店時の商圏分析、商品の値付けなど、様々なデータ活用が進んでいます。有名な事例として、購入されている商品の分析で、紙おむつとビールが一緒に買われている傾向がわかり、それらを近い位置に配置したところ売上が上がったというものがあります。

また、大手の小売店であれば、商品の情報をネットで確認したり、店舗で見た商品をネットで注文したりといった、オンラインとオフラインの顧客体験の統合が始まっています。

たとえば、福岡市のアイランドシティにあるスーパー「トライアル」では店舗内に700台のカメラを設置し、映像をディープラーニングによって解析してマーケティングに利用する取り組みを行っています。カメラ

の映像からは来店客の人数、属性（性別や年齢層）、移動経路などを把握できます。また、顧客がどの通路を通り、どこの棚に立ち止まったのか、どの商品を手に取り、どれを棚に戻したのか、結果的にどの商品をカートに入れたのか、属性別に分析することもでき、この情報を詳しく分析することで、ユーザーの特徴的な行動を抽出することも可能です。具体的には、ビールを購入する客は計画的に購入しているのに対して、お菓子を購入している客は棚を見て衝動的に買っているということがわかったりします。

AIカメラを設置し、ネットワークに繋げる必要があるという条件は同じであるにもかかわらず、製造業と小売業のデータ×AI活用において差が開いているのはなぜなのでしょうか。その大きな要因の1つは、小売業では成果に繋げるポイントが複数あるためだと考えられます。たとえば、データ活用によって顧客単価が5%上がるだけでは投資に踏み切れなかったとしても、リピート率が5%上がり、廃棄リスクが5%下がることが見込めるのであれば、投資に踏み切れるかもしれません（図1-5）。

小売業においては、商品の値付け、在庫管理、棚割り、広告戦略等様々な施策が考えられるため、それらの掛け算で成果を得ることができます。そのため、大規模な投資をしやすいという構造があります。また、製造業の場合は受注生産を行っていたり、工場ごとに独自の商品を作っていたりするので分析を共通化しにくいですが、小売業であればある店舗で成果が出た分析方法を、そのまま横展開して活用できるため、チェーン店全体としての戦略として投資に踏み切りやすい傾向にあります。

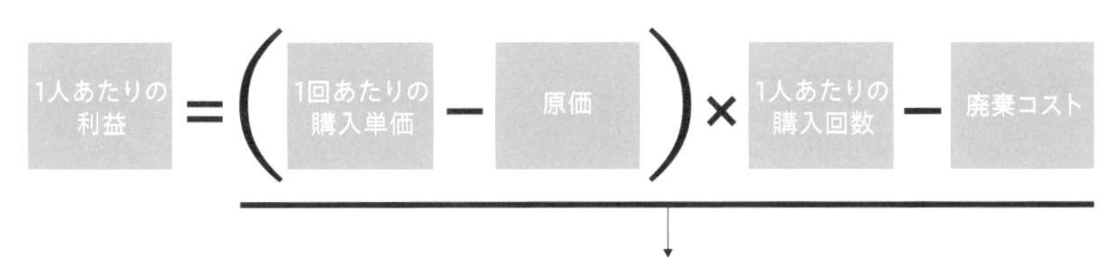

図1-5　小売領域での利益算出イメージ

なぜ今変化が起きているのか

それでは、なぜ今このような変化が起きているのでしょうか。本節では、データ×AI活用が普及した要因を、デバイスの進化と普及、エコシステムの普及、新型コロナウィルスによって整備されたデータ活用基盤という3つの要因に分類して解説します。

デバイスの進化と普及

AI、データ活用が普及した大きな理由の1つが、デバイスの普及です。スウェーデンの通信機器メーカーであるEricssonの発表しているEricsson Mobility Report（2021）によると、2021年の時点で3G、4G、5Gといったモバイル通信でのデータのトラフィック量は2011年時点と比べて300倍に上昇し、約20億人がスマートフォンを所有しているそうです。同レポートでは通信量は5Gの発展に伴い、今後も指数関数的に伸び、2021年時点では65エクサバイト（ギガバイトの10億倍）であった通信量が、2027年には約4.4倍の288エクサバイトに到達すると予測されています。このように、既に世界人口の約4分の1がネットワークに接続している状況が生まれており、ネットワークを通じて多種多様なデータが通信されています。

また、IoTの文脈で使われるセンサに関しては小型化、低価格化が進んでおり、産業用途でのニーズが高くなっています。図1-6に示したように、2015年には165.6億台だったセンサデータが2019年では253.5億台、特に、デジタルヘルスケアの市場が拡大している「医療」、スマート工場やスマートシティが拡大する「産業用途（工場、インフラ、物流）」、スマート家電やIoT化された電子機器が増加する「コンシューマ」、コネクティッドカー[1-7]の普及によりIoT化の進展が見込まれる「自動車・宇宙航空」の領域で顕著な伸びを見せています。

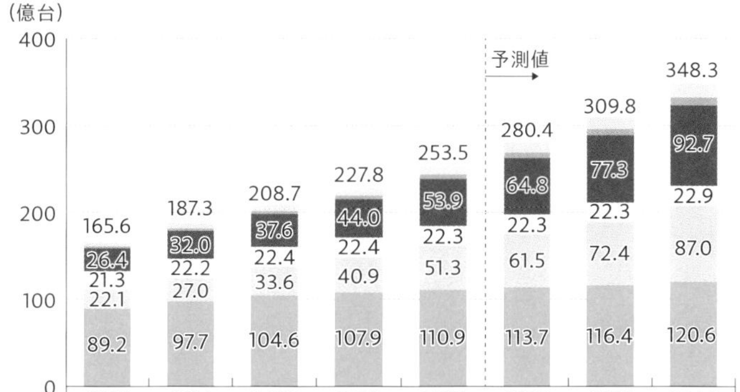

	2015	2016	2017	2018	2019	2020	2021	2022
合計	165.6	187.3	208.7	227.8	253.5	280.4	309.8	348.3
自動車·宇宙航空	4.5	5.7	7.1	8.6	9.9	11.7	13.7	16.1
医療	2.2	2.7	3.3	4.1	5.1	6.3	7.6	9.1
産業用途	26.4	32.0	37.6	44.0	53.9	64.8	77.3	92.7
コンピュータ	21.3	22.2	22.4	22.4	22.3	22.3	22.3	22.9
コンシューマ	22.1	27.0	33.6	40.9	51.3	61.5	72.4	87.0
通信	89.2	97.7	104.6	107.9	110.9	113.7	116.4	120.6

図1-6　世界のIoTデバイス数の推移及び予測
出典：総務省「情報通信白書（令和2年版）」
https://www.soumu.go.jp/johotsusintokei/whitepaper/ja/r02/html/nd114120.html

取得したデータを蓄積するストレージも安価になり、クラウドサービスの登場によって管理も簡単になっています。図1-7に示したグラフは2005年から2017年までのストレージ価格の推移を示したものです。約10年間の期間で、ストレージの価格が10分の1以下、100分の1に近づく

1-7：常時ネット接続され、最新の道路状態を取得して最適なルートを算出したり、車両にトラブルが発生した際にしかるべきところに連絡してくれたりする機能を搭載した車

勢いで低下しているのがわかります。このように、データのストレージが安価になったため、データの蓄積が容易になりました。また、そのような大量のデータを保管するにあたってクラウドの普及も大きな手助けとなりました。データが安価で大量に保管できるようになったとはいえ、1台のPC上に保管しておくには膨大で、データのバックアップも取らなければなりません。しかし、クラウドにデータを保管しておけば、自動でバックアップを取ることが可能で、容量も気にせず無制限でデータを蓄積できます。たとえば、本書を執筆している2022年時点では、1年に1〜2回アクセスされ、12時間以内に復元できる長期のデータアーカイブの場合、1TBあたりたったの0.99ドル／月でデータを保存しておくことができます。このように、大量データの保存も容易になり、データを処理する仕組みも整ってきました。

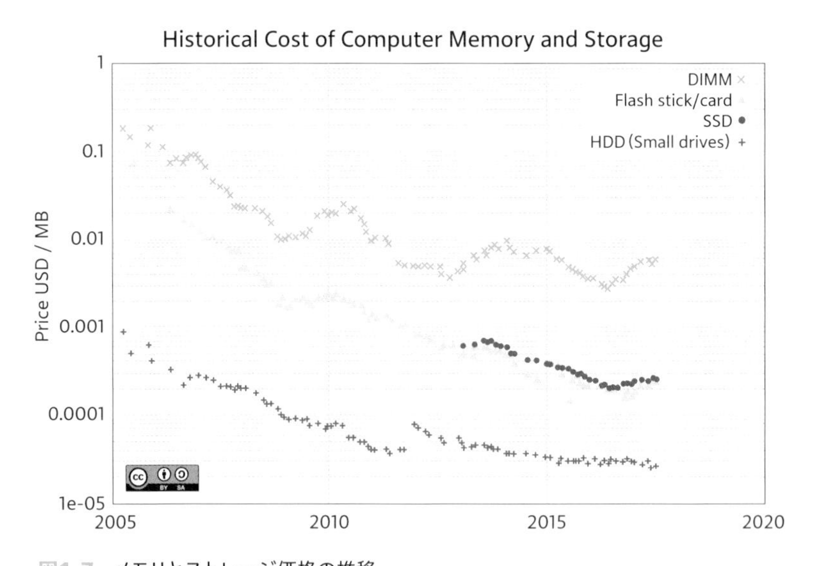

図1-7　メモリとストレージ価格の推移
出典：hblok.net「Historical Cost of Computer Memory and Storage」
Data collected by McCallum and Blok
https://hblok.net/blog/storage/

ストレージの安価化に加え、ムーアの法則で知られているように、コンピュータの計算速度も増加しています。世界初のスーパーコンピュータであるENIACと、最新のスーパーコンピュータである富岳を比較すると計算スピードは約26億倍となっています。近年でも計算スピードは進化を続けており、最も代表的なスマートフォンの1つであるiPhoneを例にして計算速度を比較すると、iPhone5sからiPhone13までの間に約9.5倍も高速になっています。これに加え、様々な計算を効率化する方法が登場したことによって、過去に数理的には実現可能とされてきたもののコンピュータの性能の問題で実現が不可能であった、ニューラルネットワークや機械学習の計算が現実的な時間でできるようになりました。

これらの様々なデバイスの発展によって、データの取得、蓄積、活用が効率良く行われるようになり、データとAIの活用のメリットがコストを大幅に上回るようになったため、重要性が増してきたのです。

エコシステムの普及

データ×AIに関するエコシステムが普及したことも上述したような変化が起こっている大きな要因の1つです。多くのオープンソースが公開され、エコシステムが出来上がったことで、機械学習やディープラーニングが発展しています。

その代表的なエコシステムの1つが、Pythonを中心としたエコシステムです。Pythonを対話的に実行するための実行環境であるJupyter Notebookを活用することで、Pythonを用いた分析環境を容易に構築できます。数値計算においては、Excelなどの表計算ソフトで扱うようなテーブルデータを用いる必要がありますが、numpy、pandasなどを活用することで効率的に処理することができます。また、高度な科学計算はscipyというライブラリを用いることで実現でき、機械学習モデルもscikit-learnというライブラリで簡単に構築できます。

ディープラーニングにおいては、Keras、PyTorch、TensorFlowなど様々なフレームワークが存在し、他の人が学習させた学習済みモデルを手に入れることができます。構築した機械学習モデルは、システム化したり、Webサービスに組み込んだりすることで、多くの人が使えるようにできますが、この工程でも有用なPythonフレームワークが多く存在します。このように、データ分析、活用に関するありとあらゆるサービスがPythonのエコシステムの中に組み込まれているのです。これらのサービスを0から開発するとなると、数十人、数百人のエンジニアで数年がかりで開発することになるでしょう。しかし、これらのオープンソースを活用することで1人のデータ人材であったとしても効率的にデータ活用、AI活用を行うことができるのです。

ディープラーニングや機械学習関連のWebサービス開発はPythonのシェアが最も高いですが、R言語でも同じようなエコシステムが存在しており、統計処理や数値計算に比較的強いという特徴があります。他にも、分散処理システムのHadoopであったり、Fluentdといったログ収集ツール、Digdag、Airflowなどのワークフローエンジンといったサービスを活用することで効率的にデータの活用ができます。ここで挙げたようなサービスは、すべてオープンソースとして開発されており、無料で使うことができます。

また、クラウドサービスを活用することにより、これらのサービスをより効率良く運用することができるようになります。クラウドサービスの中には、上記のようなツールが事前にサーバ上にインストールされているようなサービスも存在しており、必要に応じて、ボタン1つで使用可能な環境を構築することもできます。

このように、データ活用に関するエコシステムが急速に発展したことにより、業界をまたいだデータ活用も急速に発展したのです。

コロナによって急速に進んだデジタル化

新型コロナウィルスの感染拡大に伴って、リモートワーク化、デジタル化が進んだこともデータ活用を加速させています。リモートワークを実施するにあたって、企業はデジタル化を余儀なくされました。多くの企業が、メッセージのやりとりにチャットサービスを導入し、打ち合わせには電話会議ツールを導入し、予定やタスクの管理、承認フローにグループウェアを導入しています。SaaSやクラウドサービスを活用せざるを得ない状況になったことに伴って、データが蓄積されるようになりました。このような企業では、デジタル化に必死でデータ活用までは至っていませんが、サービス導入によるデータの蓄積、社内にデジタルツールを浸透させることによる文化の醸成により、徐々にデータ活用のための基盤が整いつつあります。また、リモートマネジメントにおいては定性的な評価が難しく、どのようなアウトプットを出したかという定量的な評価になりやすい傾向があります。定量的な評価はデータに基づくため、自然とデータ活用の土壌が育っていくことになります。

リモートワーク化に伴って人材活用の幅が広がったことも変革の後押しとなります。リモートワークのルール整備、セキュリティの整備などが進んだため、場所、時間にとらわれずに人材活用を行うことができるようになりました。これにより、外部とのコラボレーションの選択肢の幅が広がりました。たとえば、子育て中の主婦や地方で働いている方に仕事をお願いすることもできますし、コンサルのような形で週1日だけ関わってもらったり、現在データ×AI人材として活躍している人に副業として入ってもらうような働き方も取りやすくなりました。

データの活用には多くの専門家の助けが必要ですが、そのような人材が社内に存在していないことは多くあります。このような背景から社外の専門性の高い人材や、時間や土地的な制約で活躍できていないデータ×AI人材が活躍できる場が増えていくと考えられます。

AIに対する理解は今後の基礎教養に

政府もこのような社会的な変化に対応して、データ×AI領域を発展させるために力を入れ始めました。内閣府では「AI戦略2021」を定め、以下のような戦略を掲げています。

- GIGAスクール構想をはじめとした小学校〜大学までの教育改革
- AI関連中核センター群を中心とした研究開発の促進
- 健康、医療、介護、農業、交通、物流、スマートシティ等
- 分野ごとのデータ交換基盤をはじめとしたデータ基盤の整備

本節では、これらの中で、多くの方に影響があると考えられる教育分野で、どのような変化が起こっているのかを見ていきます。

政府もプログラミング・データ分析を必修に

文部科学省が推進する「GIGAスクール構想」は、小中高等学校などの教育現場で児童・生徒各自がパソコンやタブレットといったICT端末を活用できるようにする取り組みです。2017年に公表された小学校の小学校学習指導要領では、以下のような文言が掲載されています。

> 情報活用能力の育成を図るため、各学校において、コンピュータや情報通信ネットワークなどの情報手段を活用するために必要な環境を整え、これらを適切に活用した学習活動の充実を図ること

現段階では詳細なカリキュラムが決まっている訳ではないので、この取り組みがどのように発展していくかはまだわからないところが多いです。しかし、以下のような部分を重視して教育を行うことが決まっているため、論理的思考やプログラミングのための思考法などを学習することが考えられます。

- **身近な生活でコンピュータが活用されていることや、問題の解決に必要な手順があることに気づく**
- **発達の段階に即して、コンピュータの働きを、より良い人生や社会作りに活かそうとする態度を育む**

また、データ活用という文脈では数学Iに「データの分析」、数学Bに「数学と社会生活」というカリキュラムが組み込まれており、統計的な分析とその社会への適用が重要視されていることがうかがえます。また、情報I、情報IIでは、法規・制度、情報デザイン、アルゴリズム、データサイエンスなどに関するカリキュラムが組み込まれています。

このように、政府主導で小学校、中学校の学習カリキュラムにICT活用教育が、高校の学習カリキュラムにはデータ活用の学習が組み込まれているのです。現在、英語が使えること、Excelが使えることなどは、知的生産中心の仕事をするにあたって、非常に重要な要素になっています。それと同じように、データ活用ができる能力は、今後の世の中において必須スキルになっていくと考えられます。

■ 高等学校学習指導要領（平成30年告示）解説：数学I　データの分析

(4) データの分析

データの分析について，数学的活動を通して，その有用性を認識するとともに，次の事項を身に付けることができるよう指導する。

ア　次のような知識及び技能を身に付けること。

（ア）分散，標準偏差，散布図及び相関係数の意味やその用い方を理解すること。
（イ）コンピュータなどの情報機器を用いるなどして，データを表やグラフに整理したり，分散や標準偏差などの基本的な統計量を求めたりすること。
（ウ）具体的な事象において仮説検定の考え方を理解すること。
イ　次のような思考力，判断力，表現力等を身に付けること。
（ア）データの散らばり具合や傾向を数値化する方法を考察すること。
（イ）目的に応じて複数の種類のデータを収集し，適切な統計量やグラフ，手法などを選択して分析を行い，データの傾向を把握して事象の特徴を表現すること。
（ウ）不確実な事象の起こりやすさに着目し，主張の妥当性について，実験などを通して判断したり，批判的に考察したりすること。
［用語・記号］　外れ値

■ **高等学校学習指導要領（平成30年告示）解説：数学B　数学と社会生活**

（3）数学と社会生活
　数学と社会生活について，数学的活動を通して，それらを数理的に考察することの有用性を認識するとともに次の事項を身に付けることができるよう指導する。
ア　次のような知識及び技能を身に付けること。
（ア）社会生活などにおける問題を，数学を活用して解決する意義について理解すること。
（イ）日常の事象や社会の事象などを数学化し，数理的に問題を解決する方法を知ること。
イ　次のような思考力，判断力，表現力等を身に付けること。
（ア）日常の事象や社会の事象において，数・量・形やそれらの関係に着目し，理想化したり単純化したりして，問題を数学的に表現すること。
（イ）数学化した問題の特徴を見いだし，解決すること。
（ウ）問題解決の過程や結果の妥当性について批判的に考察すること。
（エ）解決過程を振り返り，そこで用いた方法を一般化して，他の事象に活用すること。

データ×AI領域のスキルは今後の必須スキルになる

第1章では、市場に起こっている変化、各業界に起こっている変化、変化が起こっている社会的背景、教育の変化に関して解説をしました。ここまでの解説を読めば、今後データ×AI領域がどれだけ重要な位置を占めることになるのか、イメージを掴めたのではないかと思います。どのような形であれ、データ×AI領域の知識やスキルを身につけて自分の仕事に取り入れることは必須になってきます。

本書を読んでいる方にはぜひAIを作る側、データやAIを用いたビジネスを設計する側を目指してほしいですが、必ずしもAIを作れるスキルが必要という訳ではありません。近年では新しい技術の登場により、簡単にデータやAIの活用ができるようになりました。AIを作るといっても、SaaSを用いてAIを作る、フレームワークを用いてAIを作る、AIが学習するためのアルゴリズム自体を開発するなど、様々な方法があります。AIアルゴリズムの開発ができる人材が引く手数多になることは間違いないですが、市場の発展に伴って様々なデータ×AI人材が求められるようになってきます。

第2章以降では、データ×AI領域で必要とされる技術や、具体的なプロジェクトの進め方、どんな職種がどのような形で関わるのか、どのようにしてキャリア設計を行えばよいのかなどを、より具体的に解説します。ぜひ、それらの情報を活用して、自分ならではのデータ×AI人材のキャリア設計に役立ててください。

第 2 章

データ×AIの活用に関する基礎知識

第1章では、現在世の中に起こっている市場の変化について解説しました。第2章では、データ×AI活用に関する基礎知識を解説します。第2章の前半では、データ×AIで具体的にどのようなことができるのか、組織のレベルごとのデータ活用のイメージ、具体的なデータ×AIプロジェクトの進め方を紹介します。後半では、データ×AI領域に関わる上で押さえておくべき基礎知識を取り上げます。

データ×AI活用でできること

データ×AI活用は、大きく分類すると「機械学習による自動化」「データに基づいたインサイトの発見」「データに基づいた経営判断」の3種類に分類されます（図2-1）。

機械学習による自動化では、業務を自動化することにより、コスト削減、精度向上、速度上昇などの恩恵が受けられます。既存業務の代替や機械学習を用いたサービス開発などで活用されています。

データに基づいたインサイトの発見では、新たなインサイト（ビジネス的に価値のある知見）を見つけるためのデータ分析をします。発見されたインサイトをもとに施策を実行します。

データに基づいた経営判断では、売上状況、在庫状況、従業員の稼働状況など、ありとあらゆる数値の可視化を行います。会社の経営状況を素早くかつ正確に把握することで、より最適な意思決定に繋げます。以下でそれぞれの活用方法を解説します。

機械学習による
自動化

データに基づいた
インサイトの発見

データに基づいた
経営判断

図2-1　データ×AIプロジェクトの代表的な活用方法

機械学習でありとあらゆる業務を自動化する

データ×AI活用でできることの1つ目は、機械学習でありとあらゆる業務を自動化することです。詳しくは第3章、第4章で解説しますが、機械学習システムを構築することで**1 既存作業の完全自動化**、**2 人間の作業の補助**ができるようになります。たとえば、完全に自動化された自動運転や、アルゴリズムトレード、農作物の自動仕分けなどが、完全自動化にあたります。運転、トレード、仕分けという工程をAIに置き換えているのです。作業の補助は、高速道路でのみ運転のサポートをするオートパイロット、AIによる契約書のリスクの判定、サービスに寄せられる問い合わせの分類作業の半自動化などがあたります。これらは最終的に人間によって判断されますが、AIの活用によって大幅に作業の効率化を図ることができます。

これらの仕組みを業務に組み込むにあたっては、AIや機械学習を実装した機械学習システムの構築が必要です。機械学習エンジニアや、データエンジニア、データサイエンティストなどが協力しながら、システムを構築します。

これらのシステムを活用することで、作業の大幅スピードアップ、それに伴う作業量の減少、アウトプット量の大幅増加、分類精度や作業精度、予測精度などの大幅上昇を見込むことができます。また、人手ではコストが見合わず実施できなかった作業にAIシステムを用いることで、新たな市場が開拓されることも予想されます。たとえば、ドローンの画像診断によるインフラの劣化の検知など、新たな市場が登場してきています。

データに基づいたインサイトの発見

データ×AI活用でできることの2つ目は、データに基づいたインサイトの発見です。詳しくは第3章、第5章のデータ分析プロジェクトで解説しますが、データの集計、可視化、仮説の構築、仮説検証を行うことで、ビジネスに役立つ知見をデータから抽出します。アウトプットとしては分析レポートの形が多く、得られた知見に基づいて、ビジネス上のアクションを決定します。

機械学習が流行する前から実施されてきた、ユーザーの行動分析、アンケート分析、各種調査機関の発表している調査レポートなども、この領域にあたります。課題を設定し、データを用いた定量的な方法で解決策を提示するという営みは、ここ10〜20年で登場したものではなく、これまでも様々な手法が研究されてきました。

データ分析プロジェクトでは、コストや売上のデータを分析し、その結果に基づいて商品開発などの意思決定を行います。また、取りうるマーケティング施策に複数の選択肢がある場合に、適切な選択をすることにも役立ちます。「そもそもどんな選択肢があるのか検討もつかない」という状況でも、データ分析的なアプローチであれば何らかの回答を出すことが可能です。

データに基づいた経営判断

データ×AI活用でできることの3つ目は、データに基づいた経営判断です。特に、近年のデータ活用では、会社全体のデータ、社外のデータを活用することで、繋がりのなかったデータを結びつけたり、データ取得から反映までの時間を短くしたりすることが可能になっています。これにより、今までは難しかったデータ活用ができるようになっています。

たとえば、近年ではSNSの発展により、特定の話題が数時間のうちに一気に広がる「バズる」という現象が当たり前になってきました。これに限らず、社会状況が変化するスピードは早く、それがユーザーの消費行動にも繋がるような状況が生まれています。そのため、企業はどのような変化が起こっているか、いち早く把握し、対応をしなければなりません。

これを可能にする方法の1つが、BIツールによるデータ可視化です。BIツールを用いてデータベースと連携することで、蓄積されたデータをリアルタイムに把握でき、それに基づいたスピーディーな意思決定が可能となります。また、経営層に限らず、可視化したデータを現場に展開することで、今まで本社側でしか活用できていなかったようなデータを現場でも活用できるようになります。第3章、第6章では、スピーディーな経営判断に必要なBIツールを構築する、データ可視化・BI構築プロジェクトに関して解説します。

データ×AIプロジェクトの流れと活用段階

データ×AIプロジェクトの流れ、活用段階はどのようになっているのでしょうか。

情報処理推進機構（IPA）はITSS＋の中でデータサイエンス領域のプロジェクトの流れを定めています。また、日本経済団体連合会は「AI活用戦略～AI-Readyな社会の実現に向けて～」の中で各企業のデータ活用段階を5段階に分類しています。

それらを参考に、データ分析プロジェクトの流れとデータ×AI活用の段階を見ていきましょう。

データ分析プロジェクトの流れ

データ分析プロジェクトの流れを図示したものが図2-2です。分析企画～業務への組み込みまでの流れは下図のようになります。

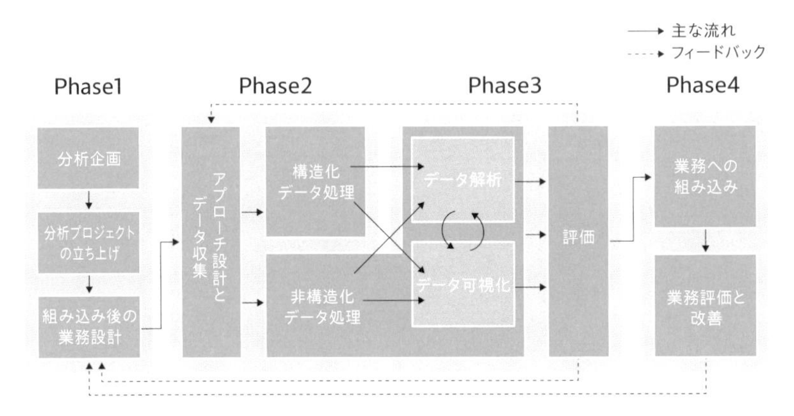

図2-2　ITSS＋で示されたデータサイエンス領域のタスク構造図（中分類）
出典：https://www.ipa.go.jp/jinzai/itss/itssplus.html

まず設計フェーズとして、分析企画、分析プロジェクトの立ち上げ、組み込み後の業務設計を行います。データ×AIプロジェクトでは、ときに、データの更新タイミングや運用方法を詰めていなかったために、分析やモデル構築をしたにもかかわらず運用できないという事態が起こります。これは、事前の業務設計、現場とのコミュニケーション不足によって発生するものです。そのため、分析企画とともに、組み込み後の業務設計を分析の前段階で実施することが重要です。

その後、アプローチ設計とデータ収集をし、データの種別ごとに前処理を行います。構造化データとは、Excelのような表計算ソフトで扱えるテーブルデータのことを指し、非構造化データとは画像やテキストのようなデータを指します。非構造化データはそのままでは分析が難しいため、適した形に変形する必要があります。

データの準備ができたら、データ可視化、データ解析（機械学習モデルの構築を含む）を実施し、結果を評価します。評価の結果、問題ないと判断されたら、業務に組み込み、都度評価と改善をします。

実際には、機械学習構築、データ分析、データ可視化・BI構築など、プロジェクトの種類によって流れが変わってくるため、それぞれの具体的な流れについては第3章～第6章で解説します。

データ活用の段階

日本経済団体連合会は「AI活用戦略～AI-Readyな社会の実現に向けて～」の中で企業のデータ、AI活用段階のレベルを5段階に分類しています（図2-3）。データ×AI活用の準備が整った企業をAI Readyな企業、データ×AI活用によってビジネスを推進している状況をAI Poweredな企業と定義し、それぞれのレベルでどんな状況を達成すべきか、「経営・マネジメント層」「専門家」「従業員」「システムレベル・データ」のそれぞれを定めています。たとえば、データ×AI活用の第一歩目であるレベル2を目指すためには、経営・マネジメント層がAIの可能性を理解して情報発信し、外部と協力しながらスモールスタートで活用を進めていくことが重要となっています。レベルごとに必要とされるスキルセットが変わってくるため、キャリアの構築においては、どのレベルの企業と関わりたいのか意識するとよいでしょう。

この図で示されているように、それぞれのレベルを達成するためには、どれか1つの要素だけでなく、経営者の理解、専門家の育成、従業員の育成、システム・データの整備という多元的な要素を並行して育てていく必要があります。

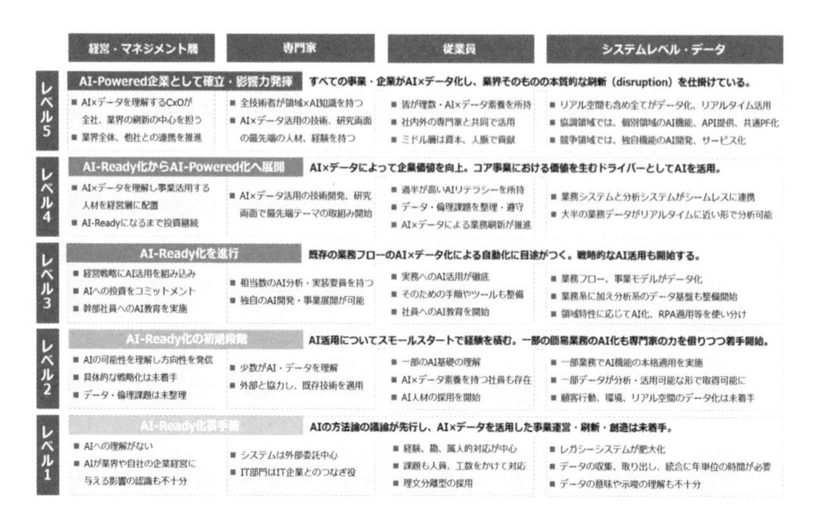

図2-3　日本経済団体連合会 AI-Ready化ガイドライン
出典：https://www.keidanren.or.jp/policy/2019/013.html

AIとデータサイエンス

　ここまで、データ×AI領域に関しての説明をしてきましたが、データ×AI活用の文脈で語られるAIとは、いったい何なのでしょうか。近年話題になっているAIと呼ばれるものは、機械学習、ディープラーニングのことを指すことが多く、ディープラーニングは機械学習の中に、機械学習はAIの中に含まれます。これらの関係を図示したものが図2-4です。以下で、それぞれがどのような定義なのか解説します。

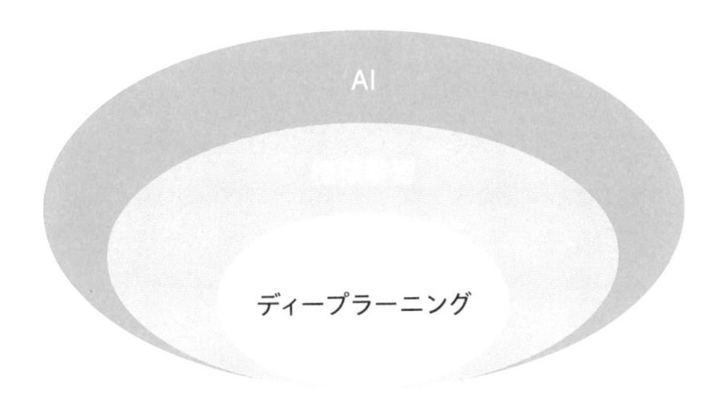

図2-4　AI、機械学習、ディープラーニングの関係

AI・機械学習・ディープラーニング

まず、AIはArtificial Intelligenceの略で、日本語に訳すと人工知能です。AIの定義は幅広く、人間の論理的思考をプログラムなどを用いて人工的に再現する取り組み全般のことを指します。たとえば、専門家の意見を統合した条件分岐の集合のようなものもAIと呼ばれます。

機械学習はその中でも予測や分類を中心とした領域で、直近の売上情報に基づいて翌日の商品の売上を予測したり、顧客の行動履歴に基づいてその顧客がリピートするかどうかを予想したり、患者の検査データに基づいて疾患があるかどうか分類したりします。機械学習において重要なポイントは「学習」であり、実際の数値とのズレが小さくなるように、実測値と予測値を用いて学習を行います。ここで構築した予測のルールのことを「モデル」と呼び、未来のデータをはじめとした未知のデータの予測に用いられます。予測値がないような機械学習もありますが、これは後述します。

機械学習の中でも、ニューラルネットワークを用いて複雑な表現を可能にしたものがディープラーニングです。扱うトピックとしては機械学習と同じような内容ですが、画像や音声、自然言語といった、データ量が多く、抽象度の高い領域で活用されています。その反面、データが大量に用意されていない場合の予測には強くなく、予測結果の説明が難しいという理由から、売上予測や後述するデータサイエンスのような領域ではあまり使われてきませんでした。しかし、近年ではFew-Shot-Learning（少ないデータで効率的に学習することができる学習手法）やXAI（Explainable AI：説明可能なAI）のような、上記の問題を解決する手法も研究が進んでいます。そのため、今後はこれらの領域でもディープラーニングが主流になっていく可能性があります。

AIとデータサイエンスの違い

AIと並んでよく使われる言葉が「データサイエンス」という言葉です。読者の皆さんも、「AIとデータサイエンスってどう違うんだろう？」と疑問を持ったことがあるかもしれません。このデータサイエンスという言葉は幅が広く様々な定義で使われます。上述したAI領域が含まれることもあれば、含まれないこともあるため、よく混乱を招きます。本書では、ディープラーニングや機械学習による予測モデルのことをAI、AI構築を含めたデータ×AI領域での価値創出の営みのことをデータサイエンスと定義します。

データサイエンスの目的は、ビジネス上の意思決定のサポート、機械学習のモデル構築による作業の自動化もしくは作業のサポートです。先程のAI活用は予測が目的でしたが、ビジネスの意思決定では、「100万円の広告コストでいくらの売上に繋がるのか」「顧客のリピートに繋がる要因は何か？」といった説明の方が重要になることがあります。たとえば、ECサイトの改善にあたって、リピート率を高めるための施策を検討する場面などが、このシチュエーションにあたります。リピートと関連する要素を集計、可視化することで定量的に状況を把握し、効果的な施策に繋げることができます。上述したような機械学習も用いますが、あくまでビジネスにおける意思決定が目的となるため、「リピートに影響する要素は何か？」という問いに答えるために機械学習のモデルを構築します。このようなビジネス上の意思決定に関わる活動を、データアナリティクス、データアナリシスと呼んだり、単純にデータ分析と呼んだりもします。本書におけるデータサイエンス、AI・機械学習、データ分析の用語の関係を図2-5に示します。

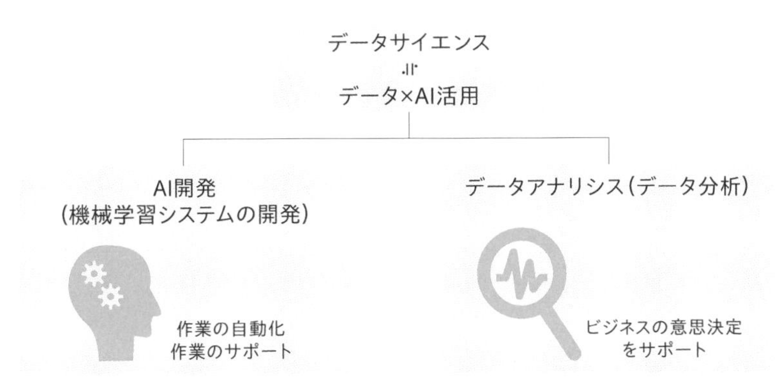

図2-5　本書におけるデータサイエンス、AI・機械学習、データ分析の用語定義

機械学習手法・分析手法

機械学習は、データ×AI活用の中で中心的な技術トピックの1つです。機械学習を学習方法、性質ごとに分類した内容が以下の図2-6です。機械学習は大きく、教師あり学習、教師なし学習、強化学習の3種類に分類されます。その上でさらに、回帰、分類、クラスタリング、次元削減などの用途ごとに分類できます。本節ではこれらの領域に加え、モデルの学習やビジネスへの適用の際に用いられる最適化、Excelのようなテーブルデータを扱うデータ分析とは少し毛色の異なる自然言語解析や画像処理に関して解説します。

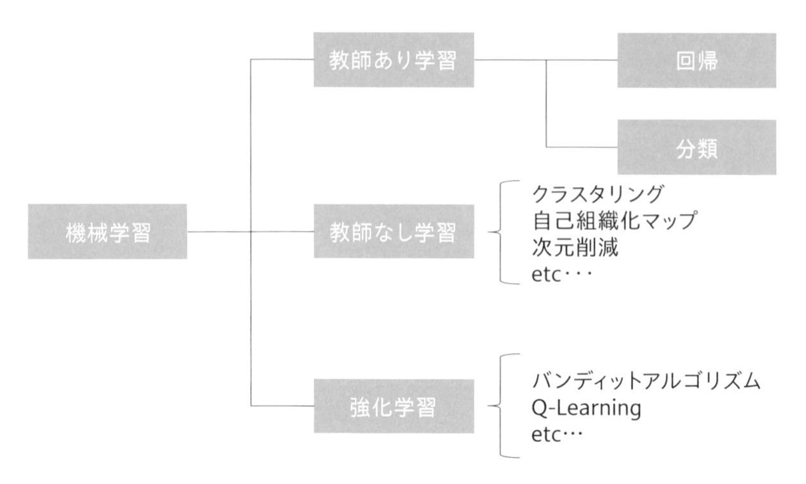

図2-6　機械学習の分類

教師あり学習

教師あり学習は、予測したい結果に対して、それを説明するためのデータを用いて予測モデルを構築する学習方法です。たとえば、日付、天気、気温、直近1週間の売上といったデータから、その日のビールの売上を予測することなどに活用できます。この場合、日付、天気、気温などは、ビールの売上を説明するための特徴を表した情報なので、「説明変数」や「特徴量」と呼ばれます。対してビールの売上は、説明変数によって説明される目的の変数なので、「目的変数」「被説明変数」と呼ばれます。

教師あり学習で構築するモデルは大きく分けると、回帰モデルと分類モデルに分かれます（図2-7、図2-8）。回帰モデルでは売上や数量、降水量や気温といった連続的な量を予測します。分類モデルはユーザーが離脱するかしないか、その画像が犬か猫かなど、特定の分類に所属するかどうかを予測します。

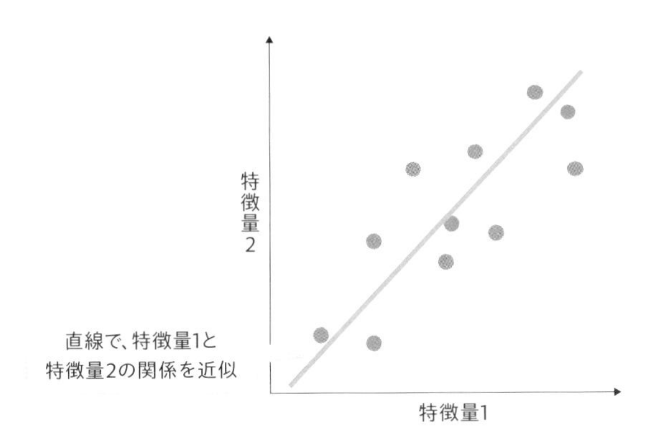

図2-7　回帰モデルのイメージ

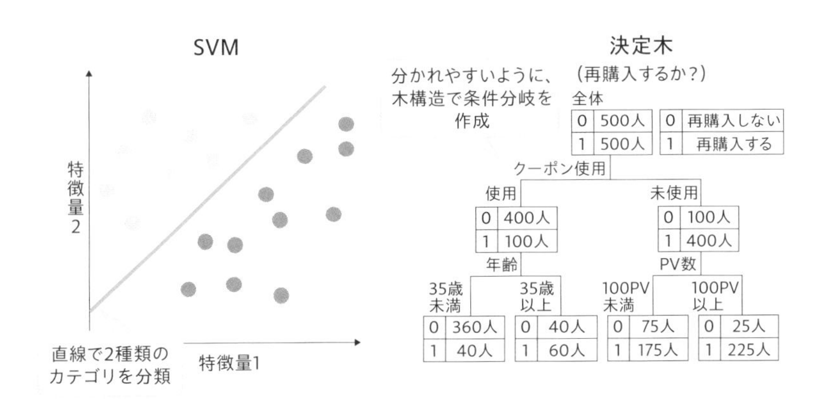

図2-8　分類モデルのイメージ

教師なし学習

教師なし学習は上述した目的変数にあたる情報がない場合に用いられる学習方法です。代表的な手法としてはクラスタリングや次元削減などが存在します（図2-9）。

クラスタリングは、似たようなデータをグループ化して扱いたい場合に使用します。たとえば、ペットショップのECサイトを運営している場合、購入する餌の傾向によって顧客を「犬の商品をよく買うユーザー」「猫の商品をよく買うユーザー」「爬虫類の商品をよく買うユーザー」と分類し、配信メールの内容やサイトのトップページに表示させる商品をカスタマイズできます。またデータに基づくことで、「爬虫類」という単位で分類するべきか、「ヘビ」「イグアナ」といった単位で分けるべきかといった部分が明らかになってきます。

次元圧縮は、大量にあるデータを圧縮するために使われます。教師あり学習の特徴量を作成する、変数を要約することで人間が解釈しやすいようにするといった用途で使用されます。特徴量の構築はテクニック論になるので説明を省略します。人間が解釈しやすいように圧縮する方法としては、たとえば数学、国語、理科、社会、英語の試験の得点を「理系得点」「文系得点」という2軸で分類するようなイメージです。理系と文系という大きなくくりにすることで、全体的な傾向を捉えやすくなります。

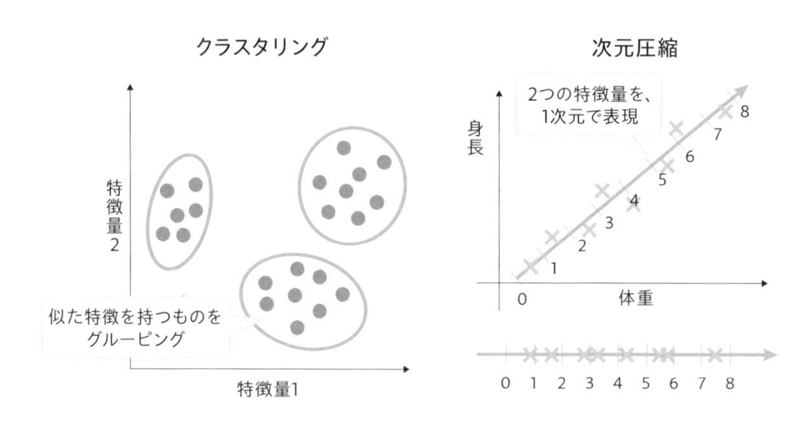

図2-9　クラスタリングと次元圧縮のイメージ

強化学習

強化学習は、コンピュータエージェントが、与えられた環境において最も報酬を獲得できるように行動を学習させます。エージェントとは、意思決定をするAIと捉えてください。たとえば、強化学習の一領域であるバンディットアルゴリズムでは、未知の選択肢を選んで新しい情報を獲得する探索と、現在知っている情報に基づいて最も良い選択肢を選ぶ活用を適切に繰り返しながら学習をしていきます（図2-10）。

自動運転における運転方法の学習や、予算内で最適な出稿方法を決める広告出稿などの領域で活用されています。ゲームAIの領域でも活用されており、人間のプロ囲碁棋士を互先（ハンディキャップなし）で破った初のコンピュータ囲碁プログラムである、AlphaGoも強化学習で作られています。

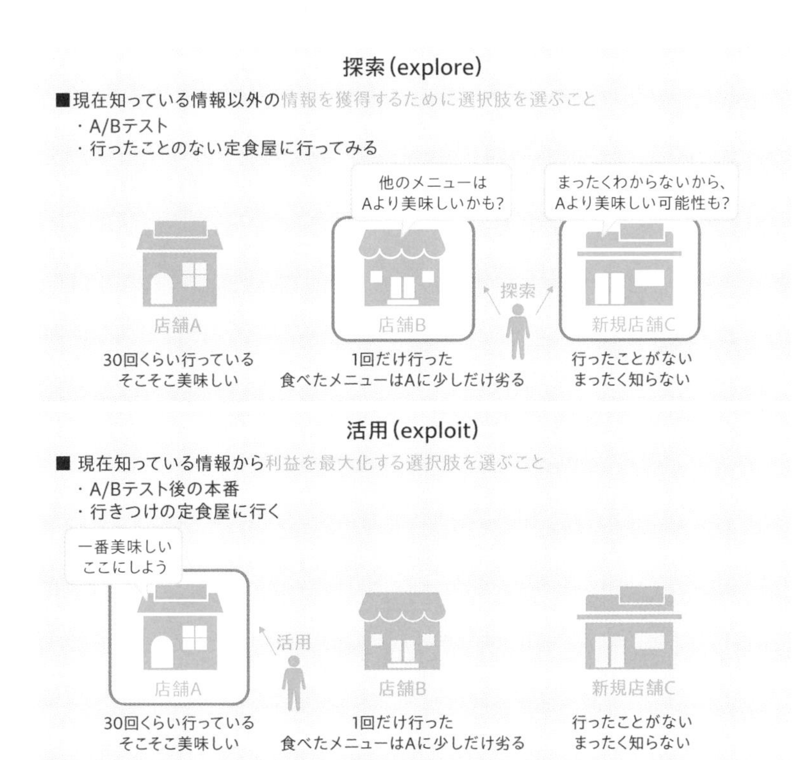

図2-10　バンディットアルゴリズムの解説

ただし、ゲームのように限られた条件下での最適化では劇的な結果を残せますが、現実問題への適用では環境設計（何を観測値とするか、どのような行動の選択肢があるか、どんな行動を良い行動と評価するかなどを設計すること）が難しいといった障壁があり、扱われている領域はまだまだ限定的です。

ディープラーニング（深層学習）

脳の神経細胞（ニューロン）の仕組みを模して作られた数学モデルがニューラルネットワークです。

脳の仕組みを最もシンプルな数学モデルにしたものが図2-11で、パーセプトロンと呼ばれます。インプットに対して重みをかけ、閾値以上であれば1を、閾値未満であれば0をアウトプットするようなモデルです。

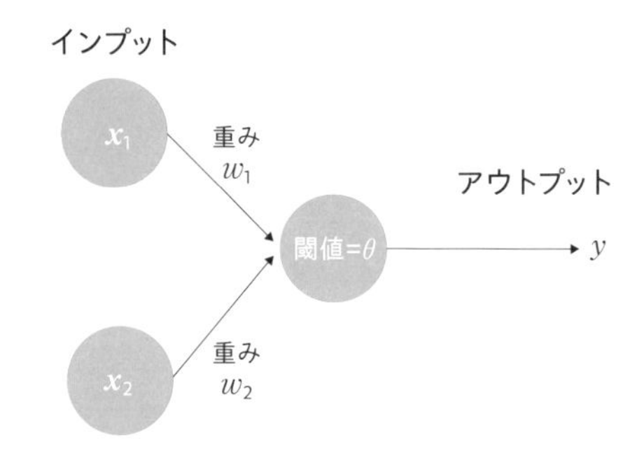

図2-11　パーセプトロンのイメージ

このような数学的なモデルをベースに、ネットワークを多重にして作られたのがニューラルネットワークです。ニューラルネットワークはインプットである入力層、アウトプットの値である出力層、入力層と出力層の間にある中間層から構成されています。各ノード間を繋ぐ重みの係数や、活性化関数と呼ばれる入力に対するアウトプットの計算式を工夫することで複雑なパターンを学習させることができます。このニューラルネットワークの層の数を多くしたものがディープラーニング（深層学習）と呼ばれています（図2-12）。

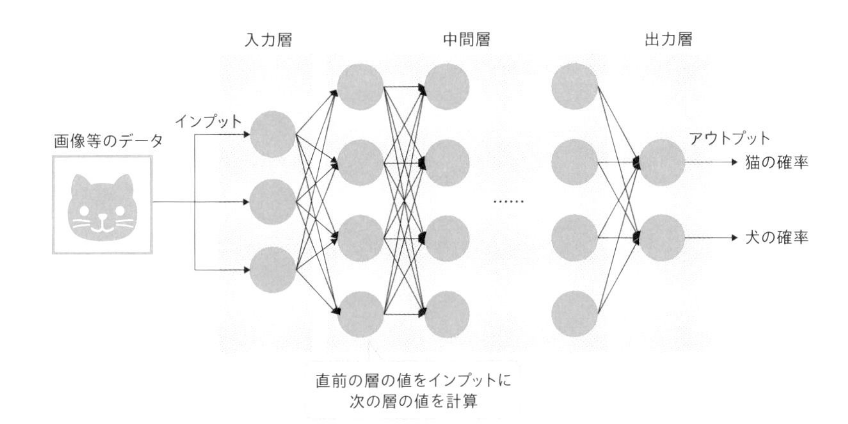

図2-12　ニューラルネットワーク、ディープラーニングのイメージ

ディープラーニングの登場により、画像分類や自然言語処理、音声認識等の領域で、従来は不可能だったレベルのパフォーマンスを実現できるようになりました。ディープラーニングでは上述した回帰モデル、分類モデル、教師なし学習、強化学習など、すべての領域で活用されています。

最適化

最適化は、機械学習モデルの構築や活用の際などに使われます。最適化では、特定の条件、制約において目的の数値が最大、最小になるような最適な数値の組み合わせを発見します。

機械学習モデルを構築する際は、予測値と実測値を比べてその誤差が「最小」になるようにします。最適化を用いることで、誤差が最小になるような組み合わせをもとに機械学習の各種パラメータを決定できます。

一方で、機械学習モデルの構築後も、最適化が用いられることがあります。たとえば、需要予測モデルを構築して、明日どの商品がどれだけ売れるかわかったとしましょう（図2-13）。たとえば、パンのカテゴリ全体では100個のパンが売れて、フランスパンは最大20個、惣菜パンは最大30個の範囲で売れるというように、それぞれのパンの売れる上限がわかったとします。機械学習による予測ではここまでは明らかにできますが、「どのような組み合わせにしたら売上が最大になるか？」ということはわかりません。そのため、最適化で売上が最大化するパンの組み合わせを決めることで、機械学習で予測した値を具体的な計画に落とし込めるのです。

図2-13　最適化のイメージ

画像処理

ディープラーニングの登場によって最も変化があった領域の1つが画

像処理領域です。顔認証、AIカメラを用いた物体・人物検知、医療における腫瘍の発見、製造業における異常検知など、ありとあらゆる用途で画像処理の技術が使われています。

従来の画像処理手法では、画像をもとにSIFT、HOG（画像処理領域で使われる、画像を数値データに変換した指標）などの特徴量を作成し、それを教師データとして機械学習を実行することで予測モデルを構築していました。しかし、この方法では多種多様な画像のパターンに対応できず、実用十分な制度の予測ができませんでした。

ディープラーニングを用いた画像処理手法では、特徴量抽出を行わずに画像のデータを直接受け渡し、耳の形、鼻の形などの抽象概念を学習することが可能になりました（図2-14）。このような技術の変化によって、近年画像処理領域でのAI活用が急速に伸びています。

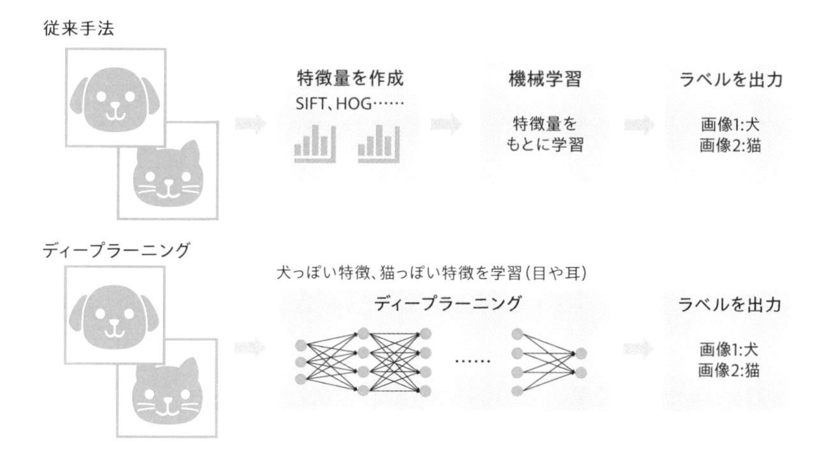

図2-14　画像処理における従来手法とディープラーニングの違い

自然言語処理

自然言語処理は、検索エンジン、自然言語翻訳、コンテンツ分析など様々な用途で使われています。自然言語の領域も、画像処理と同じくディープラーニングの登場によって精度の大幅な改善が実現しました。

自然言語処理では、形態素解析をした後に、構文解析、意味解析、文脈解析などを行い、文章の構造を把握するアプローチを取ります。形態素解析とは、日本語を単語と単語に分割する手法で、「りんごが赤い」という文章を「りんご」「が」「赤い」という単語に分割します。英語などの場合は単語同士の間に空白があるため分割は容易ですが、日本語では何らかの方法で分割をする必要があります。その後、分割した単語を主語、述語、目的語などと分類して、意味や文脈を解析します。データ活用の文脈では意味解析、文脈解析などはあまり使われず、分割した単語の数を集計するなどして、上述した機械学習モデルで予測や分析に使っています。

近年BERTやGPT-3といった自然言語に特化したディープラーニングが登場して以降は、「りんごが」に続く文章として「美味しい」が30%、「赤い」が20%、「甘い」が10%といった形で、予測的なアプローチを取れるようになりました。これによって、自然言語翻訳やチャットボットによる会話機能などの精度が劇的に向上しました。

データ×AIを支えるハードウェア

第1章では、センサの普及や計算速度の増加がデータ、AI活用に貢献していると解説しました。本節では、その中でも機械学習、ディープラーニングの活用に大きな影響を与えているIoTセンサ、GPU・FPGAに関して解説します。

IoTセンサ

IoTとはInternet of Thingsの略で、ものをインターネットに繋げることを指します。ものの状況を把握するために、ネットワークを通してデータを収集することができるセンサのことを、IoTセンサと呼びます。

センサには加速度センサ、ジャイロセンサ、イメージセンサ、光センサ、音センサ、環境センサなどの種類があります。

加速度センサとジャイロセンサは、そのセンサを取り付けた物体の動きを捕捉し、どのように移動したのか、またはどのように回転したのかを特定します。主に、ヘルスケア領域で人間の活動を捕捉することなどに使われています。

イメージセンサは受け取った情報を画像に変換するセンサです。カメラをイメージするとわかりやすいでしょう。画像センサを用いることで、目の前にある物体を検知し、それに基づいて様々なアクションを決定します。たとえば、食品の出荷において、形の整っていない食品を検知し、取り除くことに活用できます。画像データの取得は、スマートフォンや防犯カメラなども活用できるため、これらのデバイスを活用する方法もあります。

光センサ、音センサ、環境センサは光、音、気温、湿度等を測定するセンサです。これらの環境状況を記録しておくことで、特徴的な反応があった際に何が起こったのか分析が可能になります。たとえば、動物の鳴き声をもとに、どのような感情なのか識別するようなサービスに活用されています。

GPU・FPGA

データ×AIを支えるハードウェアの中でディープラーニングの技術に大きな影響を与えているのがGPUとFPGAです。GPUとはGraphics Processing Unitの略で、元々は3Dグラフィクスを描画するために開発された半導体チップのことです。一般的にPCの計算で用いられるCPU

との違いは、並列計算が可能なことです。CPUの場合は1つの処理が完了したら次の処理、次の処理が完了したらその次の処理といった形で、1件ずつしか命令を実行することができません。しかし、GPUでは、これらの処理を同時に行うことができます。これにより、ディープラーニングの学習に必要な大量の計算を短時間で行うことができるようになったのです（図2-15）。

FPGAはプログラミングによって動作を変更することができるICチップで、CPUやGPUと比べると省電力で動作するというメリットがあります。プログラミングが可能なため、様々なデバイスに組み込むことができ、エッジコンピューティングと呼ばれる、センサで取得したデータに対してネットを介さずにAIを動作させるような領域で活躍しています。

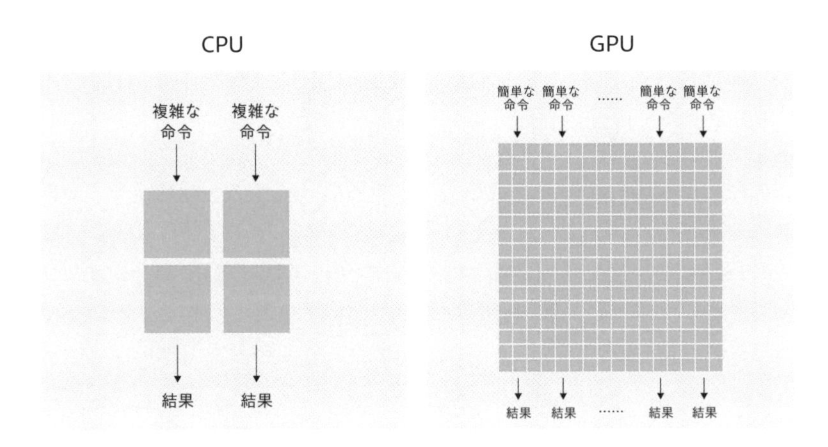

図2-15　CPUとGPUの動作イメージ

データ取得に関する基礎知識

データ、AIの活用はデータがなければ何も始まりません。ログデータ、システムデータ、アンケートなど、データの取得には様々な方法があります。データの取得は、そのデータをどのように活用するかも踏まえて行う必要があります。そのため、上述した機械学習、分析手法を理解した上で、データの取得設計をするべきです。また、個人情報やGDPRといった、プライバシーの保護にも注意しなければなりません。そこで本節では、ログデータの取得に関するキーワードと、個人情報やGDPRについての解説をします。

ログデータの取得

データ分析を実施する際に最もよく使われるデータの1つがログデータです。Webサイトでの行動、IoTセンサから取得されたセンサデータなどを、ログとして記録したデータのことを指します。

システムを運用しているだけでは、分析に必要なログデータは取得できません。Webのアクセスログであれば、いつ、誰が、どんなデバイスを用いてどのURLにアクセスしたのかという情報を取得する、ヘルスケアのデータであれば、10msごとに加速度センサ、光量センサの値を取得するといった設計をし、取得のための実装をする必要があります。

Web領域では、ツールを導入するだけでWeb解析に必要なデータが取得できるような環境が整っているため、比較的簡単に収集が可能です。他の業界でも、共通化しやすく市場シェアの大きいところから順次、ログ取得のサービスが整えられていくと考えられます。

システムデータ

あまりよく使われる用語ではありませんが、運用中のシステムの中に存在するトランザクションデータ、マスタデータ、コンテンツデータなどを指しています。

システムデータは実際に運用されているデータのため、過去のデータが存在したり、丁寧に情報が整備されていたりします。そのため分析を行う際は、システムデータとしてどのようなデータが取得できるのかをまず確認します。

これらのデータは分析用に作られていないため、不十分なこともあります。たとえば、データ容量節約の観点から、現在時点のデータしかDBに保存しないシステムも多く存在します。このような場合は、各時点のスナップショット（1月1日のデータ、1月2日時点のデータといった各時点のデータ）を獲得するなど、分析に適したデータを蓄積できないか、システムを運用しているシステムエンジニアと協力しながらデータ取得方法を検討します。

アンケート

データを集めるための最も古典的な手法の1つがアンケートです。最も簡単なものだと、顧客の満足度調査、商品に対するレビューなどもアンケートデータにあたります。Webサービスの満足度を測る指標として、「どの程度他の人におすすめしたいか」という質問を投げかけ、10段階の評価で回答させるNPSもよく用いられています。

アンケートデータ取得のための質問には、自由回答、5段階評価のような段階的評価、複数選択、単一選択などの定まった回答パターンがあります。古くからある領域のため、項目と項目を組み合わせた回答を分析したり、因子分析などの統計的な手法で共通した特徴を抽出したり、といった分析領域が確立しています。そのため、アンケート特化のサービスなども多く登場しています。

簡単に分析してインサイトが取れるアンケートですが、紙での回答とWebでの回答でまったく傾向が異なったり、同じ質問でも回答する順番によって評価が変わったりと、様々なバイアスが発生しやすいデータ取得方法でもあります。そのため、アンケートを活用する際は、質問の設計を慎重に行う必要があります。

スクレイピング

スクレイピングとは、プログラミングを用いてWebサイトからデータを取得する方法です。スクレイピング用に作られたロボット（プログラム）が、ユーザーと同じようにサイトを閲覧し、画面上に表示されている要素を特定のルールに従って抽出します（図2-16）。

スクレイピングによって、自社に十分なデータが存在していない場合でも、オンラインの情報から分析することができるようになります。たとえば、口コミサイトなどの情報をスクレイピングすることによって、商品の名前、カテゴリ、価格といった情報に加え、レビューの内容などを取得できます。これらの情報を分析に活用すれば、顧客のインサイトを捉えた分析ができるようになるでしょう。

ただし、スクレイピングを行う際は、違法にならないように注意が必要です。対象のサイトに負荷をかけすぎてしまった場合は攻撃とみなされますし、そもそもスクレイピングが禁止されているサイトでは規約違反になります。サイトに負荷をかけすぎず、規約を守ってスクレイピングすることを心がけましょう。また、Webサービスからデータを取得する際は、Webサービスがデータ取得用のAPIを提供している場合もあります。スクレイピングを行う前に、APIが提供されているか確認するとよいでしょう。

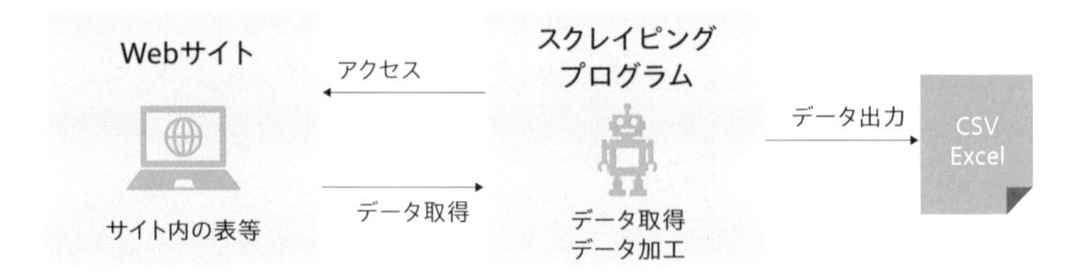

図2-16　スクレイピングのイメージ

オープンデータ

社外データの活用では、オープンデータも有効です。オープンデータとは、分析用途で二次利用できるように外部の組織や個人が公開しているデータのことです。日本では、各省庁を中心に、政府の調査データがオープンデータとして公開されています。

たとえば、マーケティングや移動に関する分析の際に、降水量や気温などの天気情報を活用することは重要です。また、商圏分析の際には、各エリアのターゲットとなりそうな人口の分布が重要になるでしょう。オープンデータを用いることで、これらの情報を手に入れて、活用することができます。

また、オープンデータではありませんが、多くの業界では業界団体が調査レポートを出しています。これらのデータを用いることで、より幅広い視点での分析が可能になります。

個人情報・GDPR

個人情報は慎重に取り扱わなければいけないことはご存じの方も多いかもしれません。しかし、具体的にどのようなデータが個人情報にあたり、個人情報の含まれたデータを分析する際は何に気をつければよいのか、といった内容まで把握している方は少ないのではないでしょうか。たとえば、外部の分析会社との共同プロジェクトにあたり、データの提供が必要になった際は、個人が特定できる住所、氏名、メールアドレスといった情報は含めないか、もしくはまったく意味のない別の文字列に置き換えるなどして提供するのが一般的です。

また、「EU一般データ保護規則」（GDPR：General Data Protection Regulation）では、個人データ保護やその取り扱いについて詳細に定められています。EU域内の各国に適用される法令で、2018年5月25日に施行されました。個人データ削除の要求ができること、個人データが侵害されたときに迅速に知ることができることなど、個人のデータを保護するためのルールが定められています。大手企業のWebサイトにアクセスした際にCookie使用に関する同意を求められることが増えましたが、これもGDPRに対する対応の一環です。

本書では紹介に留めておきますが、ユーザーデータの取得と分析者への展開の際には、個人情報に関連する法律やGDPRを押さえておかなければなりません。

データ活用基盤に関する基礎知識

データ活用において、やみくもにデータを収集するだけでは、個人単位、部署単位でデータが散在し、本来のデータの価値が得られなくなってしまいます。データ×AI技術をビジネスに活用するためには、適切にデータの収集、蓄積、管理、連携を行うための基盤を構築する必要があります。本節では、データ活用基盤の構築、活用に関連する技術トピックに関して解説します。

データレイク・DWH・データマート・データパイプライン

データ活用の文脈では、データを蓄積・処理する環境をデータレイク、DWH、データマートの3層構造で表現することが多いため、本書でもその表現を踏襲します。

データ活用では、データが様々な場所に点在していては分析できないので、一箇所に集めておく必要があります。データを蓄積する場所を「データレイク」と呼びます。CSVデータ、JSON形式のデータ、Excelファイルなど、様々な形式のデータをファイルとして蓄積します。データ活用に使用されるデータは、可能な限りすべてこのデータレイクに集めておきます。

DWHとはData Warehouseの略で、直訳すると「データの倉庫」となります。DWHは、データを蓄積、集計、加工し、様々な関係者にデータを提供するための機能を備えています。上述したデータレイクにデータを集めただけでは意味がありません。様々な人がデータにアクセスできるようになって初めて価値が生まれます。そのため、DWHに必要なデータを読み込ませた上で、データを分析、活用する人に対してアクセス権を付与します。

また、収集した生データは分析者には扱いにくいため、扱いやすいように処理する必要もあります。この扱いやすい形に処理されたデータを、データマートと呼びます。たとえば、商品ID、ユーザーID、購入点数の3列だけのデータでは分析がしにくいですが、商品名、単価、商品カテゴリ、ユーザーの年齢、性別などが付随していれば様々な分析ができます。このように、分析者が繰り返し行う処理を事前に施して、分析しやすいデータベースを構築することで効率良く分析することができます。

システムに分析結果を反映したい場合は、データマートとして作成したデータベースから、システム用のデータベースに分析結果を読み込みます。

このように、データ活用におけるすべての工程の基盤となるのがデータレイク・DWH・データマートなのです。そのため、これらの領域とその周辺領域をまとめてデータ基盤、データ分析基盤と呼ぶこともあります。また収集〜活用までのデータが流れる工程を、データがパイプの中を流れている様に例えて「データパイプライン」と呼びます（図2-17）。

データパイプラインの構築に関わる技術要素としては、ログ収集、データの抽出・加工・読み込み（ETL処理）、データの蓄積（データレイク）、一連の流れの実行管理（ワークフロー管理）、分析用のデータベース（DWH）、分析者向けのデータベース（データマート）、分析と可視化（BIツール）などがあります。

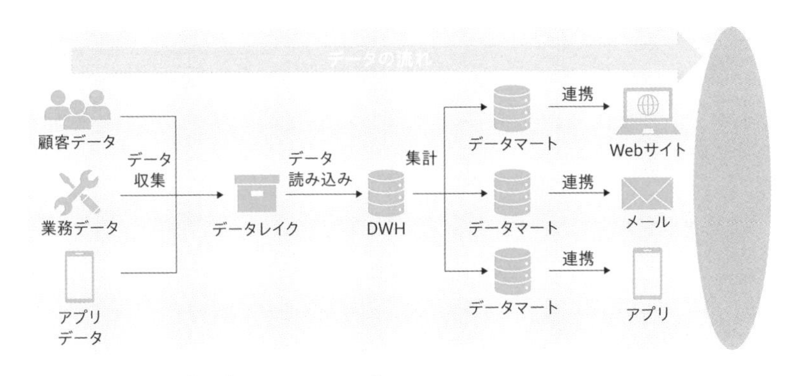

図2-17　データパイプラインのイメージ

クラウドサービス

クラウドサービスの発展もデータ×AI活用の後押しをしています。ここでいうクラウドサービスとは、AWS（Amazon Web Service）、Azure（Microsoft Azure）、Google Cloudなどを指します。一部の大企業ではオンプレミス[2-1]でデータ基盤を構築していますが、多くの企業ではクラウドを活用しています。クラウドサービスに関しては、それ自体で何冊も書籍が書けてしまうので、ここではデータ×AI活用とクラウドサー

2-1：サーバやソフトウェアなどの情報システムを使用者が管理する設備内に設置し、運用すること

ビスの関係性に絞って解説します。

まず、どのクラウドサービスがよく使われているのでしょうか。2022年時点のデータ活用では、Google Cloudの提供しているGoogle BigQueryが非常に高速で使い勝手が良く、DWHに採用されることが多い傾向にあります。

クラウドサービスは、上述したDWHの動作環境に使われる他、データの収集、蓄積、分析などにも用いられます。また、計算負荷の高いAI構築の計算にも活用されます。ディープラーニングの学習では、一般的な家庭用PCを使うと1週間経っても計算が終わらないことも珍しくありません。効率良く学習するためには、GPUやTPUなどの計算リソースが必要になります。そのため、必要に応じて使用するときのみ、リソースを確保できるクラウドサービスはディープラーニングの学習において重宝されます。それらの分析の結果をシステムに反映させる際には、既存システムに加えて、機械学習専用のサービスを構築し、既存システムと連携するような方式が取られることが多くあります。クラウドはこの機械学習専用のサービスが動作する環境としても活用されます。機械学習専用のサービスに関しては第4章で詳しく解説します。

では、なぜそこまでクラウドが使用されるのでしょうか。様々な理由がありますが、システムが安定している、環境構築が容易である、分散処理の恩恵が受けやすい（ローカルPCで1時間かかる計算がクラウド上では1分で終わることもあります）、データ容量が無制限で増やせる、システム間連携が容易である、自前でデータセンターやサーバを準備しなくてよいといったものが挙げられます。

クラウドサービスが登場したばかりの時期は、セキュリティ上の問題が不安視されていました。しかし現在、サービスの1つであるAWSは、米国連邦政府、米国国防省をはじめとした7,500以上の政府機関に使用されています。そのような事例を皮切りに、セキュリティ上の問題でオンプレミスで構築されていたシステムが、徐々にクラウド上に移行されつつあります。このような背景から、データ活用文脈においても、今後より一層クラウドサービスの活用が発展すると予想されます。

データ収集、蓄積ツール

人の動き、ものの動きなどを分析する際は、旧来から存在していた小売の販売記録データや、業務管理のためのERPツールのデータなども活用します。今まではこのようなサービスからデータを抽出する際はSIer[2-2]に依頼してデータを抽出してもらうことも多くありました。一方、データ収集・蓄積ツールでは、簡単な設定をするだけで代表的なSaaSやデータベースと連携でき、ツール上でデータの収集、蓄積ができます。同様に、施策を反映する際も、分析した結果をSaaSツールに反映させれば済むような環境が日々整備されています。たとえば、Treasure Dataなどは、データ収集、統合、分析、施策のための機能を統合してTreasure Data CDPとして提供しています（図2-18）。

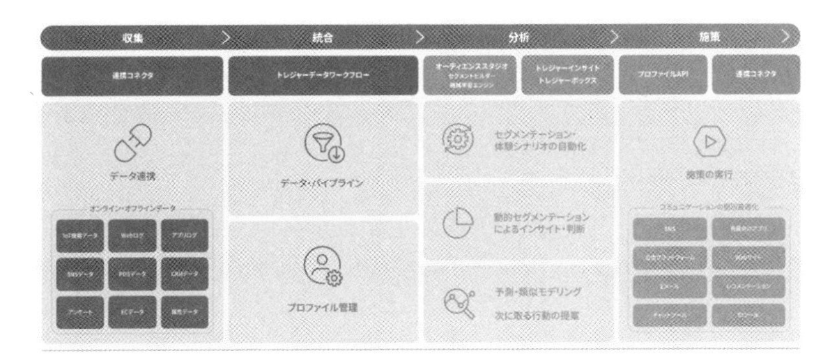

図2-18　Treasure Data CDPの機能
出典：https://www.treasuredata.co.jp/product/

2-2：System Integratorの略。システム開発や運用などを請け負う企業や人を指す

API

機械学習モデルを用いて予測した結果を他のシステムと連携する方法の1つがAPIです。機械学習モデルをAPIサーバに組み込み、システム間で連携することで、既存システムから機械学習モデルを呼び出せるようにします。APIとは、Application Programming Interfaceの略で、アプリケーション間で情報をやりとりする際に使用される仕組みです。代表的な機械学習システムの成果物の1つとしてAPIサーバの構築が挙げられます。

たとえば、ECサイトの機能として、特定の検索条件に対して、最も購入率が高くなるような商品群を表示させる機械学習のモデルを作ったとしましょう（図2-19）。その場合、機械学習のシステムをECサイトに適用するには、何らかの形でECサイトを動かす仕組みの中に機械学習モデルを組み込む必要があります。このとき、機械学習モデルとECサイトを繋ぐ方法の1つがAPIです。ECサイトでユーザーが検索条件を入力したら、その情報をECサイトが動いているサーバから、機械学習モデルが動いているサーバへ転送します。そして、その結果をECサイトが動いているサーバへ返却することにより、検索にマッチした商品群を表示させます。このような仕組みを構築することにより、ECサイトの開発と機械学習システムの開発の分離ができ、効率的に開発ができます。

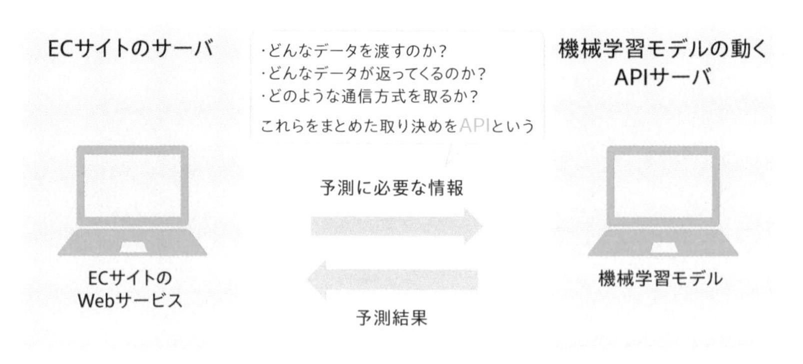

図2-19　API通信のイメージ

アーキテクチャ

アーキテクチャという言葉は元々建築業界の用語ですが、IT業界では、システムの構成要素を表現する言葉として使われます。機械学習システムの構築では、第1章でも紹介したクラウドサービスを用いて自社サーバで動いている基幹システムと連携をしたり、データの収集、蓄積、加工の仕組みを構築したりする必要があります。これら1つひとつの要素に対して複数の選択肢があり、それぞれにメリット・デメリットがあります。また、それらの組み合わせに応じて、連携や人材獲得の難易度が変わってきます。また、長期的な目線で運用を続けるにあたって、システム監視やバックアップの取得など、どのような仕組みを構築しなければならないかも考慮に入れなければなりません。

システムを構築する際は上記を考慮し、どのような技術を採用するのか、どのようにシステム連携をするのか、どのようにバックアップやパフォーマンス、監視設計を行うのか、といったことを設計しなければいけません。そのようなシステム全体の構造を考える仕事をアーキテクチャ設計と呼びます。機械学習システムでは選択肢が多岐にわたるため、アーキテクチャ設計の重要度が非常に高くなります。たとえば、どのクラウドサービスを使うのかといったところから始まり、データベースの種類を何にするのか、セキュリティの設定をどのようにするのかなどをシステムの要件に合わせて設計します。

Python・R・SQL

データ×AI領域において頻繁に使われる言語は、Python、R、SQLの3種類です。

PythonとRは、機械学習モデルの構築やデータ加工、データ可視化などといった処理を駆使しながら分析を進めるために使われます。試行錯誤しつつ分析を進める上では、コードを1行ずつ実行して結果を確認できることが好ましいため、対話的な環境でプログラミングを行うことが多いです。対話的な環境にはJupyter Notebook、R Studioなどが用いられます。またPythonはWebサーバにも活用されるため、機械学習モデルをAPIとして提供する際にも使われます。

SQLはデータベースの操作に使われる言語で、最も一般的な用途としては、システム開発時の、データベース作成、読み込み、更新、削除などがあります。データ活用では、主にデータの抽出や大量のデータの集計に使われます。そのため、数ミリ秒で処理結果を返す必要があるシステムのSQLとは異なり、数秒、数分、場合によっては数時間かかるような集計処理を実行します。使用するデータベースやSQLの書き方も、システム開発とデータ活用ではまったく異なるため、学習をしたり、人材を探したりする際には注意が必要です。

データ×AI活用を支える ソフトウェア・サービス

AI、データ活用が加速した要因の1つに、データ×AI領域を支えるソフトウェア、サービスの普及が挙げられます。近年、営業支援ツール、マーケティング支援ツール、業務管理ツールなど、様々な業務を支えるツールがSaaS化され、複数の会社が同じサービスを使って業務を行う環境が整ってきました。その結果、SaaS企業が設計した分析に活用しやすいデータが蓄積、取得できるようになり、データ分析に基づいて意思決定できる土壌も整備されています。また、データ分析を行うためのサービスも多く登場しました。たとえば、Web業界ではアクセス解析やA/Bテストのツールを使って、インサイトの発見と施策の実行、検証が簡単に実現できる環境が用意されています。

また、蓄積したデータを分析するためのツールも多く存在しています。

これまでもパッケージソフトとして提供される分析ツールは多くありましたが、近年ではクラウド上での分析が可能になりました。これにより、クラウドサービスに蓄積されたデータを、クラウド上で連携して分析したり、構築したモデルをすぐにサービス化して活用することが可能になりました。また、近年ではAutoMLと呼ばれるようなツールも登場しており、データさえ準備すれば複数の機械学習モデルを比較した上で最適なモデルが構築できるようになりました。ここでは、それらのソフトウェアやサービスについて解説します。

BIツール

BIとはBusiness Intelligenceの略で、データベースと連携して、リアルタイムにデータ分析、データビジュアライズを可能にするツールのことです。主要な機能として、様々なデータソースとの連携、GUIベースでの効率的な図表の作成、図表を任意の形でまとめた共有用のダッシュボードのサーバ経由での共有、などといった機能を持っています。BIツールの登場により、非エンジニア、非データ×AI人材であってもデータへのアクセス、データを活用した意思決定が容易になり、経営上の意思決定の迅速化、現場でのデータ閲覧など、データ活用の幅が広がりました。

データの連携では、PostgreSQLやMySQL、Hadoopといった仕様の異なる様々な種類のデータベース、ExcelファイルやCSVのようなテーブル形式のデータ、各種SaaSとの直接連携など、数百種類にも及ぶ多種多様なデータソースとの連携機能を備えています。売上データはDBから抽出し、マスタデータはExcelファイルで用意するといった形で、各所から集めてきたデータをBI上で結合して分析することもできます。

GUIでの図表作成は、分析のセグメント、集計する指標、フィルタ条件などを指定すると、棒グラフや円グラフ、折れ線グラフなど様々な図表を用いて、データの可視化を行うことができます。そのため、定期レポートのような共有用の図表作成だけでなく、仮説検証のための分析とレポーティングにも使われます。構築した図表をダッシュボードとしてまとめ、任意のメンバーに共有することで、効率良くデータの活用を行うことができます。

AutoMLツール

近年、簡易なモデル実装はAutoMLツールによって代替されつつあります。AutoMLは、カテゴリ値のフラグ化、数値のlog変換といったモデリング時の代表的な特徴量エンジニアリング、複数モデルの検討、パラメータの自動探索、モデルの評価と可視化など、データサイエンティストが時間をかけて行っていた業務を、自動で実施する機能を持っています（図2-20）。また、作成したモデルをそのままAPIとしてデプロイすることもできます。

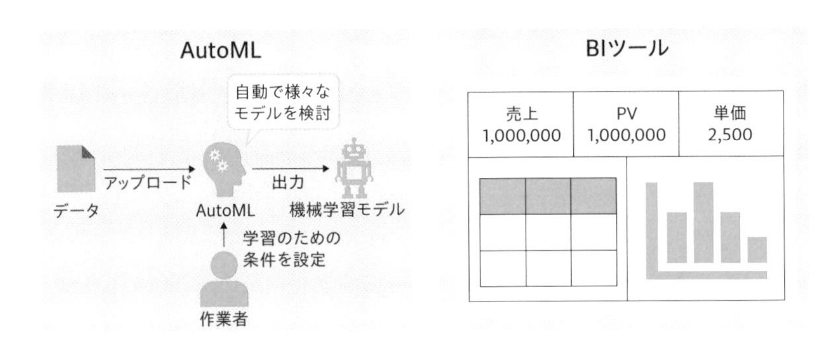

図2-20　AutoMLツールとBIツールのイメージ

分析特化型サービス

2010年代の初頭から続いてきたデータ活用のブームによって、データ活用が価値を出しやすい領域のパターンがおおよそわかってきました。製造業であれば異常の発生予測、ECサイトであればレコメンドエンジンの開発やダイナミックプライシング、マーケティングでは広告の効果予測と広告予算の最適化などです。これらは、基本的に同じような形式のデータと同じようなモデルを用いて、分析を行うことが可能です。サービス提供会社が様々なデータを保有したり、事前に様々な分析をしているため、自社で作るよりも高精度、低単価でAI構築ができる場合も多くあります。そのため、これらの分析はその内容をパッケージ化したSaaSや、安価な分析パッケージの提供などが行われています。市場規模が大きく、共通化が容易な領域から徐々にサービス化が始まっています。

データ分析、データ活用の方法

ここまで、データ活用の重要性に関して解説をしてきました。本節では、具体的な分析アプローチや分析のアウトプットである基礎分析・EDA、仮説検証分析、KGI・KPI、グロースハックといったキーワードに関して解説します。

基礎分析・EDA

他のプロジェクトでも実施しますが、特に重要になるのが基礎分析です。探索的データ分析（EDA：Explanatory Data Analysis）と呼ばれることもありますが、ほぼ同様の意味で使われます。基礎分析では、売上や利益、顧客数、アクティブユーザー数といった重要な指標を集計し、可視化することで、ビジネスの概要やデータの全体的な傾向を把握します。これらの分析を行うことで、そもそも想定していた分析の方針が合っているのかを検証したり、データの特徴を把握したり、深掘りして検証すべき仮説を構築したりします。このフェーズを経ることで、分析結果を成果に繋げることができます。

基礎分析では、都道府県、性別、年齢といった属性情報別の集計、都道府県×年齢、性別×年齢といった2つの属性を掛け合わせたクロス集計などのシンプルな集計から着手し、得られた知見を深掘りしていくというアプローチが有効です。

仮説検証分析

基礎分析、探索的データ分析は特にテーマを決めない、もしくは様々なテーマに対して網羅的に実行するようなアプローチでした。しかし、仮説検証分析は特定の仮説に対して、それが本当かどうかを確かめる分析です。たとえば、ECサイトの運用にあたって、「クーポンを送ることが本当に利益に貢献しているのか？」という疑問が生まれたとしましょう。このような疑問に対して、クーポンが送られているユーザーと送られていないユーザーを比較し、その効果を検証するような分析が仮説検証分析です。仮説の検証には、以下のような方法が考えられます。

- 統計的に有意な差が出ているか確認することで検証
- 予測モデルを作成し、一定以上の予測精度があるか確認することで検証
- データの関連性に想定していたような関連があるかを相関係数やデータの分布を見て検証
- 因果推論などの手法を用いて因果関係があるかを検証

仮説検証を活用するにあたって、必ずしも統計的な仮説検定をする必要はありません。たとえば図2-21はGoogle Optimizeで、とあるリンクのクリック率について、A/Bテストをした結果です。パターンAに比べてパターンBの方がよりクリックされている可能性が高い、という結果が出ています。このような結果に対して有意差検定を行った場合有意差が出ないと考えられますが、パターンBを採用した際に間違ってクリ

ック率の低い可能性は12%しかなく、仮にパターンBの方がクリック率が低い場合でも、パターンAと比べて劇的に低いことはないと予想されます。このような場合ではパターンAを配信し続けてしまうことによる機会損失の方が大きくなってしまいます。このような場合では、一般的に有意性があるとされる95%の確率を超える前に、パターンBを採用するという意思決定が考えられます。

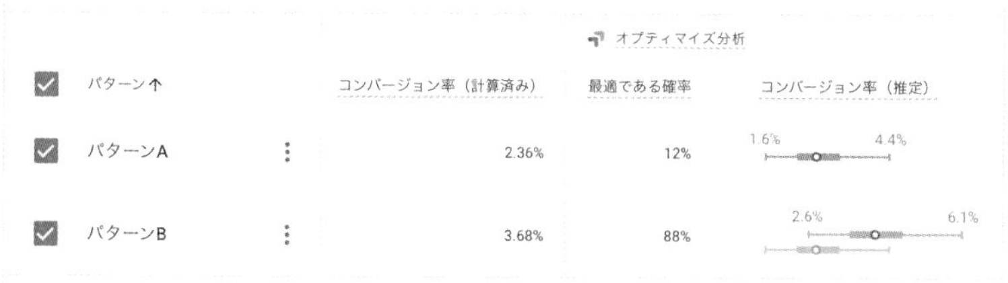

		オプティマイズ分析	
パターン↑	コンバージョン率（計算済み）	最適である確率	コンバージョン率（推定）
パターンA	2.36%	12%	1.6% 4.4%
パターンB	3.68%	88%	2.6% 6.1%

図2-21 Google Optimizeを用いたA/Bテスト

KGI・KPI

KGIはKey Goal Indicatorを略したもので、日本語に訳すと「重要目標達成指標」となります。最終的に達成すべきゴールを指し示す指標で、多くの企業では利益がKGIとなります。KGIは最終的に達成すべき目標ではあるものの、日々追いかける数値としては粒度が粗いため、適切ではありません。そのため、日々の目標管理にはKPIが使われます（図2-22）。

KPIはKey Performance Indicatorsを略したもので、日本語に訳すと「重要業績評価指標」となります。KGIに関連する指標のうち重要なものをピックアップし、KPIとして定めます。KPIを定めて日々確認できるような状況を作ることで、チームの方向性が統一され、適切な目標設定や状況判断が可能になります。

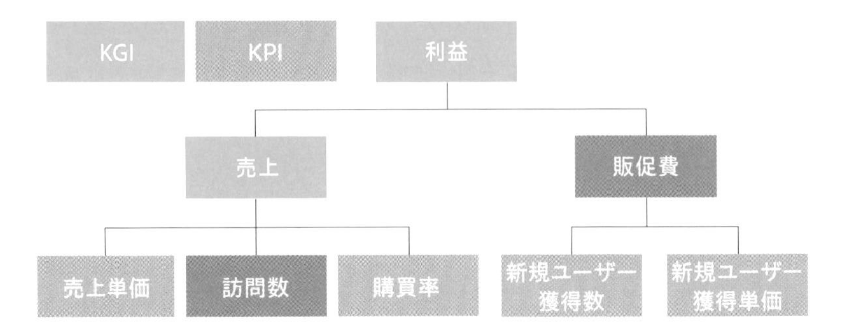

図2-22　利益構造を整理したツリー

グロースハック

仮説立案→検証→施策反映の繰り返しをスピーディーに行い、サービスの成長を促すことを「グロースハック」といいます。グロースハックはベンチャーや新規事業で、特に必要となるトピックであり、数十、数百という施策を小さく検証し、知見として蓄えていけるかが重要になります。

グロースハックを行うためには、1短時間で施策反映が可能であること、2施策のフィードバックが短期間で得られることの2点が重要です。1はSaaSを中心とした様々なサービスの活用や、スピーディーな意思決定ができる組織文化の醸成などによって実現します。2はBIツールを用いたデータの可視化が重要です。重要な指標をリアルタイムに監視できるようになることで、高速に仮説立案→検証→施策反映のサイクルを回せるようになるのです。

検証の方法としては、A/Bテストという検証方法がよく用いられます。これは、施策を実施する際、AパターンとBパターンの施策を準備しておき、その効果を比較することで差を測定し、より効果的な選択肢を明らかにしていく方法です。過去のデータを用いたデータ分析では多くのノイズが含まれるため、得られる知見は限られていますが、A/Bテストの場合は自由に検証設計ができるので、高い精度の仮説検証ができます。

一方で、同じ期間に大量のA/Bテストを走らせにくかったり、良くないパターンを出すことで機会損失したりといったリスクは避けられないので、やみくもにA/Bテストをすればよいという訳ではありません。

データ×AIプロジェクトに関わる登場人物

データ×AIプロジェクトには、データサイエンティスト、データエンジニア、機械学習エンジニアをはじめとした様々な人が関わる他、SE、施策実行責任者、プロダクトオーナーなど、データ×AI関連ではない職種の人も関係します。第2部以降でそれぞれの職種がどのように働くのかを解説します。ここではデータ×AI人材に限定し、関わる職種と特徴を表2-1にまとめておきます。

表2-1　データ×AIプロジェクトに関わる登場人物

職種	説明
PM・コンサル	データ×AI活用プロジェクトに関する幅広い知識を持っている。プロジェクトを進めるために必要なことを押さえ、分析における全体設計、メンバー間の調整や橋渡し、進行管理を担当する
機械学習エンジニア	機械学習モデルをシステム化するスキルを持ったエンジニア。データサイエンティストが構築した機械学習モデルの組み込み、システム化を行う
データサイエンティスト	機械学習を用いてビジネス上の課題を解決するモデルを構築する人。最新の論文に基づいてアルゴリズムの実装を行ったり、フレームワークを用いた分析、レポーティングを行ったりする。定義が曖昧で様々な定義で使われる職種

（次ページへ続く）

職種	説明
データアナリスト	データの集計と分析を中心に担当し、分析レポートを作成する人。データからインサイトを抽出し、ビジネスにおける意思決定をサポートする
データエンジニア	データ分析基盤の構築、整備をする人。データの収集、蓄積、加工のための仕組みを構築して、データ×AI人材がデータを活用しやすい環境を整える
BIエンジニア	BIツール構築、運用に関して必要なスキルを持ったエンジニア。BIツールを用いて、ダッシュボードの設計、構築、運用などを行う

第2部

データ×AIプロジェクトの全体像と各職種の果たす役割

第2部では、代表的なデータ×AI活用プロジェクトである「機械学習システム構築プロジェクト」「データ分析プロジェクト」「データ可視化・BI構築プロジェクト」の3種類の進め方と役割分担を解説します。これらのプロジェクトには多くの類似点がありますが、プロジェクトごとに重要なポイントやアウトプット、目的が違います。これらの類似点、相違点からデータ×AIプロジェクトの理解を深めます。

第3章では、それぞれのプロジェクトの目的、成果物、関わるメンバー、流れなど、概要を解説します。

第4章～第6章では、プロジェクトの種類ごとにステップの概要とアウトプット、職種ごとの役割分担を紹介します。データ×AI活用プロジェクトには多くのメンバーが関わりますが、そのフェーズごとに関与の度合いは異なります。どのフェーズでどの職種が中心になって働くのか、また、どのように連携を取りながらプロジェクトを進めていくのかを理解することで、各職種をより具体的にイメージすることができるでしょう。

第2部の内容は、データ×AIプロジェクトに関わったことがない方にとっては情報量が多く、なかなかイメージを持ちづらいかもしれません。その場合は、データサイエンティスト、データアナリスト、エンジニアなど、自分と最も近い職種や目指している職種に焦点を当てて読み進めてください。職種という軸となる目線があることで働き方のイメージがつきやすくなるはずです。過去に分析プロジェクトに関わったことがある人は、自分が経験したことがあるプロジェクトから読み進めて他のプロジェクトと比較することで、その違いがよりイメージしやすくなるでしょう。

各章ではそれぞれ独立したプロジェクトとして紹介を行っていますが、データ分析プロジェクトで分析した内容を機械学習プロジェクト、データ可視化・BI構築プロジェクトに展開するなど、各プロジェクトは相互に関係しています。すべてのプロジェクトの流れを把握することで、プロジェクト間での連携をスムーズにできる、市場価値の高いデータ×AI人材になることができるでしょう。

第 3 章
データ× AIプロジェクトの種類と概要

第3章では、代表的なデータ×AI活用プロジェクトである「機械学習システム構築プロジェクト」「データ分析プロジェクト」「データ可視化・BI構築プロジェクト」の概要を解説します。それぞれのプロジェクトの目的、成果物、関わるメンバー、流れなど、概要を見ていきましょう。

機械学習システム構築プロジェクト

データ活用のプロジェクト、AI構築プロジェクトといった際にディープラーニングを中心とした機械学習システム開発のプロジェクトを最初に思い浮かべる方もいるのではないでしょうか。

機械学習のモデルを学習させ、予測結果を出力するところまでであれば、数十行のコードで実現できるため、比較的簡単に体験することができます。しかし、それらのモデルを「システムに落とし込む」となると、一気に難易度が上がります。

そこで、本節では機械学習システムの構築において、どのようなプロセスがあるのか、どのような関係者が関わるのかについて解説します。

プロジェクトの概要

本書における機械学習システム構築プロジェクトは、機械学習のモデルを構築してシステムに組み込むことを目的としたプロジェクト全般を指します。このプロジェクトは、機械学習モデルをビジネスにどのように組み込むのかを設計するところから始まります。その後は機械学習モデルのプロトタイプを用いたPoC（概念実証：後述します）を行い、実務に適用できる精度が出た場合は実務に適用するためにシステムに組み込みます。

アウトプットの形としては、機械学習それ自体がサービスになるパターンや、社内システムとして運用されるパターン、機能の一部として組み込むパターンなどがあります。

プロジェクトの目的

機械学習プロジェクトの目的は、大きく分類すると1 **機械学習における作業・意思決定の効率化**、2 **機械学習による業務の自動化・省力化**の2種類に分かれます。機械学習モデルの導入によってどのように業務が変化するのか、コールセンターの事例を具体例に解説していきます。コールセンターの業務では、図3-1のような形で、オペレーターが電話を受け、ユーザーから状況をヒアリングし、質問内容をシステムに入力して検索し、適切な答えがあった場合はその場で回答し、不明な場合は別のより詳しい担当者に取り次ぐようなフローを仮定します。機械学習を活用することで、どのようにプロセスの自動化、置き換えを行うことができるのでしょうか。

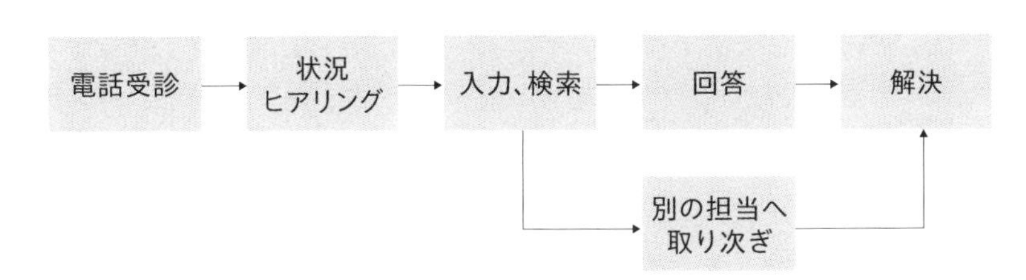

図3-1　コールセンターの業務プロセス

1 機械学習における作業・意思決定の効率化

コールセンターの業務プロセスは、機械学習システムを用いた業務プロセスでは、以下のように変わります。

作業・意思決定の改善では、機械学習モデルを用いることで業務プロセスの効率化を図ります。たとえば、「会話の内容に関連した文書を自動で画面に出す」というような機械学習モデルを導入することにします。モデル導入により業務フローは、図3-2のように変わります。

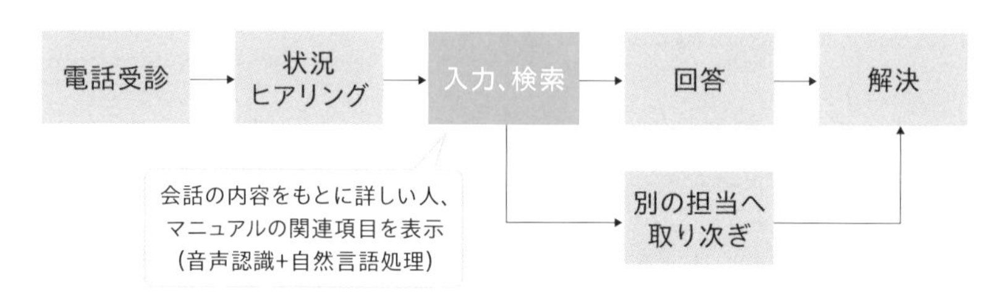

図3-2 「入力、検索」のプロセスにAIを導入

機械学習モデル導入前と導入後で、次のようにフローが変わります。

導入前 ヒアリング→情報を整理→ヒアリング内容をもとに関連する情報がないかを検索→リストアップされた関連文書を確認→結果をフィードバック

導入後 ヒアリング→AIが見つけた関連文書を確認→結果をフィードバック

ここでは、上で下線を引いている「情報を整理→ヒアリング内容をもとに関連する情報がないかを検索」という2つの処理をカットできるため、効率的なフローへと改善できます。

このように、機械学習モデルをシステムに導入することで、業務効率の改善を図ることが機械学習システム構築プロジェクトの目的の1つです。

他にも、作業のサポートであれば自動翻訳による文章読解や翻訳、英文作成のサポートなどを行うこともできます。意思決定のサポートとしては、需要予測に基づいた発注量の調整であったり、経営計画の策定といったサポートにも役立てることができます。

2 機械学習による業務の自動化・省力化

作業・意思決定の効率化は、既存業務の延長線上でプロセスを改善するアプローチでしたが、プロセスの置き換えに関しては抜本的にプロセスの構造自体を見直し、置き換えます。

たとえば、今回の例だと一次対応をするオペレーターと高度な対応をするオペレーターが必要でした。しかし、一次対応をするオペレーターに必要とされる知識レベルはそこまで高くありません。そこで、この一次対応のプロセスをAIで置き換えてしまうのです。

具体的には、問い合わせを受けたときに、一次対応に関しては「チャットボット」で対応し、ユーザーの問い合わせの概要をテキストで整理して送信すると、それに関連したFAQを表示するというものです（図3-3）。

皆さんも一度はこのようなチャットボットを目にしたことがあるのではないでしょうか。こうすることで、今まで必要だったプロセスを完全にAIで代替し、少ない人数でリアルタイム性の高い一次対応を実現できるようになるのです。

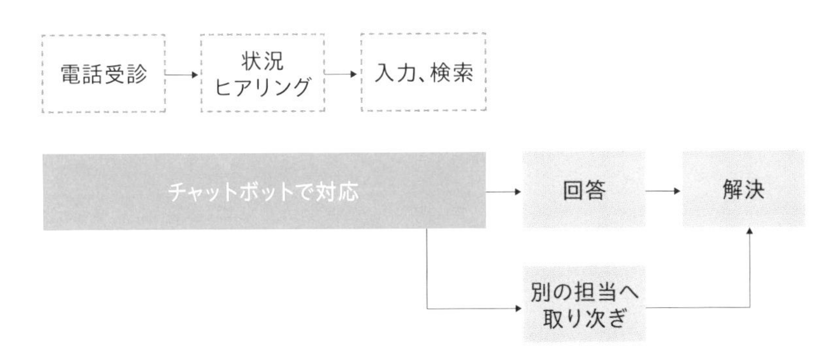

図3-3　チャットボットの導入により、既存の業務を代替してコスト削減

他にも、機械学習を用いた業務の自動化はありとあらゆるところで活用されています。たとえば、問い合わせ内容の自動分類による業務効率化、需要予測に基づいた自動発注、航空券のダイナミックプライシングなどにも活用されています。Webサイトでよく見かける「あなたにおすすめ」のコンテンツも、レコメンドエンジンによって作成されています。

プロジェクトの成果物

機械学習システム構築プロジェクトでは、作成した機械学習のモデルを業務に組み込む必要があります。その方法としては様々な形がありますが、代表的なものをいくつかピックアップすると、**1 予測用APIサーバ**、**2 機械学習モデルが組み込まれたシステム**、**3 テーブルに予測結果を格納するバッチシステム**などが挙げられます。

1 予測用APIサーバ

1つ目のシステムは、社内のシステム、もしくは外部に提供してAPIとして呼び出すためのシステムです（図3-4）。機械学習モデルを用いた予測に必要な情報をインプットとし、予測結果を返却します。REST APIやSOAP APIなどの通信方式を用いて、システム間での連携を行います。

この形式はマイクロサービスといわれるような、メインシステムと分離したようなシステム設計となり、機械学習システム構築チームとシステム開発チームが分離して開発を行うことができるというメリットがあります。大量の機械学習モデルを運用する際には管理が煩雑になってしまうというデメリットもありますが、機械学習システムを構築する際の最もポピュラーな選択肢の1つです。

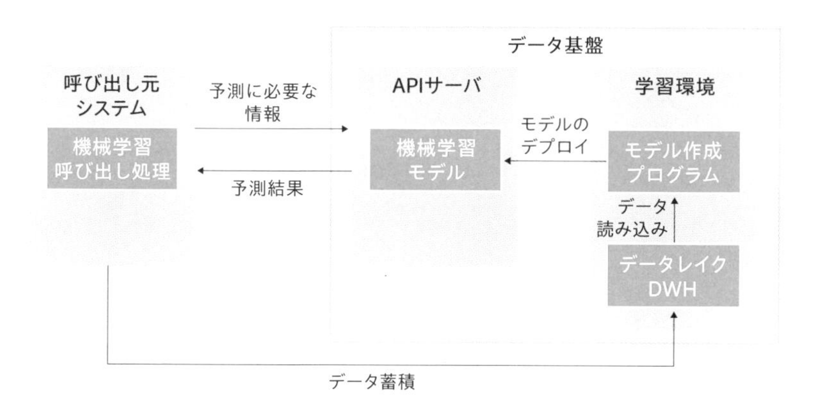

図3-4　予測用APIサーバのイメージ

2 機械学習モデルが組み込まれたシステム

2つ目のシステムは、機械学習モデルが組み込まれたシステムです（図3-5）。Pythonのモジュールのような形で直接システムに組み込むような方法です。この方法を取る場合、ネットワークを介した通信が不要のため、エッジデバイスなどの通信が制限された環境では非常に有効に働きます。また、計算負荷をシステムの利用環境に逃がすことができるため、サーバ側で計算を負担したくないという場合にも有効です。

たとえば、AIでエフェクトをかけるようなカメラアプリはスマホアプリ側で変換処理を行っていますが、これをサーバ側で負担しようとした場合、計算負荷、通信量ともに膨大になってしまうことが考えられます。一方で、モジュールとしてシステムに組み込んでしまうため、システムと密結合してしまってモデルのアップデートやメンテナンスが難しいというデメリットもあります。

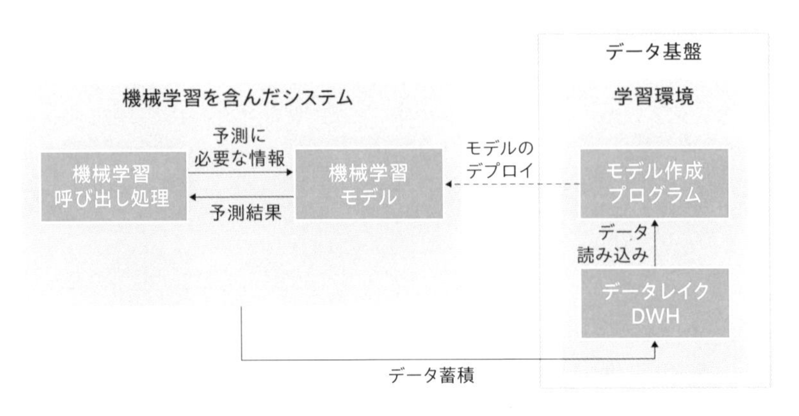

図3-5　機械学習を組み込んだシステムのイメージ

3 テーブルに予測結果を格納するバッチシステム

3つ目のシステムは、テーブルに予測結果を格納するバッチシステムです（図3-6）。リアルタイム性が必要とされないシステムの場合は有力な選択肢のうちの1つです。日次や週次などの単位で、更新されたデータに対して機械学習モデルの予測結果を更新し、予測結果を出力するようなシステムです。システムは、システム側で発生したログデータをバッチシステムが呼び出せるようにデータを特定のストレージや、DB内に格納します。機械学習システムは、提供されたデータに基づいて、定期的に予測を実行し、システムが読み込める形でストレージやDB内に格納します。

この方式では、APIサーバの構築などが必要なく、バッチ処理に関しても定期的に実行するバッチが通ればよいので、比較的実装コストを抑えて機械学習の予測結果をシステムに組み込むことができます。この実装パターンでは、直前に発生した行動に基づいた予測は行えないというデメリットがありますが、比較的シンプルで開発コストも抑えられるため、まずこちらのシステム設計を検討し、難しい場合APIサーバや機械学習モデルを組み込んだシステムなどを検討するとよいでしょう。

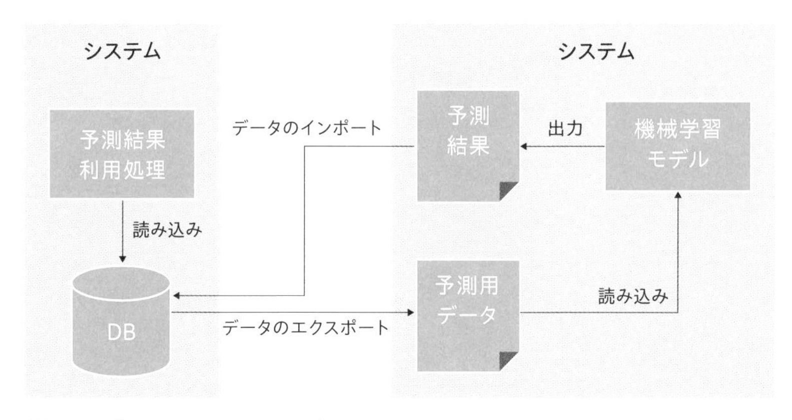

図3-6　バッチシステムのイメージ

プロジェクトにどのような人が関わるか？

機械学習システム構築プロジェクトには、

- PM（プロジェクトマネージャー）
- データサイエンティスト
- 機械学習エンジニア
- データエンジニア
- ソフトウェアエンジニア
- プロダクトオーナー

などが関わります。プロジェクトを実施する会社によって職種の定義が若干異なりますが、チーム全体としてはこのようなスキルを持った人材で構成されるため、スキルに合わせて適宜読み替えてください。

PM（プロジェクトマネージャー）

機械学習システム構築プロジェクトにおけるPMを担当するメンバー

です。通常のシステム開発のPMと同じくシステム開発全般の知識が求められます。機械学習システム構築プロジェクトにおけるPMでは、それに加えて機械学習システム独自の落とし穴やケアしておくポイントを把握し、機械学習モデルの数理的な背景を理解しながら進める必要があります。

たとえば、機械学習モデルに関しては、入力するデータが適切なものであるか、予測モデルの精度が実務に耐えうるか、やってみるまでわからないという曖昧性があります。そういった「結果が出るかわからない」曖昧なプロジェクトにおいては、成果が出なくなる要因を早期に潰し、関係者の期待値をコントロールする必要があります。また、機械学習の精度が出ないなどの問題が発生した場合に、入力データの問題なのか、アルゴリズムの問題なのか、問題設計が悪いのかといった原因をデータサイエンティストと協力して調査する必要があるため、機械学習のロジックに対する理解が求められます。

データサイエンティスト

場合によっては、ここで紹介する職種のほとんどを総称してデータサイエンティストと呼ぶこともありますが、本書では主に**機械学習モデルを構築する人**をデータサイエンティストと定義します。このデータサイエンティストは、主にビジネス課題を機械学習の問題に落とし込み、機械学習モデルを構築する部分を担当します。機械学習モデルを構築するにあたっての基礎分析や、最新の論文のリサーチとそれをもとにしたモデル実装なども行います。基本的には問題設計からモデリングまでを担当し、システム開発にあたっては必要な情報を機械学習エンジニアやデータエンジニアに提供します。

機械学習エンジニア

本書では、**機械学習モデルをシステム化することに特化したスキルを**

持ったエンジニアを機械学習エンジニアと定義します。データサイエンティストが作成した機械学習のコードは、モデル作成段階で試行錯誤を繰り返すため、モデルの完成時点ではコードが煩雑になりがちです。機械学習エンジニアは、それらのコードをリファクタリングしたり、コード内で行われている前処理をデータベースで集計するように変更したりして、システム運用に耐える形に修正を行います。その上で、それらのモデルを用いてAPIサーバ、組み込み用の機械学習モジュール、バッチシステムの構築などを行います。また、それらのモデルを定期的に更新するための仕組みに関しても実装、設計を行います。

前述のデータサイエンティスト、次に説明するデータエンジニアの役割と被る部分が多いですが、システムの構築に寄ったスキルセットを持ったエンジニアを機械学習エンジニアと考えてください。

データエンジニア

データエンジニアは、データサイエンティストや機械学習エンジニアが使用するデータを整備する仕事を担当します。システムからデータを抽出するExtract（抽出）、サーバログやJSON、コンテンツデータのような扱いにくいデータをデータサイエンティストが扱いやすいよう変形を行うTransform（データ変換）、分析用のDWH（Data Warehouse：データウェアハウス）に最新のデータを蓄積するLoad（更新）の頭文字を取ったETLの仕組みを構築します。

システムの連携においてはシステムからデータをどのように連携するか、連携したデータが欠損しないようにどのようにバックアップの取得を行うかなどを検討します。また、データ連携、データ変換、データロード、DWH内でのデータ集計などの一連の流れをどのような手順で行うか、失敗したときにどのような処理を実行するかなどを管理するワークフロー管理の仕組みなども構築します。

ソフトウェアエンジニア

機械学習システムは最終的には既存のシステムへ組み込んだり、既存システムと連携して開発を行うため、ソフトウェアエンジニアと密に連携を取りながら進めていかなければなりません。機械学習システム構築プロジェクトにおいては、システム内のデータの提供、提供データの定義の確認、システム間連携の方法の検討などを行います。本書では、機械学習システムに関わるシステムを開発しているエンジニアを総称してソフトウェアエンジニアと呼ぶため、基幹システムを開発しているエンジニア、アプリケーションエンジニア、フロントエンドエンジニア、組み込みエンジニアなど様々なエンジニアがソフトウェアエンジニアに該当します。

プロダクトオーナー

プロダクトオーナーは機械学習モデルの導入先システムに関する責任者です。アプリケーションとして外部にサービスを提供しているのであればアプリケーションの責任者、社内の業務システムに組み込む場合は業務システムの責任者があたります。機械学習システム構築プロジェクトは、最終的にこういったシステムに組み込まれることを前提としているため、プロダクトオーナーと密にコミュニケーションを取りながら進める必要があります。

プロダクトオーナーは、機械学習システムによってどのような予測結果が返却されることを望んでいるのかを言語化して、プロジェクトメンバーに伝える必要があります。また、プロジェクトの途中で発生する、実行時のパフォーマンス、予測精度、追加取得が望ましいデータ、予測の粒度、実装コスト、アーキテクチャのシンプルさなど、様々なトレードオフの検討を行い、導入先のシステムにおいてどのような形が最も望ましいかを決めていく必要があります。

また、作業の効率化、意思決定のサポートをするタイプの機械学習システムの運用においては、導入した機械学習システムが活用されるように関係メンバーへの教育と啓蒙もプロジェクトマネージャーと協力しながら実施する必要があります。

プロジェクトの流れ

機械学習システム構築プロジェクトは、大きな流れとして以下のステップで進んでいきます（図3-7）。詳細は第4章で解説しますが、ここでは各ステップでどのようなことを実施するのかを簡単に見ていきます。

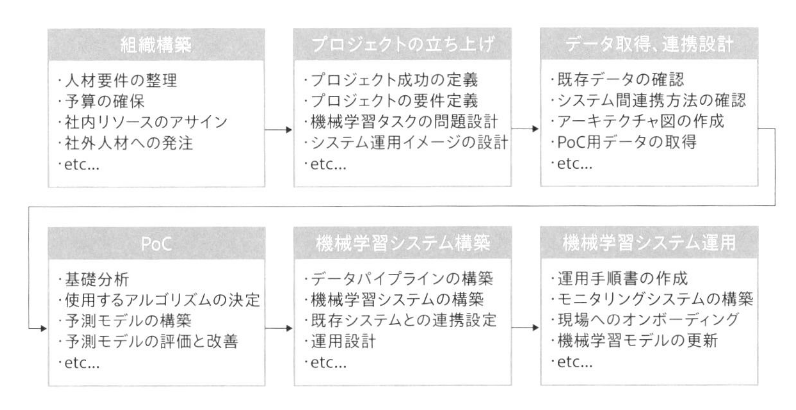

図3-7　機械学習システム構築プロジェクトにおける各ステップの実施事項

1 組織構築

まず、プロジェクトの立ち上げの際には上記に記載したような機械学習システム構築プロジェクトに必要なメンバーを揃える必要があります。PMとプロダクトオーナーを中心にどのようなスキルセットを持った人材が必要かを検討し、社内、社外から適切な人員を手配します。

2 プロジェクトの立ち上げ

機械学習システム構築プロジェクトの立ち上げにおいて、プロダクトオーナーは機械学習システム導入において期待している効果を言語化し、その期待している効果に対してデータサイエンティストはどのようなアプローチで解決ができそうかを検討します。機械学習、もしくは数理的なアプローチが適していると判断した場合は、それを現実的に解決できそうな問題に落とし込みます。ソフトウェアエンジニアはそれをシステムに組み込む際にどのような条件が必要なのか検討を行い、取り組むべき問題とアウトプットの方向性を決定します。

3 データ取得、連携設計

取り組むべき問題が決定したら、どのような方法で業務システムからデータを取得し、分析基盤と連携を行うのか、検討します。この段階では詳細な設計を行うというより、分析に必要なデータがどの程度の頻度で更新可能なのか、機械学習のモデルはどういった形でシステムと連携可能なのか、予測用API、システム組み込み、DB更新のバッチシステムのどの形で連携するのかといった、大まかなデータ取得と連携の方法を決めておきます。

この段階でデータ取得や連携設計を行う理由としては、早めのフェーズでデータ取得とシステム連携の設計をしておかないと、業務システムにおける実装コストやシステムの信頼性といった部分で食い違いが発生する可能性があるからです。事前に内容のすり合わせをしておくことで、機械学習モデルの導入時にスムーズにシステム間連携を行うことができます。

4 PoC（概念実証）

システム開発に限らず、機械学習を用いたプロジェクトではほとんどの場合、PoC（Proof of Concept：概念実証）というプロセスを挟みます。これは、機械学習のモデルが実用上十分な予測精度を発揮できるかどうかを検討するために行われるプロセスです。機械学習における予測結果の精度は、入力データや問題設計、採用したモデルなどの様々な不確定要素に左右されるため、実際にモデルを作成してみるまでどの程度の精度が出るかわからないことがほとんどです。そのため、PoCというフェーズを挟むことで、実際にその機械学習のモデルが有用なのかを検証します。精度が出なかった場合はプロジェクトを打ち切ったり、プロジェクト立ち上げフェーズに戻って再度方向性を検討したりします。

データ取得、連携設計の際に細かに設計を行わず、大まかな設計に留めておくのは、プロジェクト打ち切りとなった際はそれまでの作業で無駄になってしまう背景があるからです。場合によってはデータ取得、設計などのフェーズを飛ばしてデータPoCを先に行う場合もあります。

5 機械学習システム構築

PoCで実用上問題ない精度が出た場合に、機械学習システム構築のフェーズに進みます。このフェーズでは、予測用API、機械学習モデルを組み込んだシステム、バッチシステムなどを構築します。また、機械学習モデルに読み込ませるためのデータを蓄積したり、加工したりするためのデータ分析基盤なども合わせて整備します。

6 機械学習システム運用

機械学習のモデルは基本的に過去のデータをもとに数値や分類などの予測結果を出す仕組みになっているため、モデルの作成時に使われたデータが古くなってしまった場合、新しいデータに合わせてモデルを更新する必要があります。また、機械学習システムを構築したときには、予想していなかったデータの入力が増えることもあります。場合によっては、一般的なシステムと同様に、機械学習システムに使用しているミドルウェアのバージョンアップデートなども必要になるでしょう。
運用フェーズでは、予測の精度、システムのパフォーマンスなどをモニタリングしながら、適宜必要に応じて対応する必要があります。

プロジェクトの流れと各関係者の関与度合い

機械学習システム構築プロジェクトにおける関係者の関与度合いをまとめると、表3-1のようになります。

表3-1　機械学習システム構築プロジェクトの関係者とフェーズごとの関与度合い

★★★：そのフェーズにおける中心的な関係者
★★　：そのフェーズにおける補助的な関係者
★　　：必要に応じてサポートを行う関係者

	組織構築	プロジェクトの立ち上げ	データ取得、連携設計	PoC	機械学習システム構築	機械学習システム運用
PM	★★★	★★★	★★★	★★	★★	★★
機械学習エンジニア		★	★★		★★★	★★★
データサイエンティスト		★★	★★	★★★	★	★★
データエンジニア		★	★★★	★	★★★	★★
ソフトウェアエンジニア		★★	★★		★★★	★★
プロダクトオーナー	★	★★★	★	★★	★	★★

データ分析プロジェクト

データ分析プロジェクトでは、データの集計、可視化を行い、機械学習モデルや数理モデルを構築します。そして、そこから得られた結果をレポートにまとめ、施策に繋げるプロジェクトです。科学的プロセスをビジネスに適用する「データサイエンス」という名前が一番しっくりくるのがこのデータ分析プロジェクトでしょう。

本節では、データ分析プロジェクトにおいて、どのようなプロセスがあるのか、どのような関係者が関わるのかについて解説します。

プロジェクトの概要

本書におけるデータ分析プロジェクトは、データを分析してインサイトを獲得し、具体的なアクションに繋がる施策提案とその効果検証を目的としたプロジェクト全般を指します。簡易な集計可視化で完結する場合もあれば、機械学習を用いて要因や特徴を分析したり、数理モデルを構築してビジネス構造の理解を深めたりします。得られたインサイトに基づいてビジネス改善のアクションを実施し、その施策に効果があったかを統計的な手段を用いて判断します。

アウトプットの形としては、基本的には分析レポートがアウトプットとなり、その結果をもとに既存のビジネスを運用している部門と協力しながら施策を実行していきます。

プロジェクトの目的

データ分析プロジェクトの目的は大きく分類すると、購入あたりの広告単価を下げる、廃棄が少なくなるように在庫を管理するといった1**コストを下げるための改善**という目的と顧客1人あたりの購入単価を上げる、顧客のリピート率を上げるといった2**売上を上げるための改善**という目的の2種類に分かれます。それぞれどのようにビジネスに貢献するのか、シミュレーションをもとに見てみましょう。

1 コストを下げるための改善

実際のビジネスで、「コストを下げる」ということがどんな効果を生み出すのか考えてみましょう。たとえば、2種類の商品に関して、以下のような条件で商品を販売することを考えてみます。

- 最初の予算は100万円でスタート
- 商品の販売単価は500円
- 商品の原価は250円
- 1週間ですべての商品が完売する
- 前の売上をすべて次の商品販売に使う
- 広告費は150円と200円で比較

これらの条件を揃えた上で、1件販売あたりの広告費を150円、200円で比較してみます。10週間の推移を比較したものが図3-8になります。この図を見るとわかるように、10週間後には2.9倍もの売上の差が広告単価150円と200円との間で発生しました。少しの改善は最初こそはあまり大きな差にはなりません。しかし、その少しの差が複利的に効いてくるので、最終的にはこのような大きな差になります。たとえば、広告効果を50円（200円の25%）改善するだけで成長スピードを劇的に上げることがことができるのです。赤字と黒字の分かれ目の場合は、「広告で拡大する」という戦略が取れるかどうかにも関わってきます。顧客獲得コストを厳密に計算することで戦略の幅を広げることにも繋げられます。

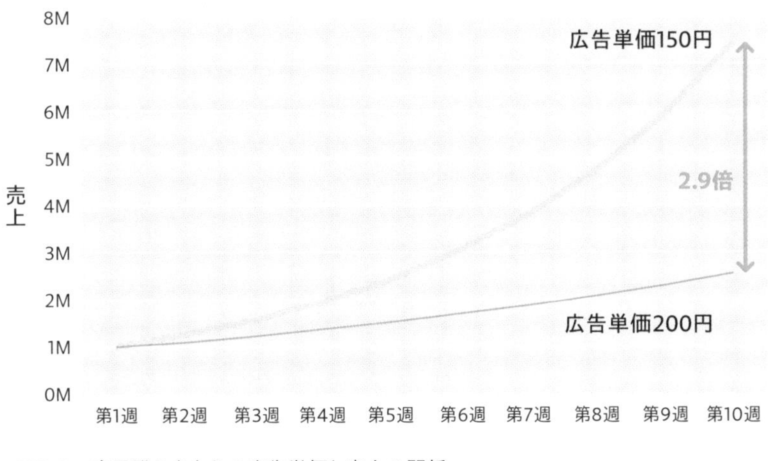

図3-8　商品購入あたりの広告単価と売上の関係

2 売上を上げるための改善

次は、以下の条件で顧客1人あたりの単価を上げた場合を考えてみましょう。

- 最初の予算は100万円でスタート
- 1件販売あたりの広告費は200円
- 商品の原価は250円
- 1週間ですべての商品が完売する
- 前の売上をすべて次の商品販売に使う
- 商品の販売単価500円と600円で比較

今度は広告費を固定しています。10週間の推移を比較したのが図3-9

です。こちらの場合は、最終的に2倍の売上の差になりました。顧客単価を上げても広告単価が変わらないので、こういった大きな差を作り出すことができます。

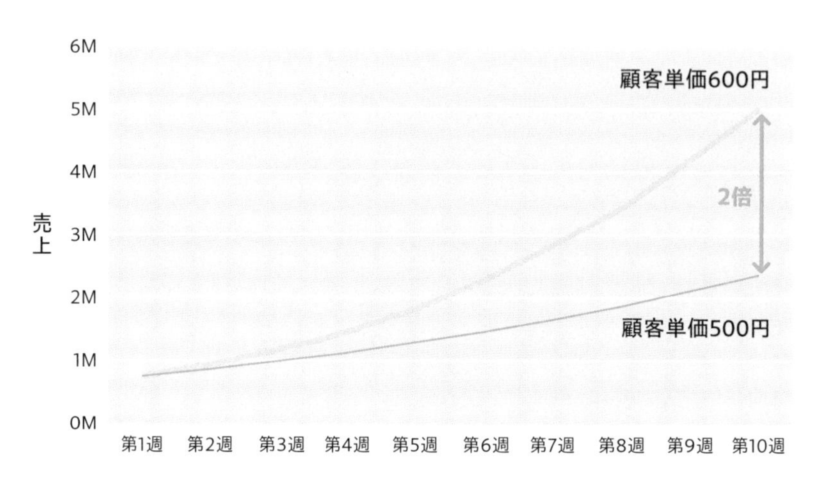

図3-9　商品購入あたりの顧客単価と売上の関係

ここでは簡単なモデルで示しましたが、コストを下げたり、顧客単価を上げたりすることが与えるインパクトが理解できたでしょう。データ分析プロジェクトでは、このようなコスト削減、売上向上に繋がるようなインサイトが得られる分析を行うことが目的となります。

ビジネス改善を実現するための3つのプロセス

ビジネスを効率化するための代表的なアプローチとして、次の3つの分析プロセスが挙げられます（図3-10）。

- 改善点の分析
- 仮説立案と原因分析
- 効果検証

ビジネスの改善点の分析フェーズでは、ビジネスの全体像を見て、「どこに問題がありそうか」について分析します。「広告の効率が悪いからもう少し改善できそうだ」「登録後すぐに解約しているから導入のサポートが不十分な可能性がある」といった課題感を洗い出します。

そして、仮説立案と原因分析フェーズでは、抽出した改善ポイントに対して「広告のターゲティングが悪いから効率が悪いのではないか」といった「なぜそうなっているか」に関する仮説を立てます。たとえば、「男女での反応率の差はどの程度あるのか」について分析し、施策に繋げます。

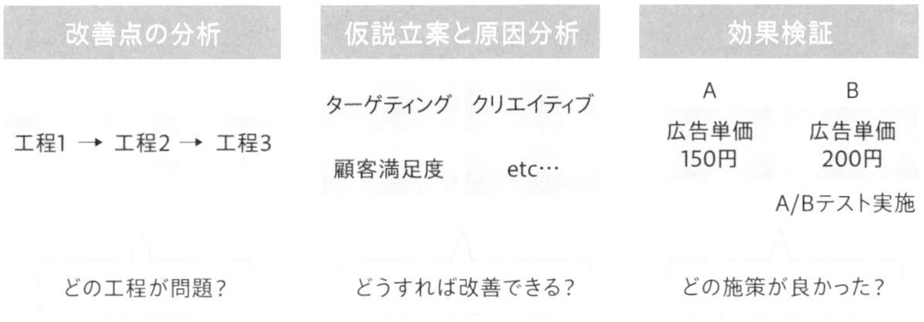

図3-10　ビジネスを効率化する3つの分析プロセス

最後に、その結果を検証するために検証の計画を作成し、計画に従って施策を実行します。その後、効果検証としてA/Bテストを実施します。A/Bテストでは、改善前の既存のパターンと改善後のパターンの両方を評価・検証し、結果を比較します。これで改善後の効果がどの程度であったかを検証できます。検証の結果、施策に効果があった場合は継続、効果がない場合は非継続といった形で、その施策を評価します。

プロジェクトの成果物

データ分析プロジェクトでは、分析レポートがプロジェクトのアウトプットとなります。分析を行う過程で構築した機械学習モデル作成のコード、分析結果で発見された定点観測すべき値を見るためのBIツールの設計書、作業で使用した表計算ソフトのファイルなどもアウトプットになります。

分析レポートをもとに何らかのアクションを行うので、それが最終成果物ともいえますが、分析レポート以降のアクションに関してはプロジェクトによって千差万別です。たとえば、マーケティング分析であれば広告戦略の見直し、製造業であれば工場内の人員配置の見直しや製造工程の改善、小売であれば仕入れや棚割りの変更などが挙げられます。

分析レポートの代表的な構成要素としては、1 **分析アプローチとその結果**、2 **分析から得られたインサイト**、3 **インサイトに基づいた施策案**、4 **効果測定の方法**などが含まれます。

1 分析アプローチとその結果

分析における目的と仮説、基礎集計結果、統計・数理的アプローチ、分析結果などを資料にまとめたものです。目的と仮説では、なぜこの分析を行うのか、どのようなアウトプットが得られることを期待して分析を行ったのか、ということについて記述を行います。その後、各列の集計可視化、クロス集計などを中心とした基礎集計を行い、資料にまとめます。統計・数理的アプローチでは、どのようなデータを収集し使用したのか、想定している仮説はどのようなものか、それを検証するためにどのような分析手法を用いたのかを記述します。分析結果では、上記の目的とアプローチに対する結果がどうだったのか、仮説は正しかったのかということをグラフや表を適切に活用しながら記述します。

2 分析から得られたインサイト

分析の結果が得られたら、なぜそのような結果が得られたのかの考察とそこから得られるインサイトをまとめます。インサイトとは、分析の結果から得られた数値データに対して、データの背景に潜むビジネスモデル、物理現象、人間心理であったりといった構造的な背景から考えられるビジネス的に意味のある知見のことを指します。

たとえば、商品単価と購入率の関係を見た際に、5,000円〜5,100円の商品と4,900円〜4,999円の商品の比較分析をした際に、4,900円〜4,999円の商品の方が50%ほど購入率が高かったとしましょう。このことから、値段は連続的に変化しているにもかかわらず、購入率は5,000円という部分を境に大きく変化していることがわかります。この結果に基づいて、「人間の心理的に5,000円というところに心理ハードルがある」「初購入のユーザーは5,000円クーポンを使うので、その値段以内の商品が買われやすい」などといった意味づけを行うのが分析結果をインサイトに変換する作業です。

3 インサイトに基づいた施策案

インサイトを得ることで、そのインサイトに基づいて施策案を検討します。たとえば、上記のように初回購入のユーザーが5,000円で収まるような金額の購入をするのであれば、初回購入者がよく買う商品の傾向を追加で分析し、それらを初めて訪れたユーザーにおすすめするといった施策を検討します。

施策の実施においては、実施が容易で、効果が測りやすい施策を優先的に行うべきです。たとえば、5,000円という軸で施策を行う際に、新商品を作ったり入荷したりするというのはコストがかかりますし、既存の商品との比較も難しいので慎重に取り組む必要があります。一方で、既存商品の値段の見直し、セット商品の作成、初訪問者に対する商品のおすすめなどの施策であれば比較的すぐに実施でき、それをすることによって初訪問者の購入率が上がったかどうか、既存商品と比べて利益が上がったか下がったかの比較も容易です。

4 効果測定の方法

施策を提案するにあたり、効果測定の方法に関しても合わせて検討します。施策を行うことでどのような数値の改善を狙っているのかを文書化し、共通認識を作ります。また、どのような方法で実施するのかに関しても重要です。最も代表的な方法には、2種類の施策を並行して実施し、その比較を行うA/Bテストと呼ばれる方法があります。

プロジェクトにどのような人が関わるか？

データ分析プロジェクトには、

- PM（プロジェクトマネージャー）
- データサイエンティスト
- データアナリスト
- データエンジニア
- ソフトウェアエンジニア
- 施策責任者

などが関わります。機械学習システム構築プロジェクトと同様に、各社で若干スキル定義が異なるため、適宜読み替えてください。

PM（プロジェクトマネージャー）

データ分析プロジェクトにおけるPMを担当するメンバーです。データ分析プロジェクトではレポート・インサイトを導出するのが主な目的なので、施策責任者の求めているアウトプットを把握し、データサイエンティスト、データアナリストのメンバーに対して情報を共有します。また、データ分析プロジェクトにおいては分析結果の解釈が重要になってくるので、構築されたモデルがどのような意味を持っているのか、集計されたデータに基づいて意思決定をすることにどんなリスクがあるのかなどを、数理的・統計的な知見に基づいて施策責任者に伝える必要があります。

たとえば、何かアンケートをもとに意思決定を行う際に、どの程度のモニター数を集めればよいのかを決めたり、「ある特定の変数が売上の予測において重要である」という数理モデルが構築された場合に、「重要である」ということがどういうことかを適切に理解し、因果関係なのか、ただの相関関係なのか、それに基づいた施策案はどの程度妥当なのかということをデータサイエンティスト、施策責任者と協議を行いながら決めていきます。

データサイエンティスト

データ分析プロジェクトにおけるモデリング作業を担当するメンバーです。小規模なデータ分析プロジェクトであればデータサイエンティストのみで完結する場合も多いのですが、ここでは役割の分担を明確にするために、主に機械学習や数理モデルを用いた分析を行う人材のことをデータサイエンティストと呼ぶことにします。

データ分析プロジェクトでは、たとえば以下のようなトピックについて取り扱います。

- 各施策の効果を検証する（効果検証）
- 似た傾向のあるグループをまとめて分類する（クラスタリング）
- ある事象とある事象の因果関係を分析する（因果推論）
- 変数間の関係性をモデル化する（共分散構造分析）
- 最も効果が出るリソースの配分を決める（最適化）

他にも、様々な領域がありますが、これらの様々な数理的な手法の中から分析に適した手法を選択して分析を行う必要があるため、高度な数理的な素養が求められます。

データアナリスト

データ分析プロジェクトにおいて、データの集計とそれに基づいたインサイトを抽出するメンバーです。データ分析においては単純なデータ集計レベルであっても十分な知見が得られることが多いです。そのため、上記で解説したような高度な数理的な手法が必ずしも求められる訳ではありません。むしろ、集計と可視化に基づいて意思決定を行うようなプロジェクトの方が比率としては多い傾向にあります。そのような中で、集計と可視化に基づいた分析を行い、分析対象に対する理解や、それに対する打ち手のパターン、仮説の構築力といったスキルを武器にプロジェクトに貢献します。

データアナリストも定義にゆらぎがある職種で、データサイエンティストの補助として関わる場合と、ビジネスコンサルタントのようにプロジェクトの中心メンバーとして関わる場合の、どちらもデータアナリストと呼ばれることがあります。

データエンジニア

データサイエンティストやデータアナリストが分析を行うために環境を提供するメンバーです。データ分析プロジェクトにおいてはシステム開発が存在しないので、データエンジニアの役割はデータ基盤の構築とデータの収集・提供の2つになります。

データ基盤の構築では、DWHと呼ばれるデータ分析のための環境を整えます。一般的にデータ分析で使用するデータは各部署にまたがった様々なデータを取り扱います。それらのデータを一箇所にまとめて取り扱えるデータベースがあることで分析の効率を圧倒的に高めることができます。また、IoTのセンサデータやアクセスログなどのデータは、非常に膨大になりローカルのPC上で扱うのが困難となるため、そのようなデータを取り扱えるような環境の整備も行います。データエンジニアはこれらの環境を整えます。

小規模なプロジェクトであったり、DWHに取り込む前のデータであったりといったケースでは、別途新規にデータを取得する必要があるため、それらのデータの収集と提供も担当します。

ソフトウェアエンジニア

データ分析プロジェクトにおいては、データ分析サイドのメンバーはデータ分析をするところまででプロジェクトが完了するので、システム開発は行いません。施策の実行において、データサイエンティストやデータアナリストは施策案や施策の実行計画などを提供するに留まります。そのため、実際に施策実行のための実装に関しては施策の反映対象のシステムを管理しているソフトウェアエンジニアが行います。

また、データ分析を行うにあたってシステムで管理を行っているデータを提供する必要があるため、それらのデータの抽出なども担当します。また、データ分析プロジェクトにおいてはプロジェクト開始時にデータが存在しないということも多く、そのような場合には新規にデータを取得します。データ取得にあたっては、プロジェクトの計画に基づいてデータ取得のための開発などもソフトウェアエンジニアが担当します。

施策責任者

データ分析プロジェクトは、施策実行を目的に実施されるため、プロジェクトの依頼者は施策責任者となります。データ分析プロジェクトを行うにあたっての目的を文書化し、プロジェクトメンバーに展開します。また、データ分析の結果として得られた結果をPMの協力のもとで把握し、フィードバックを行います。データ分析プロジェクトでは数理的な要素が多く含まれるため、最低限の統計的な知識のキャッチアップが必要になります。

施策の実施にあたっては、分析の結果を適切に施策に反映するために、施策の担当部署や担当者に分析から得られたインサイトをできる限り認識のズレが発生しないように伝える必要があります。

分析に必要なデータを施策担当部署や担当者が個別に管理している場合も多くあるので、それらの情報を収集し、データの取得条件や定義を明確にする役割も担当します。

プロジェクトの流れ

データ分析プロジェクトは、大きな流れとして以下のようなステップで進んでいきます。詳細は第5章で解説しますが、ここでは各ステップでどのようなことを実施するのかを簡単に見ていきます（図3-11）。

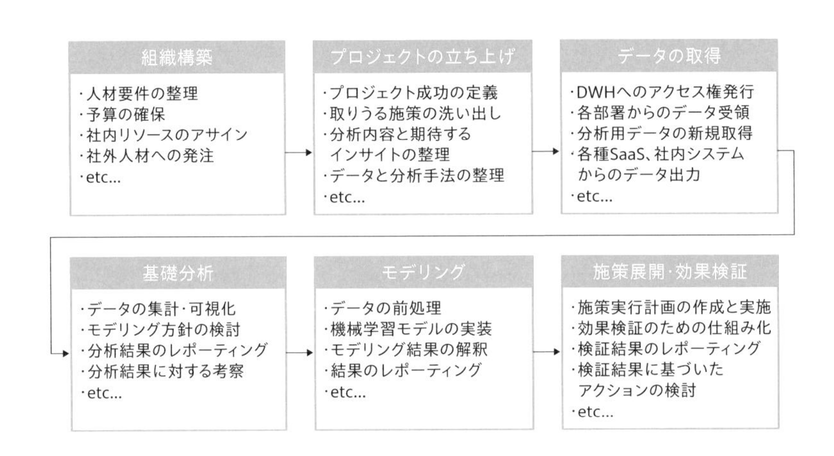

図3-11　データ分析プロジェクトにおける各ステップの実施事項

1 組織構築

まず、プロジェクトの立ち上げの際には上記に記載したようなデータ分析プロジェクトに必要なメンバーを揃える必要があります。PMと施策責任者を中心にどのようなスキルセットを持った人材が必要かを検討し、社内、社外から適切な人員を手配します。

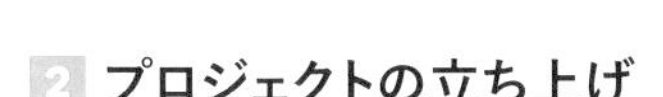

2 プロジェクトの立ち上げ

データ分析プロジェクトのプロジェクト立ち上げでは、プロジェクトを発足した背景、使用を想定しているデータ、分析アプローチなどの整理を行います。プロジェクトとしてどのようなアウトプットを期待しているのか、明らかにしたい仮説はどのようなものか、結果としてどのような施策に繋げたいのか、どのようなKPIの改善を狙っているかを文書化しプロジェクトメンバーへ周知を行い、協議を行うことで分析の方針を固めていきます。

3 データの取得

分析のアプローチが決まったら、データの収集を始めます。データ活用がある程度進んでいる組織ではデータ分析基盤が構築されていることが多いので、データ基盤がある組織では、基盤内のデータを確認して不足データを洗い出します。

データが不足している場合、もしくは基盤が存在しない場合は各部署からデータを収集するか、新規にデータ取得を行います。各部署からデータを収集する場合は、データの運用を行っている担当者からデータを受領し、どのような取得定義でそのデータが取得されているのか明らかにします。新規のデータ取得では、アンケートなどのデータ取得のための取り組みを行う方法や、IoTセンサの導入、アクセス解析ツールの導入などの方法が存在します。基本的にはスポットの分析となるため、自動でデータを連携するような仕組みが必ずしも必要ではありません。

4 基礎分析

データが整ったら、まずは基礎分析から行います。最終的に数理モデルを構築することが目的のプロジェクトであっても、まずは基礎分析から実施します。基礎分析を行い、データを俯瞰して見ることで、分析対象への理解を深め、仮説の質を高めたり、適切なモデリング手法を選択することに繋げることができます。

データサイエンティスト、データアナリストを中心にデータを分析し、レポートとして内容をまとめます。

5 モデリング

機械学習や数理モデルを用いた分析を行う場合は、基礎分析を行った後にモデリングを行います。ここでのモデリングとは、予測・分類モデル、効果検証、因果推論、クラスタリング、共分散構造分析などの機械学習モデルや数理的モデル全般の構築を指します。

データのモデリングでは、まずはシンプルなモデルを構築し、得られた結果に対してモデルをより良く改善するための試行錯誤を繰り返しながらモデルの精度を高めていきます。モデリングフェーズにおいても、使用した手法の説明、モデリング結果、モデルの改善案などをレポートにまとめます。

6 施策展開

データ分析の結果に基づいて、施策展開を実施します。施策の実施においては、基本的に施策責任者、ソフトウェアエンジニアを中心に実施します。場合によってはデータ分析した結果をシステムに反映する必要があるため、データサイエンティスト、データアナリストなどが施策のためのデータを作成します。たとえば、ユーザーのクラスタごとに施策を実施するような場合だと、ユーザーIDとクラスタ番号が対応するファイルを生成し、システムの担当者に提供します。また、施策展開の時点で後述する効果検証を実施するための仕組みも実装しておきます。

7 効果検証

施策を実施したら、効果検証を行います。データ分析の結果によって実施された施策の効果がどの程度であったかを試算することで、分析と施策にかけたコストが妥当であったか判断できるようになります。単純に集計を行っただけだと、施策の効果が自然に発生した効果かの切り分けができないため、施策以外の影響が出ないような形で検証を行う必要があります。

施策以外の影響を少なくする方法として、施策を実施するパターンとしなかったパターンを準備して比較するA/Bテストを行ったり、前年同月比で比べたり、過去に実施した似たような施策との比較を行ったりします。

プロジェクトの流れと各関係者の関与度合い

データ分析プロジェクトにおける関係者の関与度合いをまとめると、表3-2のようになります。

表3-2　データ分析プロジェクトの関係者とフェーズごとの関与度合い

★★★：そのフェーズにおける中心的な関係者
★★　：そのフェーズにおける補助的な関係者
★　：必要に応じてサポートを行う関係者

	組織構築	プロジェクトの立ち上げ	データの取得	基礎分析	モデリング	施策展開	効果検証
PM	★★★	★★★	★★★	★★	★★	★★★	★★
データサイエンティスト		★★★	★★	★★	★★★	★	★★
データアナリスト		★★★	★★	★★★	★	★	★★
データエンジニア		★	★★★	★	★	★★	★

（次ページへ続く）

	組織構築	プロジェクトの立ち上げ	データの取得	基礎分析	モデリング	施策展開	効果検証
ソフトウェアエンジニア		★	★★			★★★	★★
施策責任者	★	★★★	★★	★★	★★	★★★	★★

データ可視化・BI構築プロジェクト

データ活用の最も代表的なアウトプットの1つが、データを集計して可視化した分析レポートです。皆さんも、売上レポート、労務状況レポート、Webサイトのアクセスレポート、サービスの利用状況レポートなど、何かしらの集計可視化したレポートを見たことがあるでしょう。

データ可視化・BI構築プロジェクトでは、これらのレポートでどのような指標を見るべきかの整理を行い、BI化することによりレポート作成を効率化します。

本節では、データ可視化・BI構築プロジェクトにおいて、どのようなプロセスがあるのか、どのような関係者が関わるのかについて解説します。

プロジェクトの概要

データ可視化・BI構築プロジェクトでは、BI（Business Intelligence）ツールを用いて「ダッシュボード」と呼ばれるデータ可視化のための仕組みを構築します（図3-12・図3-13）。データ可視化のための仕組み構築のことをBI構築と呼んだり、ダッシュボード構築と呼んだりされますが、大きく意味に違いはありません。

大きく分けると、既存の定例レポートなどで集計を行っている数値のレポートをダッシュボードに置き換え、ビジネスにおいて重要な指標であるKPIを設計して定点的に観測できる仕組みを構築するという2段階に分類されます。また、現場でのダッシュボード活用のための展開や活用促進を行います。

図3-12　ダッシュボードの例①

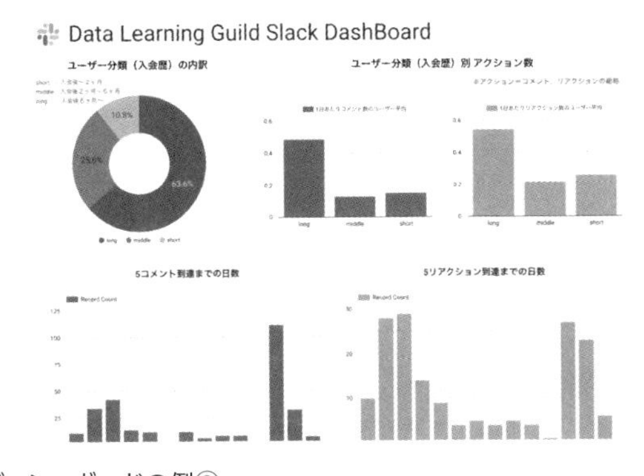

図3-13　ダッシュボードの例②

既存レポートの置き換えでは、レポート工数の削減やシステム化によるヒューマンエラーの削減、データ把握頻度の向上、意思決定までのスピードの向上などを目的に、既存のレポート作成フローをDWHやBIツールを使ったものに置き換えます。ダッシュボード化することによって対話的に分析を行うことができるようになるので、単純な集計レポートではわからなかった発見に繋げることができます。

月次で見ていた数値が日次で把握できるようになることで、1ヶ月単位ではタイミング的に実施できなかった意思決定を行うことができるようにもなります。たとえば、サイトのアクセスが急激に伸びていることを把握し、流入経路を分析してYouTubeで商品を紹介されていたことがその要因であるということをリアルタイムに判断することができるようになります。こういった出来事をリアルタイムに把握することで、SNSで話題になったタイミングで紹介者に直接働きかけて効果的なプロモーションに繋げるというような意思決定にも繋げることができるでしょう。また、レポート作成を自動化することで、今まで人手で毎回数時間かけて作成していたようなレポートの作成時間を大幅に短縮できるため、レポート作成コストを削減することもできます。

KPIやKGIなどの数値をリアルタイムに把握して、ビジネスの状況判断に役立てるためのダッシュボード構築では、日々追いかけているKPIやKGIに加えて、データ分析プロジェクトで発見されたKPIなども加えていきます。ダッシュボード構築段階ではどのような数値を定点観測すべきか明確ではない場合もあるので、その場合はデータ分析プロジェクトと同じプロセスで分析を行い、KPIを設定します。

ダッシュボードの構築が完了したら、現場でダッシュボードが活用されるように、組織への展開と教育を行っていく必要があります。ダッシュボードの構築においては、現場がアクションに繋げることで初めて価値を生み出すため、ダッシュボードに表示されている数値の解釈、それに基づいたアクションのとり方を組織内に浸透させていく必要があります。実際にダッシュボードを活用するメンバーが全員が数値に詳しい訳ではありませんし、新しい技術を導入することにためらいがあるメンバーも一定数存在します。そんな中で、ダッシュボードを用いたデータに基づく判断を浸透させるのは一筋縄ではいきません。そのため、現場への展開フェーズも、データ可視化・BI構築プロジェクトでは非常に重要になってきます。

プロジェクトの目的

データ可視化・BI構築の目的は、理想としては「データドリブンな会社を経営するための基盤を整える」といえます。ダッシュボードを構築することによって、データを見れる環境を整え、社内へ展開していくことでデータドリブンな会社への変革を目指します。その第一歩の現実的な目標として、Excelなどで個々人が作成しているレポートの作成のフローを統合し、データの整合性を取りつつ効率化することを目指します。

それでは、なぜそんなにデータ活用が重要なのでしょうか。新しいサービスが次々とリリースされて、それに伴い社会構造も非常に速いスピードで変化をしています。VUCAの時代などという呼ばれ方もよく耳にするようになりました。そのような時代背景では、過去の成功パターンを踏襲するだけではうまくいかないケースがほとんどです。

データから判断し、実際に小さく検証を行うOODAループ[3-1]をクイックに回していくことで、成功の確度を高めることができます。マッキンゼーは、「デジタル革命の本質：日本リーダへのメッセージ」の中でデジタル化に成功している企業とそうでない企業では、コスト・生産性で25〜50%、従業員の生産性では2.5倍、商品リリースまでのスピードでは5〜10倍、創出するイノベーションの数にいたっては40倍もの開きがあると報告しています。このように、データドリブンな企業への変革、デジタル企業への変革が今後会社が生き残るかどうかを分ける大きな要因になることは間違いありません。

データドリブンな会社経営に必要な要素は、自社にとって重要な指標が何かを把握すること、その数値が把握できる環境を整えること、デー

3-1：「観察（Observe）」「仮説構築（Orient）」「意思決定（Decide）」「実行（Act）」からなるループのこと。詳細は第５章で解説。

タを用いた意思決定をビジネスフローに組み込んでいることです。自社にとって重要な数値が何であるかを把握するにあたっては、データ分析プロジェクトを実施します。会社の成長、社会状況の変化などのビジネスの状況変化によって見るべき数値も変わるので、定期的な見直しが必要になります。そして、その数値の把握ができる環境を整え、データを用いた意思決定をビジネスフローに組み込むプロセスがデータ可視化・BI構築プロジェクトです。それらの意思決定のプロセスを自動化するにあたって、機械学習システムの構築プロジェクトを立ち上げます。このように、ここまでで紹介したプロジェクトは、独立したプロジェクトではなく、連続的なプロジェクトなのです。

プロジェクトの成果物

データ可視化・BI構築プロジェクトの成果物は、基本的にBIツールで構築したダッシュボードになります。ダッシュボードの種類としては、定点観測のためのダッシュボードと、分析者が分析に活用するためのダッシュボードの2種類があります。

定点観測のためのダッシュボード

KPIやKGIを定期的に更新し把握することが目的のダッシュボードです。このダッシュボードによって、商品の売上状況であったり、売上に繋がる商談の状況、各施策の反応率などを定点的に把握します。これらの数値を把握することで、意思決定を行います。たとえば、早い段階で見込みの売上に届かないということがわかった場合は広告予算の追加やマーケティング施策の変更などを考えることができます。リリースした施策の反応率が悪い場合は、施策をストップして反応率の良い施策に切り替えるなどの意思決定を行うこともできます。

分析者が分析に活用するためのダッシュボード

分析者がアドホック分析と呼ばれる分析を行うために構築されたダッシュボードです。アドホックという言葉は「限定的な」という意味を持っており、特定のトピックに限定した分析を指します。たとえば、上述の施策の反応率が悪かった場合に、年齢ごとの反応率や、ユーザーの購買傾向ごとの反応率を分析したりします。BIツールには分析者が様々な角度から分析ができるような機能が備わっているので、分析のために整備したDWHとそれに連携したダッシュボードを提供し、分析者に自由に分析を行える環境を提供することができます。定点観測ダッシュボードと併用し、気になる部分を深掘りして分析するような用途にも用いられます。特に、データ加工と集計が得意なエンジニア寄りの人材とデータ分析とインサイトの発見が得意なビジネス寄りの人材が共同で分析を行う際には、データ作成と分析を切り分けることで効率良く作業を実施できます。

プロジェクトにどのような人が関わるか?

データ分析プロジェクトには、

- PM(プロジェクトマネージャー)
- BIエンジニア
- データアナリスト
- データエンジニア
- ソフトウェアエンジニア
- ダッシュボード活用部署責任者

などが関わります。他のプロジェクトと同様に、各社で若干スキル定義が異なるため、適宜読み替えてください。データ可視化・BI構築プロジェクトは小規模で実施することも多いため、1人が複数の役割を兼任することもあります。

PM

データ可視化・BI構築プロジェクトにおけるPMを担当するメンバーです。データ可視化・BI構築プロジェクトでは、データの取得、基礎分析、DWH構築、ダッシュボード構築という技術的な観点と分析的な観点が必要とされる要素と、メンバーに対するダッシュボードの展開、人材の教育という2種類の軸を考慮に入れながらプロジェクトを推し進める必要があります。

そのため、ダッシュボードの設計段階から、ダッシュボードの導入部署のリテラシーのレベルに合わせて、どの程度対話的なシステムにするのか、運用時のダッシュボード活用フローはどうするのか、ダッシュボードにはどの程度の指標まで入れるのかを考慮に入れて設計をしていく必要があります。また、ダッシュボードに関しては一度作成したら繰り返しメンテナンスをしながら改善を続けていくことになるので、データの管理や更新、ダッシュボードの改修時のフローなども策定します。

BIエンジニア

BIツールを用いて、ダッシュボードの設計・構築を行うメンバーです。ダッシュボードの構築に使用するBIツールに習熟し、要望に対して、BIを用いてできること、できないことを切り分けて実装していきます。多くのBIツールでは分析者が分析とダッシュボードの構築を行うためのローカルPC上のBIツールと、サーバ上で全員に共有するためのサーバ上のBIツールが存在します。BIエンジニアは、サーバ上のデータが自動で更新されるようにDWHとの連携設計を行ったり、メンバーごとに見せるデータを出し分けるセキュリティの設定などを行ったりします。BIツールの使い方に関する研修の講師や、質問の窓口を担当することもあります。

データアナリスト

ダッシュボードでどのようなデータを見せるべきかの設計を行うメンバーです。データ分析プロジェクトと同じようなプロセスを経て、どのような数値を定点観測していくべきかを明らかにします。機械学習を用いた複雑な集計を行うことは比較的少なく、集計・可視化を用いて指標を定めることが多いので、ここではデータアナリストと表現しています。

また、データアナリスト用に準備されたダッシュボードを用いて考察と次の施策展開に繋げるアドホックな分析を行ったり、ダッシュボードの社内展開時に各指標の解釈方法とデータをもとにした施策展開方法などに関する研修を行ったりもします。

データエンジニア

BIツールに連携するためのDWHの構築を行うメンバーです。データ可視化・BI構築プロジェクトでは、データの連携と定期的な更新が必要なため、DWHの構築が必須となります。他部署に散らばるデータを収集し、連携方法を検討し、データの定義の確認と検算を行います。ダッシュボードに関しては常にアップデートが繰り返されるため、長期的な運用と度重なるアップデートに耐えうるようなデータ分析基盤の構築が求められます。

データエンジニアには、SQLを使ったデータ集計はもちろん、データパイプライン構築、メタデータ管理、システム間連携、アーキテクチャ設計など、多岐にわたるスキルが求められます。

ソフトウェアエンジニア

機械学習プロジェクトやデータ分析プロジェクトと同じく、ソフトウェアエンジニアと連携を行いながら、データの新規取得、抽出の仕組みを構築します。社内にデータを展開する際には、社内のセキュリティ規定に従って展開方法などを設計するため、社内的にどういった設計であれば問題ないか検討を行います。また、ダッシュボードをもとに施策反映を行う際に、BIツールと連携して施策を実施できる仕組みを構築する場合もあるので、そういった場合にどのように連携を行うことで適切な運用フローにできるかを検討します。

ダッシュボード活用部署責任者

ダッシュボードの導入を行う部署から選出したダッシュボード展開・導入のための責任者です。ここまでで記載した通り、データ可視化・BI構築プロジェクトでは、いかに現場に展開を行うかが重要になってきます。そのため、プロジェクトの開始段階からダッシュボード活用部署の責任者をアサインしておき、実態に沿った運用フローの設計や、ダッシュボードに表示するべき項目の議論に参加します。

プロジェクトの流れ

データ可視化・BI構築プロジェクトは、大きな流れとして以下のステップで進んでいきます（図3-14）。詳細は第6章で解説しますが、ここでは各ステップでどのようなことを実施するのかを簡単に見ていきます。

図3-14　データ可視化・BI構築プロジェクトにおける各ステップの実施事項

1 組織構築

まず、プロジェクトの立ち上げの際には、上述したようなデータ可視化・BI構築プロジェクトに必要なメンバーを揃える必要があります。PMと施策責任者を中心にどのようなスキルセットを持った人材が必要かを検討し、社内、社外から適切な人員を手配します。

2 プロジェクトの立ち上げ

データ可視化・BI構築のプロジェクト立ち上げでは、ダッシュボード活用の目的、ダッシュボードを用いた業務フロー、ダッシュボードに表示する項目、ダッシュボード構築にあたって新たに明らかにするべき指標などに関して議論を行い、資料化します。また、新規にBIツールを導入する場合は、どのようなBIツールを用いてダッシュボードを構築すべきかを、機能、表現力、セキュリティなどの様々な観点から比較し、決定します。

3 基礎分析、ダッシュボード設計

既存レポートの置き換えの場合では集計する項目が決まっていますが、新規に計測指標を設計する場合はどのような指標を見せるべきか、分析に基づいてKPIの設計を行わなければなりません。基礎分析のフェーズでは、データ分析プロジェクトと同じように、データの取得を行い、大きな数値を把握し、数値の比較やKPIの変化がKGIに対してどのような影響を与えるかの分析を行います。

基礎分析の結果が完了して見せるべき数値が決まったら、ダッシュボードの設計を行います。ダッシュボードの設計では、主にBIツールの画面を使ってダッシュボードの設計を行います。デザインツールなどを用いて画面のモックを作るような場合もありますが、後工程の工数削減、BIツールで構築できることの検証にも繋がるため実際にデータが存在している場合はBIツールを用いて作ってしまうことが多いです。

4 BI用データセット作成

BI用データセットの作成では、基礎分析・ダッシュボードの設計に基づいて、必要なデータを自動で更新するための仕組みを構築します。たとえば、データレイク、DWH、データマートを用いたデータ更新の全体の流れとしては、以下のような処理手順となります。

- ログ収集ツールを用いてデータを収集する
- 収集したデータをストレージに格納（データレイク）
- 収集したデータを分析用データベースに格納（DWH）
- 分析用データベースの中でデータをBIツールで扱いやすい形に加工（データマート）

また、ワークフローエンジンというツールを用いて、これらの仕組みを自動的に実行し、実行状況管理や失敗時の検知と通知を行う仕組みを構築します。

BIツール活用においては、必ずしもDWHやデータマートを作る必要はなく、決められたデータフォーマットで、決められた場所に、決められた時間までにデータが更新されていれば問題ないです。SaaSとの連携を行う場合やExcelやスプレッドシートをデータソースとして用いる場合など、組織の環境に合わせて適切な更新方法、更新フローを検討します。

5 ダッシュボード構築

BIツールを用いてダッシュボードの構築を行います。基礎分析、ダッシュボード設計、DWHの構築が適切に行われている場合は比較的短時間でダッシュボードの構築が完了します。ただ、実装にあたってデータの不備があったり、想定外のデータが入力されるなどによって想定した画面が構築できない場合があるので、都度対応を行います。また、簡易な集計やデータ加工であれば、DWH側ではなく、BIツール側で集計処理を行うこともあります。

ダッシュボード構築が完了したら適切に数値が計算されているか、検算を行います。既存レポートが存在している場合は既存レポートの比較を行い、そうでない場合は集計値が一致しているかといった条件で検算を行う必要がありますが、データの検算とその修正プロセスにダッシュボード構築より大幅に時間がかかってしまうことも珍しくないため、事前に検算のための時間を多めに見積もっておく必要があります。

6 ダッシュボード展開・運用

ダッシュボードの構築が完了したら、社内に展開します。ダッシュボードの展開にあたっては、ダッシュボードの使い方をダッシュボードを利用する現場のメンバーに教育する必要があります。そのため、ダッシュボードに関する説明会を行ったり、BI利用に関するトレーニングを行ったりします。また、現場に適切にサポートできるメンバーを配置したり、わからないことがあった際に質問ができる相談窓口を設置したりすることで、組織内でのダッシュボード利用を定着させます。

プロジェクトの流れと各関係者の関与度合い

データ可視化・BI構築プロジェクトにおける関係者の関与度合いをまとめると、表3-3のようになります。

表3-3　データ可視化・BI構築プロジェクトの関係者とフェーズごとの関与度合い

★★★：そのフェーズにおける中心的な関係者
★★　：そのフェーズにおける補助的な関係者
★　　：必要に応じてサポートを行う関係者

職種	組織構築	プロジェクトの立ち上げ	基礎分析、ダッシュボード設計	BI用データセット作成	ダッシュボード構築	ダッシュボード展開・運用
PM	★★★	★★★	★★★	★★★	★★	★★★
BIエンジニア		★★★	★★★	★★	★★★	★★
データアナリスト		★★★	★★★	★	★	★★
データエンジニア		★★	★	★★★	★★	★★
ソフトウェアエンジニア		★	★	★★		★
ダッシュボード活用部署責任者	★	★★★	★★	★★	★★	★★★

第4章
機械学習システム構築プロジェクト

第4章では、機械学習システム構築プロジェクトのステップごとに、フェーズの概要、代表的なアウトプット、各職種の果たす役割、必要なスキルの解説を行います。本章を読むことで、機械学習構築プロジェクトがどのように進んでいくのか、全体像を掴むことができるでしょう。

プロジェクトの概要

第3章で解説した機械学習システム構築プロジェクトの概要、成果物、目的を表4-1に、関わるメンバーとフェーズごとの重要度を表4-2に整理しました。

表4-1　機械学習システム構築プロジェクトの概要、成果物、目的

項目	説明
どんなプロジェクトか?	機械学習のモデルを構築し、システムに組み込むことを目的としたプロジェクト。機械学習モデルをビジネスモデルにどのように組み込むのかを設計するところから始まり、機械学習モデルを構築してPoCにてモデルの精度を検証しながらプロダクトに落とし込む。機械学習それ自体がサービスになるパターンや、社内システムとして運用されるパターン、機能の一部として組み込むパターンなどがある
成果物	予測用APIサーバ、機械学習モデルが組み込まれたシステム、社内用機械学習システム、機械学習サービス
目的	作業の自動化や効率化、作業精度の向上に関するサポートを行う 予測値を用いてビジネス上の意思決定を効率化 or 自動化する 機械学習システムをサービスとして提供する

表4-2　機械学習システム構築プロジェクトの概要、成果物、目的

★★★：そのフェーズにおける中心的な関係者
★★　：そのフェーズにおける補助的な関係者
★　　：必要に応じてサポートを行う関係者

	組織構築	プロジェクトの立ち上げ	データ取得、連携設計	PoC	機械学習システム構築	機械学習システム運用
PM	★★★	★★★	★★★	★★	★★	★★
機械学習エンジニア		★	★★		★★★	★★★
データサイエンティスト		★★	★★	★★★	★	★★
データエンジニア		★	★★★	★	★★★	★★
ソフトウェアエンジニア		★★	★★		★★★	★★
プロダクトオーナー	★	★★★	★	★★	★	★★

組織の構築・プロジェクトの立ち上げ

フェーズの概要

組織の構築・プロジェクトの立ち上げフェーズでは、チームメンバーを集めてプロジェクトの全体像を整理します。

機械学習のシステム開発と一般的なシステム開発の最も大きな違いが、プロジェクトの曖昧性です。一般的なシステムでは、既存業務の効率化であったり、システムを利用した新規ビジネスの立ち上げであったりするため、どういった機能を持っているべきか、どういった振る舞いをするべきかということが明確に決まっていることがほとんどです。一般的なシステム開発であっても、どの程度の開発ボリュームになるのか、どの程度の負荷を想定している必要があるのか、ビジネスニーズを満たすための要件が十分であるのかなど、様々な曖昧性を持っています。それに加えて、機械学習プロジェクトにおいては以下のような要因から、どのようなものを作ればよいのか、そもそも作れるのかがわからないという性質があります。

- **実用に足る予測精度の予測モデルが構築できない**
- **取り扱う問題が複雑すぎて実用に足る速度で計算が終わらない**
- **機械学習モデル構築のための十分なデータ量の確保ができない**
- **データの取得形式や取得定義が変わってしまい、過去のデータを用いて作った機械学習モデルが現在のデータに適用できない**

実際にプロジェクトが開始してみないとこれらの要件を満たすことができるかは不明なため、機械学習プロジェクトではほぼ必ずPoCのプロセスを挟みます。上記で挙げたような問題に対しては、解くべき問題を変えたり、対象データを変えたりすることでプロジェクトの難易度を下げることができます。たとえば、「とあるユーザーがリピートするかどうかを判定したい」という問題だと予測が難しく、予測できたとしてもあまりビジネス的に意味がなかったりしますが、「顧客をスコアリングして、最も効果が高いターゲットに施策を展開したい」といった内容に変えると予測精度はそこまで求められず、ビジネス的な意味も大きくなります。そのため、プロジェクト立ち上げの段階で、PMとプロダクトオーナーが適切に会話を行い、どのような問題を解くべきかを慎重に検討します。

このような曖昧な性質があるため、機械学習のプロジェクトでは事前にある程度の成功・失敗の基準を決めておくことが望ましいです。モデルの構築プロセスに入ってしまうと、不要に予測精度を高めることに集中しすぎてしまうこともよくあるので、「既存担当者の経験に頼った予測より精度の高いモデル」「再検査のキャパシティは1日最大100件までなので、不良品の可能性ありと判定される件数がそれに収まるようなモデルが望ましい」といった定性的な目標と、「正解率が90%以上」「AUCが0.8以上」、といった機械学習的な評価指標の2軸で評価基準を決めておくことが望ましいです。

また、最終的にシステムを導入して課題解決・問題解決を実現することがプロジェクトの目的であるため、システムとしてどのような振る舞いをしたいのかをシステム側のメンバーと協議し、機械学習モデルでアウトプット可能な形に落とし込みます。たとえば、「商品と関連した商品を表示したい」というような代表的なレコメンドシステムの場合、「商品1つに対しておすすめの商品5つが取得できる」というような形で機械学習システムのアウトプットを決めておく必要があります。

これらの要素を考慮した上で、どのようなメンバーが必要か検討しプロジェクトメンバーを招集し、必要に合わせて上記の問題設計やシステム設計の段階からプロジェクトに参加してもらいます。

代表的なアウトプット

関係者一覧、体制図

プロジェクトに関わるメンバーを書き出した資料です（図4-1）。機械学習モデルの開発やシステムの構築として関わるメンバーだけでなく、組み込み先のシステム担当者、利用するデータのデータ保持者、システムを運用する想定の部署や運用担当者等、関わるであろうメンバーを一通り洗い出しておくことが理想です。データ分析プロジェクトにおいては、関係するメンバーが多岐にわたることが多いため、適切に連絡相手やフローを整理し、関係がありそうなメンバーに事前に通達をしておくことが重要です。

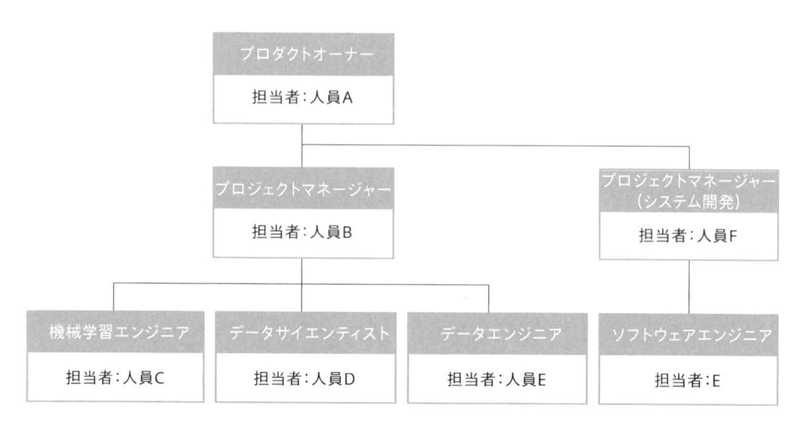

図4-1　機械学習システム構築プロジェクトの体制図の例

プロジェクト概要書

機械学習システム構築のプロジェクトは、上述した通り、曖昧な部分を多く含みます。分析を進めていく中でアウトプットを変えたり、使用するデータを変えたりしながら進めていくことも多いため、明確な「要件定義書」という形で要件を固めてしまうことは難しく、プロジェクトが停滞するリスクにも繋がります。そのため、以下のような内容を記載したプロジェクト概要書を作成します。

- どのような背景で機械学習システム構築に至ったのか
- システムの中でどのような使われ方をすることを想定しているのか
- どのようなデータを使用することを想定しているのか
- どのような機械学習モデルで問題に取り組もうとしているのか
- プロジェクトにおける成功の基準
- プロジェクトの概算スケジュール

各職種の果たす役割

表4-3　組織の構築・プロジェクトの立ち上げにおける各職種の果たす役割

職種	重要度	説明
PM	★★★	どのような機械学習の問題を解くべきなのか、プロダクトオーナーの課題を機械学習の課題に落とし込む。APIやサービスへの組み込みなど、プロジェクトの全体のタスク、どのようなシステムになるのかといった全体構想の整理を行う。現在持っているデータや分析基盤に基づいて、どの程度の追加開発が必要そうなのかに関しても検討を行う。プロダクトオーナーに対してどのようなリスクがあるかを伝え、プロジェクトのスコープを現実的な範囲に調整する
機械学習エンジニア	★	ソフトウェアエンジニアと協議の上、機械学習システムを作る際、APIやモジュールとしてどのようなアウトプットが提供できそうか、更新頻度はどの程度で実現可能そうなのかといった観点について概算レベルで選択肢を洗い出す
データサイエンティスト	★★	具体的に解くべき機械学習のモデルを定義し、どのようなデータを用いて、どのような問題にすればよいのか、どのような具体的手法を使うべきなのかといったことを検討し、必要に応じて先行研究のリサーチや類似事例のリサーチなどを実施する。また、プロジェクトを進める上で精度が出ない、学習に時間がかかりすぎるなどのリスクを洗い出す。機械学習エンジニアにどのようなモデルを用いるか伝え、データエンジニアにはどのようなデータが必要になりそうかを伝える
データエンジニア	★	PM、データサイエンティストの指示のもと、機械学習システムの開発に必要なデータが分析基盤にあるか、もしなければ、どこからであればデータが取得可能そうかを検討する
ソフトウェアエンジニア	★★	既存の運用しているシステムに、開発する機械学習システムを連携する際に、どのような形で組み込むことが可能か、データの連携やシステム間連携の観点で検討を実施する。具体的には、APIのインターフェースの設計や、モジュールとしての組み込み方法とそのコストを検討する

（次ページへ続く）

職種	重要度	説明
プロダクトオーナー	★★★	プロジェクトで構築する機械学習システムが具体的にどのような機能を持っているべきか、どのようなアウトプットや出力結果となるのか、ビジネスプロセス全体を通してどのように価値に貢献するのかに関して検討し、ドキュメント化する。どの程度の確度でうまくいきそうなのか、うまくいった際のインパクトなどをプロジェクトメンバーと議論し、考慮した上でプロジェクトの実施可否を決定する

このフェーズで必要な主要スキル

表4-4　組織の構築・プロジェクトの立ち上げで必要な主要スキル

スキル	説明
AI・機械学習におけるビジネス設計	機械学習システムを用いて、どのような成果物やアウトプットとなるのか具体的なイメージを持て、成果物をサービス改善や業務改善等の価値に繋げるよう設計できる。また、プロジェクトの不確実性を考慮し、適切に着手すべきデータ×AIプロジェクトの選定を行うことができる
機械学習技法の理解と分析課題の設定力	ビジネス上の課題に対して、具体的にどのような機械学習や数理モデルを当てはめて解決できるのか、問題に落とし込むことができる。また、その際にどのような落とし穴があるのかを判断することができる
AI・機械学習におけるプロジェクト計画スキル	どのようなステップと期間でどんなことを検証するのか、その結果に応じてどのようなアクションが考えられるのかを事前に見積もるスキル。具体的に必要な作業に対して、誰がどんな作業を担当するのかの割振りを実施できる。また、計画をドキュメントに落とし込み関係者に伝えることもできる
システム設計	機械学習システムが組み込まれるシステムにおいて、どのような連携方法や実装が実現可能なのかの選択肢を理解し、システムに組み込む設計ができる

スキル	説明
データの把握	社内においてどのようなデータがどこにあるかを把握している、もしくはどのようなデータがありそうかを想定して、プロジェクトに必要なデータやテーブル設計書などを調達することができる。また、それらのデータがどのように収集されていて、使用する際の懸念点なども把握した上で使用の意思決定ができる

データの取得、データ連携設計

フェーズの概要

機械学習システム構築において、構築すべき機械学習システムの方向性が定まったら、データの取得とデータ連携設計を行います。データ連携設計に関しては、実際にデータ分析を実施した後、本格的にシステム開発が始まった際に実施するプロジェクトもありますが、基本的にデータ連携設計は事前に行います。

データの準備フェーズでは、データ分析に必要なデータを洗い出し、データを持っている部署や外部からデータを集めてきます。そもそもデータが存在していない場合は、IoTセンサを導入したり、行動データを取得したりと、どのようなデータをどのようにして取得するべきかの設計から行う必要があります。

機械学習システムの開発においては、実際にプロジェクトを開始してみるとデータの期間、データの項目、データの質など様々な要因で想定していたデータだけでは不十分になることがあります。そのため、機械学習で使用するデータを実際に確認し、想定している機械学習の用途に十分かどうかを判断し、不足している場合はデータを追加で集める必要があります。新規にデータを取得する際には、まず必要なデータとその保有者を洗い出し、データ定義とデータ・フォーマットを確認します。そして、サンプルデータの取得を依頼し、最終的な取得フォーマットを確定して初めて必要なデータを受領することができます。これらの一連のフェーズに1週間〜2週間程度かかることもあるため、できる限り事前にデータの準備を完了させておきます。

データの連携設計フェーズでは、連携すべきサービスを洗い出し、どのようなサービスを使うのか、既存システムと新規に開発したシステムがどのように連携を行うのかといったことを図示したアーキテクチャ図を作成します（図4-2）。構築したシステムによって設計が変わることもあるため、全体的なデータ連携、更新などの仕組みを把握しておき、どのシステムとどうやって連携するのかの概観を掴めれば問題ありません。データの更新タイミングなどの制約条件がどのように発生するのかを把握することで、その制約条件を前提に機械学習モデルを構築でき、効率良く開発を進めることができます。

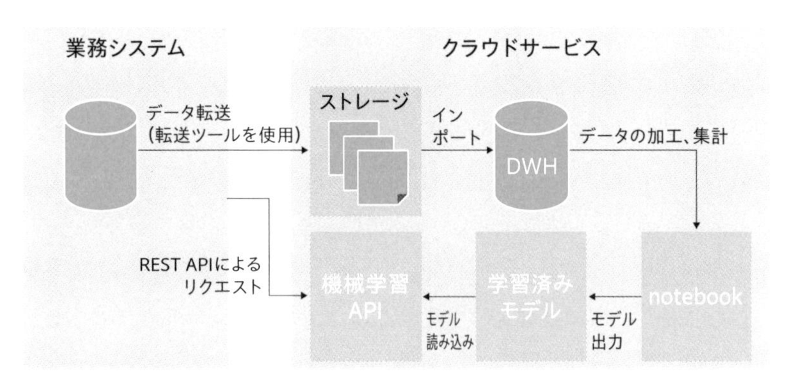

図4-2 アーキテクチャ図の例（実際には具体的なサービス名を記述）

代表的なアウトプット

分析に使用するデータ

機械学習モデルの構築に必要なデーター式です。データの提供形式としては、ファイル形式で提供する場合と、DWHにデータとして保存する場合があります。データが大量にある場合に集計時間が短くて済む、システム連携が行いやすいなどの理由からDWHにデータとして保存する形を取る方が望ましいです。DWHでのデータ提供を行う場合には、分析担当者に必要なデータへのアクセス権限を付与します。ファイルでのデータ提供を行う場合はCSVやExcelファイルなどのデータを提供します。

分析データのデータ定義書

データの項目名と取得定義を記した、データ定義書です。データ分析を行う際に、そのデータがどのようにして発生したのか、どのような定義で入力されているのか、手入力等のエラーが発生しやすい取得方法なのかといった情報はデータの取り扱い方を左右する情報であり、分析の精度に直結するため非常に重要です。また、実際に分析するにあたって、いつの期間までのデータを使用すればよいのかというデータの取得タイミングの情報も重要になります。

アーキテクチャ図

これから構築する機械学習システムに関わるシステムの関連を図示した青写真です。具体的にどのような処理を行うかの詳細レベルまでは掘り下げず、どんなシステムが存在しているのか、それぞれのシステムがどのような機能を担うのか、どのシステムとどのシステムが連携しているのかといった、システムの全体感を掴むことができる図です。アーキテクチャ図を作成することで全体の認識を合わせることができ、無駄な開発を行うリスクを低減することができます。

各職種の果たす役割

表4-5　データの取得、データ連携設計における各職種の果たす役割

職種	重要度	説明
PM	★★★	データの取得状況、システム間連携の設計に関して行うべきタスクに漏れがないかを確認しつつ、適切にメンバー間の議論の場を設定する。議論の場ではメンバー間での利害等を調整し、スムーズにPoCのプロセスがスタートでき、PoCが完了した際にスムーズにシステム開発に移行できるような状況を作る
機械学習エンジニア	★★	機械学習システム運用をするにあたって、モデルの再学習、モデルの反映、APIの提供等をどのようなタイミング、環境、提供方法で行うのか、具体的に設計する。データサイエンティストの選択しようとしている機械学習手法をもとに、どのようなサービスを用いて実現可能かの設計も併せて行う
データサイエンティスト	★★	機械学習モデルの構築において必要なデータを依頼し、データエンジニアにデータの提供を依頼する。データエンジニアから提供されたデータに対して、データ量が適切か、データに欠損はないか、データが適切に紐付くか等の確認を行い、分析に耐えうるデータかどうか検証する
データエンジニア	★★★	データサイエンティストに依頼されたデータに関して、データ連携を行ってDWHにデータを蓄積するシステムを実装する。CSVでデータを提供する等状況に応じて適切な手段でデータの取得・分析ができる状況を提供する。また、実際にシステム化した際にどのようにシステムとデータを連携してデータを取得するのか、新しいデータを機械学習モデルに読み込ませるための加工にはどのような選択肢があるのかなど、データを自動更新する仕組みに関して、機械学習エンジニアやソフトウェアエンジニアと議論を行いながら実装時の設計を行い、システム連携時に使用できるデータをデータサイエンティストに伝える。必要に応じてプロダクトオーナー経由で現場でどのようにデータを取り扱っているかヒアリングを行い、運用時に困らないようなデータの取得方法を検討する

職種	重要度	説明
ソフトウェアエンジニア	★★	データエンジニアに対して、どのような形でデータの提供が可能かを議論し連携方法の設計を行う。また、データの定義や、データ取得の条件やタイミングについてのヒアリングも行う。機械学習エンジニアとシステム間での連携方法に関して議論をし、既存システム側での実装、導入方法を設計する
プロダクトオーナー	★★	システムを用いて手動入力しているデータの入力規則をメンバーへヒアリングし、データの定義を確認する。データが発生する際の条件を加味してビジネス的に意味を持つ形で、現場で運用されているデータを提供する。また、データの取得にあたって、データの入力や加工などの運用フローが追加で発生する際には、担当部署のメンバーに協力を取り付ける

このフェーズで必要な主要スキル

表4-6　データの取得、データ連携設計で必要な主要スキル

スキル	説明
アーキテクチャ設計	各種クラウドインフラや社内インフラの環境を考慮し、機械学習システムの動作するサーバ、既存システム、データ取得サービス（外部のSaaSやロギングシステム等）、分析基盤などを適切な形で連携する仕組みの全体設計ができる
データパイプライン設計	データを蓄積するためのデータレイク、データ分析を行うためのDWH、実際に機械学習モデルに読ませるデータ等を適切に収集し、適切なタイミングで更新するためのデータパイプラインを設計することができる
API設計	機械学習モデルがシステムと連携する際の通信方法、送信する条件やデータ、返却する値、実装に用いるフレームワークやプログラミング言語などの設計ができる

（次ページへ続く）

スキル	説明
データの理解と確認	そのデータがビジネス的にどういった意味を持っているのか、統計的にどのように扱うことができるデータなのか、データ内に不整合はないかなど、分析に適したデータがどのようなものなのかを把握し、それを検証することができる
機械学習手法に必要なデータの理解	採用しようとしている機械学習モデルにおいて、どのような種類のデータが必要なのか、どの程度のボリュームのデータが必要なのか等を把握し、必要なデータに関する議論とデータに合わせた適切なモデルの選定ができる

PoC（概念実証）

フェーズの概要

PoCのフェーズでは、機械学習のモデルを構築し、実用に足る精度が出るかどうかの検証や、そのモデルの特徴や予測に影響を与えた因子の考察などを行います。大きな流れとしては、以下のような手順を繰り返すことで徐々にモデルの精度と分析対象に対する理解度を上げながら進んでいきます。

1. 基礎分析
2. 使用するアルゴリズムの選定
3. 予測用データの前処理
4. 予測モデルの構築
5. 予測結果の評価と改善に向けた考察

データの分布やデータ量、データのタイプを確認することによって適切なモデルや前処理方法等が変わってきます。また、データの傾向を確認することで、どのような変数が精度に影響するかといった仮説の質も高くなるため、まずはモデルの構築対象に対してしっかりと分析を行います。

使用するアルゴリズムの選定フェーズでは、対象の問題に対して適したアルゴリズムを決定します。1回目のサイクルでは、分析対象に対して最も一般的と考えられるアルゴリズムを選択します。多くの問題は分析コンペ等で使用されているような、よく使われているアルゴリズムで事足りることが多いため、アルゴリズム自体の研究開発プロジェクトやコンマ数％の精度を競っている場合でもない限り、最先端の論文実装等が必要になることは少ないです。

データの前処理では、ノイズとなるようなデータの除去、テキストデータの数値データへの変換、予測の単位に合わせた数値の集計、数値を対数変換するなど様々な処理を行います。代表的な前処理のパターンに関しては、以下の表4-7に整理しました。

表4-7　代表的な前処理のパターン

前処理の種類	説明
列の型変換	データの初期時点では、入力によっては単位つきの文字列で入っていたり、日付文字列として記録されていたりすることが多い。そのようなテキストデータとして保存されている値を数値や日付に変更する処理を行い、数値データとして計算を行えるような形に変換する
コンテンツデータから数値データへの変換	データ分析で使用するデータには、表計算ソフトで扱うようなテーブル形式のデータだけではなく、画像データ、音声データ、テキストデータなど、コンテンツのデータも存在する。それらのデータを分析する際には、画像の中に含まれている要素を認識して抽出したり、テキストを単語に分割したりして計算しやすい形に変形する

（次ページへ続く）

前処理の種類	説明
重複データの削除	システムで同じデータを2回入力したり、データ連携時のエラーなどによって、データ分析で扱うデータの中に重複したデータが存在することがある。そのような場合は、分析に影響しないような条件を検討した上で重複しているデータを削除する
異常データの削除と補完	データ取得時の入力ミスや計測ミス、テスト時や開発時のログが残っているなどの理由によってデータの中に異常データが混在してしまうことがある。それらに対して、不要な場合は削除を行い、削除が望ましくない場合は平均値等の代表値を用いて補完をする
データの集計	データ分析をするにあたって、大元のデータをそのまま使用することは少なく、多くの場合ではユーザー単位であったり、機械単位であったり、部署単位であったりと分析対象単位のテーブルを作成してから分析を行う。必要な情報を各テーブルから集めてきて分析用のデータを作成する
特徴量エンジニアリング	機械学習のモデルを作成するにあたって、元のデータを機械学習に望ましい形へ変換する。たとえば、特定のデータの変化が激しすぎるので対数変換を行って緩やかにする、カテゴリ値を数値データに変換する等の処理をする

ここまでのプロセスを経て初めてモデル構築のフェーズに入るのですが、ここまで準備できれば、後はモデルに準備したデータを読み込ませてしまえばモデルが完成します。独自に複雑なアルゴリズムを開発する場合は別ですが、既存のライブラリ等を使用したモデル構築であればパラメータ等を少し変更する程度なので、負荷はそこまでかかりません。

予測結果の評価と改善に向けた考察では、これらのプロセスを経て構築された予測結果を、プロジェクトの立ち上げフェーズで設定した評価に照らし合わせて実用に足るかどうかを判断します。また、どのような状況下で予測精度が落ちているか、予測値と実測値を照らし合わせて検討し、変数を追加するべきなのか、予測単位を変えるべきなのかなど、機械学習のモデルを汎用的で使いやすいものにするための変更点の検討も行います。

代表的なアウトプット

分析レポート

機械学習構築にあたっての一連の流れをまとめたレポートです。分析に使用したデータ、基礎分析、予測に使用したモデルの概要、予測結果とその精度、考察と今後の方針等が含まれます。1回ですべて作るのではなく、基礎分析が終わった時点、1回目のモデル構築が終わった時点、考察から得た仮説を深掘りした分析を行った時点などで都度分析レポートを作成することが多いです。データサイエンティストよりプロダクトオーナーや現場のメンバーの方が「なぜそのような結果が得られたのか」というデータの背景に潜む現実の事象を理解しているため、これらのレポートをもとに改善点や仮説の構築をディスカッションしながら分析を進めていきます。事業会社が自社で分析を行うような場合は、社内のwiki等に要点をまとめるような形でドキュメントを作成することもあります。

機械学習モデル構築に使用したコード一式・機械学習モデル

機械学習モデル構築に使用したコード一式です。機械学習の前処理の際にどのような処理を行ったか、機械学習のモデルはどのようなモデルを使ったのか、学習の際のパラメータはどのようなパラメータを使用したのかなどを再現できるようにするためにコード一式を残しておきます。こちらのコードを直接システムに組み込むことは基本的にはなく、コードをもとにしてデータエンジニアや機械学習エンジニアが新たにデータ加工用のコードを作成します。

これらのコードによって構築された機械学習のモデルを、モデルファイルとして出力し、システムに読み込ませることで、モデルをシステムに組み込みます。これにより、データサイエンティストと機械学習エンジニア、データエンジニアの仕事の分離を行います。

各職種の果たす役割

表4-8　PoC（概念実証）における各職種の果たす役割

職種	重要度	説明
PM	★★	データサイエンティストが分析を行うにあたって意思決定に困ることがあった際にフォローをする
機械学習エンジニア		モデリングが中心なので、特に出番はなし。機械学習エンジニアがモデリングやPoCを兼務する場合もある
データサイエンティスト	★★★	適用する機械学習アルゴリズムのリサーチと検討、機械学習のモデリングと検証、モデルの評価を行い、設定した課題に対する機械学習モデルの構築を実施する。構築した機械学習モデルの検証結果を分析レポートにまとめ、データサイエンティスト以外のメンバーでも理解できるように分析結果を関係者に伝える
データエンジニア	★	データサイエンティストから追加のデータ要望があった際に追加データを取得し、提供する
ソフトウェアエンジニア		モデリングが中心なので、特に出番はなし
プロダクトオーナー	★★	データサイエンティストの作成している機械学習モデルや分析アウトプットに対して、構築するモデルがビジネス上価値があるようなものになるようにフィードバックを行う

このフェーズで必要な主要スキル

表4-9　PoC（概念実証）で必要な主要スキル

スキル	説明
機械学習スキル	各種機械学習手法、統計解析手法に対して理解をしており、適切な機械学習アルゴリズムの選択から、モデルの構築、評価、モデルの改善までのプロセスを適切に回すことができる

スキル	説明
結果の洞察・レポーティング	機械学習のモデルを構築する上で、予期せぬ分析結果が得られたり、予測精度が良いグループと悪いグループに分かれたりした際に、なぜその結果が生まれたのかを推測し、適切な対応を検討できる。また、それらの結果を報告相手に合わせたフォーマットで過不足なくレポートにまとめて共有することができる
データの前処理スキル(構造化データ)	取得したテーブルデータに対して集計、欠損値補完、特徴量エンジニアリング等を行い、機械学習のモデルに適した形にデータを加工することができる
データの前処理スキル(非構造化データ)	自然言語であれば文章を単語に分割してカウントする、画像データであれば分類対象のデータが写っている部分の領域だけを抽出するなど、非構造化データ特有のデータの前処理を実施することができる
数理スキル全般	分析対象に応じて、機械学習モデルを用いた際のシミュレーションを行ったり、数理最適化を用いて最適な選択肢を計算したりすることができる

機械学習システムの開発

フェーズの概要

ここまでのフェーズで機械学習モデルが実用に足ると判断されると、実際の機械学習システムの開発に移っていきます。PoCで作成した機械学習モデルを業務プロセスに組み込み、動かすためのシステムを構築します。

データの準備や連携設計の段階である程度使用するデータに関する設

計を行っていますが、PoCが完了した時点で使用するデータが確定します。そのため、この時点で使用するデータと連携方法に関する設計を確定させ、開発に移っていきます。データサイエンティストとデータエンジニア、システムエンジニアが連携を取りながら、UIやUX、データの処理方法や更新タイミング、モデルの更新方法やタイミング、モデル使用時の制約や注意点などに関してディスカッションを行い、設計、実装に入ります。

データの基盤では、ETL処理と呼ばれる、データ収集、集計、データベースへの格納といった処理の実装を行うデータパイプラインを構築します。また、これらの処理を行う中で、集計後のデータの定義をまとめた資料など、処理の流れとデータの内容を担保するようなドキュメントを作成します。

システム開発においては、API実装、システム組み込み、独立した社内用機械学習システム（例：CSVをインプットとして、需要予測結果を返すシステム）など、プロジェクトの初期段階で決めた実装内容に合わせて適切な実装方法を検討していきます。API開発においてはどのようなリクエストとレスポンスにするのか、どういったシステム構成にするのかを考えます。社内システム構築の際には、構築した機械学習モデルの動作要件などを確認した上で、組み込む方法を検討します。機械学習モデルはPythonやRを用いて構築されることが多いですが、社内システムの場合は別の言語を用いていることが多いため、どのようにして機械学習モデルを導入するか検討する必要があります。独立した社内用機械学習システムにおいては、そもそも画面が必要なのか、GUIベースでの開発になるのかといったUI／UXの設計から行います。

以降の流れは開発、テストという一般的なシステム開発と同様の流れを取ります。機械学習モデルのテストに関しては正しく動作しているという定義が非常に難しいため、一般的なテストとは別の観点が必要になってきます。たとえば、分析段階では異常値として除いていたデータが実運用時には入ってくる可能性があるため、想定外のデータが入ってきた場合でも運用的な観点で問題なく動作するかの検証が必要となります。

代表的なアウトプット

機械学習システム

この段階で、予測用APIサーバ、機械学習モデルが組み込まれたシステム、社内用機械学習システム、機械学習サービスなど、このプロジェクトでの目的であった成果物が完成します。これらのシステムを社内へ展開、導入を行い、運用フェーズに移行します。

設計書等の各種ドキュメント

機械学習システム構築においては、機械学習周りの処理、データ分析基盤周りの処理、基幹システム周りの処理など、多くの関連システムが存在するため、正しく情報を共有するためにドキュメントの整備が重要になります。ドキュメントに関しては、開発者が見るべき内容、プロジェクトメンバーが見るべき内容、データを活用するメンバー全体が見るべき内容など、見るべきメンバーに合わせて公開範囲や情報の粒度を調整します。

機械学習システム周りの処理においては、作成したAPIやシステムに関する仕様書をAPI利用者向けとAPI開発者向けに作成します。利用者向けのドキュメントでは、APIに対するリクエストに必要な情報、それに対するレスポンス、使用上の注意点、データやモデルの更新タイミング等を記載します。開発者向けのドキュメントでは、使用したライブラリや、もとになったPoCの結果と、それをどのように実装したかをまとめます。

データの基盤構築においてはデータの定義、使用しているデータ基盤システムの権限情報、テーブル名や列名の命名規則、データ処理フローなど、デ--タがどこに存在しているか、どんな規則に従って処理されているか、最終的にどんなデータになっているのかということがわかるようなドキュメントを残しておく必要があります。

基幹システム周りでは、APIの呼び出し処理やシステム組み込みに関するドキュメントを作成します。特に、機械学習のモデルが動作するようにライブラリなどを組み込む場合は既存システムとは違った構成になることがほとんどのため、どのように実装したのかに加えて、技術選定の基準等を詳細に記載する必要があります。

各職種の果たす役割

表4-10　機械学習システムの開発における各職種の果たす役割

職種	重要度	説明
PM	★★	機械学習エンジニア、データエンジニア、ソフトウェアエンジニアが適切に連携を行うためにサポート支援する。適切な連携の方法が設計されているか、機械学習システムを含めたすべてのシステムを俯瞰して、適切な開発が行われているかを確認しながら進捗管理を行う。また、セキュリティやパフォーマンスの観点からも問題なく開発が行われていることを確認しながら開発を進める
機械学習エンジニア	★★★	データサイエンティストの作成した学習済みモデルをシステムに組み込めるように開発を実施する。データエンジニアとデータ連携やモデルの更新等に関する仕組みを、またソフトウェアエンジニアとシステム間連携の方法を、それぞれ調整しながら機械学習システムの開発を進める。APIとしての提供の場合はマイクロサービスとしてサービスを開発する、システムに組み込む場合はシステムに組み込むモジュールとして開発するなど、適切な方法でシステムとして実装する
データサイエンティスト	★	作成したモデルに関する説明や使用したデータ、データの加工方法などをデータエンジニア、機械学習エンジニアに共有する
データエンジニア	★★★	学習済みモデルに必要なデータに関して、データの収集、更新を自動で行う仕組みを構築する。また、それらの仕組みを構築するにあたって運用上問題のないパフォーマンスが出るかを検証したり、適切に処理が実行されているかの監視システムを構築したりする

職種	重要度	説明
ソフトウェアエンジニア	★★★	機械学習システムを用いたシステムを開発する。APIを使用する場合であればAPIと連携したサービス開発を行い、特定のデータベースに定期更新されるような形であればそのデータベースを読み込んで機械学習の結果を表示するようなシステムを構築する
プロダクトオーナー	★	機械学習システムの実装にあたってパフォーマンスが悪い、想定していない予測結果が出るなどの状況になった場合に、その対応策と優先順位づけを行う

このフェーズで必要な主要スキル

表4-11　機械学習システムの開発で必要な主要スキル

スキル	説明
API開発	受け取ったリクエストに対して、機械学習モデルの予測結果をレスポンスとして返却するシステムを構築することができる。REST やSOAP等のAPI規格に関しての理解がある
モジュール開発	機械学習のモデルをモデルファイルとして書き出しを行い、システムから呼び出しが容易な形で共有ができる
機械学習システム開発	機械学習システムを構築するにあたって、学習済みモデルをシステムに組み込んだり、モデルの再学習を行ったりする際にどのようなパターンがあるかを理解しており、適切な方法を選択して実装することができる
データパイプライン構築	SQLやPython、もしくはデータ加工ツール等を用いたデータ加工処理、ワークフローエンジンを用いたデータ加工の実行管理の仕組み、データの収集、蓄積処理等が適切に設計、実装できる。また、それらのパフォーマンスチューニングや監視システムの構築なども実施できる

（次ページへ続く）

スキル	説明
クラウドサービス活用	機械学習システムを構築する上で、クラウドサービスを適宜活用して効率良くシステムを構築できる。各クラウドに存在する機械学習に関連するサービスや、コスト、自社サービスのインフラを考慮して適切なクラウドサービスの取捨選択を行うことができる

機械学習システムの運用

フェーズの概要

機械学習システムの運用フェーズでは、機械学習システムの導入と運用を行います。機械学習システムの開発が完了して、いきなりシステムが活用されるという例は稀で、まずは現場の理解を獲得するところから始まります。既存の業務フローの一部を機械学習システムに置き換える、もしくは機械学習システムを用いて業務のフォローを行うため、現場の理解を得て効果的に運用してもらうためには大きな壁が存在します。そのため、機械学習システムの運用マニュアルを整備する、システム利用方法をレクチャーする研修会を開くなど、システムがアウトプットした予測値の解釈方法や活用方法に関して丁寧にフォローを行う必要があります。

システム面での運用では、MLOpsと呼ばれるような機械学習のモデルの更新と運用を効率良く行うための方法論を活用します。機械学習モデルの特徴として、過去のデータをもとに予測を行っているので、そのままモデルを使い続けると精度が低下してしまうという問題が発生します。そのため、機械学習モデルのパフォーマンスを監視するような仕組みを実装し、システムのパフォーマンスが落ちてきた段階でモデルの再学習を検討できるようにします。機械学習モデルの構築は使用したデータの影響を大きく受けるので、各バージョンの機械学習モデルに使用したデータ等を保存しておき、バージョン管理を行えるようにしておきます。機械学習モデルの再現性を担保するには、使用したデータと分析時のパラメータが必要になるため、機械学習モデルのバージョン管理においてはデータとモデル構築時のパラメータのバージョン管理も重要になります。

また、サービスの成長に伴って様々な問題が発生してきます。システム規模やアクセス量が小さい段階で構築したシステムの場合、データ量が増えるに伴って学習やデータ加工に時間がかかり、初期に構築していたシステムでは日次処理が1日以内に完了しないというようなケースも出てきます。そのため、システム構成などに関してもシステムの成長に合わせて変えていかなければなりません。機械学習システムの導入が成功した組織に機械学習システムを活用する文化が根づくと、今度は様々なモデルが乱立してその管理が煩雑になるという問題も出てきます。

このように、機械学習システムの運用は一般的なシステム開発以上に考慮すべき項目が多く、システムに関わる情報を適切に管理・監視し、適切なタイミングでアップデートを行うことは非常に難易度が高いです。先端的な企業においても日々よりよい方法を模索しているような状況です。

このように、機械学習システムを活用するためには人材・組織の観点、開発の観点の両軸でバランスの取れた運用が重要になってきます。

MLOpsのサイクルをイメージ図にしたものが図4-3です。機械学習システムの運用では、この図で示すように、機械学習モデルの構築、システム開発、システム運用の3領域を行ったり来たりしながら、改善を行っていく必要があります。

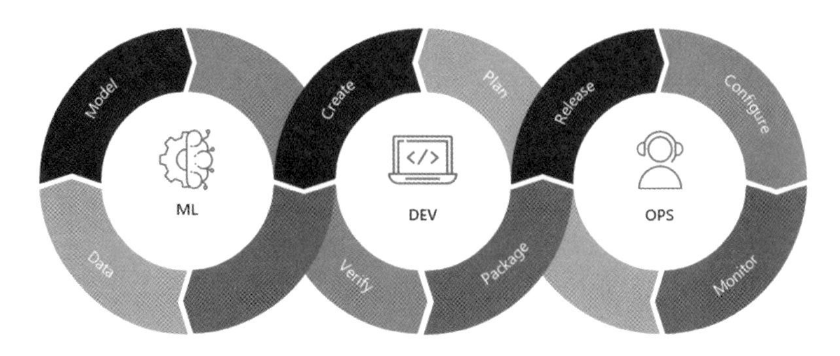

図4-3　MLOpsのイメージ
出典：https://nealanalytics.com/expertise/mlops/
解説記事：https://blogs.nvidia.co.jp/2020/09/29/what-is-mlops/

代表的なアウトプット

機械学習システムの利用マニュアル

機械学習システムの運用においては、機械学習の利用者に向けた利用マニュアルの作成が重要になってきます。機械学習システムを業務システムと連携するエンジニア、機械学習モデルの結果を解釈する必要があるビジネスサイドのメンバーそれぞれに対して必要な情報を提供します。エンジニア向けにはシステムの利用方法を、ビジネスメンバーに対しては予測結果として出力された値がどのような意味を持っているのかという解釈と意思決定に対する基準を記載する必要があります。

機械学習システム運用の初期においては、システムの予測数値が不安定であったり、学習時にデータのサンプルが少ない特定のケースで予測精度が低くなったりという可能性が考えられるため、予測がうまくいくパターンとうまくいかないパターンなどを共有する必要があります。

また、顧客のリピート率や異常の発生率といった比率の予測に関しては、その比率が意味するところと、比率ごとの対応例といった具体的な活用事例なども記載するとよいでしょう。たとえば、リピート率が90%

を超えている場合はリピート施策というより顧客単価を上げる施策を打つのが有効だと考えられますし、リピート率が30%程度の場合はより確実にリピートしてもらうための施策が有効だと予想できます。

このような機械学習モデルの癖や使い方を現場のメンバーに共有することで、予測値を良い意思決定に繋げる方法を学習してもらうことができます。

モデルのバージョン管理情報

機械学習の運用においては、定期的にモデルの更新作業が発生します。そのため、モデルのバージョンと、どういったデータセットを使用したかの対応づけが重要になってきます。

モデルのバージョンに関しては、モデル作成に使用するコード自体のバージョン管理と、同じコードと違うデータで生成したモデルのバージョン管理が存在します。生成したモデルのバージョン管理は、再学習するたびに新しいモデルファイルを生成することになるのですが、そのモデルを学習する際に使用したコードと実際に生成されたモデルが対応するような形で残しておくことが望ましいです。

モデルの作成に使用したデータセットの情報は、月次や年次などモデルの更新頻度が少ない場合は使用したデータをそのまま残しておいて問題ないですが、日次もしくはリアルタイムなどの単位でモデルの更新を行っている場合はデータを残しておくとデータの容量が膨大になってしまう可能性があります。その際はどのような集計定義で集計を行ったかがわかるようなSQLのコードや、データ集計時の設定など、既存のDWHに処理を行うことで復元できるような情報を残しておきます。

システムの改修履歴

機械学習モデルの運用においても、通常のシステム開発と同様かそれ以上にシステムの改修が発生します。そのため、改修時にどのような修正を行ったか、システムの改修履歴を残しておく必要があります。機械学習システムの開発時と同様に、機械学習周りの処理、データ分析基盤周りの処理、基幹システム周りの処理それぞれでシステムの改修履歴を残しておくことが望ましいです。

各職種の果たす役割

表4-12　機械学習システムの運用における各職種の果たす役割

職種	重要度	説明
PM	★★	モデルに改善の必要性が生じた際に詳細をプロダクトオーナーに共有しモデルの改善を行う。また、モデルの更新を関係者全員に通知する仕組みの構築をしたり、どのようなモデルがどういった用途で使われているかの情報管理など、情報の集約をしたりする
機械学習エンジニア	★★★	予測実行時にエラーが発生したり、モデルの性能、システムのパフォーマンスが落ちたりしていないか、監視を行う。問題が発生した際には他のデータサイエンティストやソフトウェアエンジニアと連携を取りながら原因を特定する。また、モデルの更新が必要な場合は、更新を実施し、本番環境に新しいモデルを適用する
データサイエンティスト	★★	モデルの精度が落ちたり、予測モデル作成時に予期していなかったデータが発生したりした際に原因や影響度を判断し、必要であればモデルの改善を行う。また、モデルが想定したような結果を出しているかの判定も行う
データエンジニア	★★	データ活用基盤でエラーが発生したりパフォーマンスの低下が起こったりしないか、監視を行う。データ連携でエラーが発生した際はデータの復元及び原因の調査と対策を行う。また、システムの変更に伴ってデータの形式に変更があった際に、モデルに影響がないように新しい仕様に合わせてETLの処理を修正する
ソフトウェアエンジニア	★★	機械学習を組み込んだシステムの運用と保守を行う。機械学習モデルが関わるシステムの仕様変更の際に機械学習モデルに影響がないかなどを機械学習エンジニア、データサイエンティスト、データエンジニアと確認し、連携して仕様変更を行う

職種	重要度	説明
プロダクトオーナー	★★	機械学習を用いたモデルが当初想定していた結果に繋がっているかどうか検証する。想定した結果が得られていない場合は原因の特定と改善策の策定を行い、機械学習システムから価値を生み出せるようにシステムの利用を促進する

このフェーズで必要な主要スキル

表4-13　機械学習システムの運用で必要な主要スキル

スキル	説明
モデルの運用監視	モデルの精度が維持されているか、入力されているデータの分布はモデルを作成した当初と変わっていないか、学習や予測のパフォーマンスは落ちていないかなどに関して監視を実施できる
モデルの更新	モデルの精度が落ちた原因を特定して、本番環境で動いている機械学習モデルをできる限り少ないコストで更新できる。モデルの変更、モデルの再学習、モデルのデプロイ等に関して理解して実行できる
DevOpsに関する理解	システムの開発メンバーと運用メンバーが効率良く連携を取るための方法論であるDevOpsに関する理解があり、システムの計画や開発、更新を短期間で継続的かつ迅速に繰り返すことができる
モデルの管理	機械学習のモデルのバージョン管理や、学習に使ったデータセットなどの管理、組織やシステムにおいて使用されている複数のモデルを横断的に管理できる。複数のアーキテクチャを横断して使用されている多数のモデルを一元管理したり、状況に応じてアーキテクチャを統合したりすることができる
ガバナンス	モデルの利用者が適切な範囲に限定されているのか、モデルが更新された場合に関係者に適切な通知がなされているのか、以前どのようなモデルが使われていたのかなど、適切にモデルが運用されているかどうかを把握し、もし問題がある場合は適切な運用ができるように働きかけることができる

第 5 章
データ分析プロジェクト

第5章では、データ分析プロジェクトのステップごとに、フェーズの概要、代表的なアウトプット、各職種の果たす役割、このフェーズで必要なスキルを解説します。本章を読むことで、データ分析プロジェクトがどのように進んでいくかの全体像を掴むことができるでしょう。

プロジェクトの概要

第3章で解説したデータ分析プロジェクトの概要、成果物、目的を表5-1に、関わるメンバーとフェーズごとの重要度を表5-2に整理しました。

表5-1　データ分析プロジェクトの概要、成果物、目的

項目	説明
どんなプロジェクトか?	データ分析でビジネス上のインサイトを発見し、良い意思決定を行うために実施されるプロジェクト。ビジネス上の課題を解決するための分析をしたり、全体的なデータから抽出された仮説の検証をしたりする
成果物	分析レポート
目的	データ集計と可視化、機械学習モデルの構築、数理モデルの構築などを通じてビジネス上に意味のあるインサイトを抽出し、意思決定に繋げる

表5-2　データ分析プロジェクトに関わる関係者とフェーズごとの重要度

★★★：そのフェーズにおける中心的な関係者
★★　：そのフェーズにおける補助的な関係者
★　　：必要に応じてサポートを行う関係者

職種	組織構築	プロジェクトの立ち上げ	データの取得	基礎分析	モデリング	施策展開	効果検証
PM	★★★	★★★	★★★	★★	★★	★★★	★★
データサイエンティスト		★★★	★★	★★	★★★	★	★★
データアナリスト		★★★	★★	★★★	★	★	★★
データエンジニア		★	★★★	★	★	★★	★
ソフトウェアエンジニア		★	★★			★★★	★★
施策責任者	★	★★★	★★	★★	★★	★★★	★★

組織の構築・プロジェクトの立ち上げ

フェーズの概要

　組織の構築・プロジェクトの立ち上げフェーズでは、チームメンバーを集めて分析の目的やアウトプットを整理します。
　データ分析プロジェクトは、「どのようにリソースを配分するのが最適なのかを知りたい」「施策検討のためのインサイトを得たい」「施策検討のために現状を表す数値を正しく把握したい」といった施策展開や意思決定の判断材料となる分析をするために発足します。

そのために顧客がどのような行動をしているのか、どのようなときに機材の不良が発生しているのかといったことを明らかにしていきます。そのための手法として、データの集計・可視化や機械学習によるモデリングを活用します。

データ分析プロジェクトの立ち上げにあたっては、どのような分析をするかという分析デザインが重要になってきます。分析デザインにおいては、以下のようなことを検討します。

- 分析の目的は何か
- 目的達成のためのアクションの選択肢
- どのようなインサイトを得ることでそのアクションに繋げられるか
- どのような分析を行うことでそのインサイトを獲得できるのか
- 分析に使用するデータと分析手法、期待するアウトプット
- 分析結果の評価方法

特に、どんな目的でデータ分析プロジェクトを始めたのか、どんなアウトプットが得られることを期待しているのかといったことを明示しておくのは重要です。データサイエンティストという職種は研究開発、実験や試行錯誤を中心に行う職種のため、気をつけないと「より予測精度の高いモデルを作ること」「分析者にとって新しい気づきを得ること」に注力してしまう傾向があります。そのため、ビジネス的にあまり価値のない多少の予測精度の向上のために多くの時間を使ってしまう可能性があります。ビジネス的に望ましいアウトプット、具体的な利用イメージを明示することで、目的に立ち戻って方向修正をできるようにしておきます。データ分析プロジェクトにおいてはアウトプットの自由度が非常に高いため、分析結果を踏まえた定期的な方向性の見直しが必要になります。

データ分析プロジェクトにおいても機械学習システム構築プロジェクトと同様に曖昧性が高い傾向があるため、プロジェクトの立ち上げ時点

で施策責任者とデータサイエンティスト、データアナリストなどとプロジェクトゴールの期待値調整を入念に行っておく必要があります。基礎分析の時点でプロジェクトを継続すべきか判断するなど、細かにプロジェクトの継続と終了を判断できるように、リスクヘッジをしたプロジェクト計画が重要になってきます。

代表的なアウトプット

関係者一覧、体制図

プロジェクトに関わるメンバーを書き出した資料です（図5-1）。データ分析、モデル構築に関わるメンバーだけでなく、利用するデータのデータ保持者、施策反映先のシステム運用を行っている部署や運用担当者等、関わるであろうメンバーを一通り洗い出しておくことが理想です。施策に関わるメンバー全員を洗い出し、メンバーとして関わってもらうのは現実的には厳しく、情報の共有も煩雑になるため、施策反映に関わる部署の責任者など、施策責任者のポジションを設定するのが望ましいです。

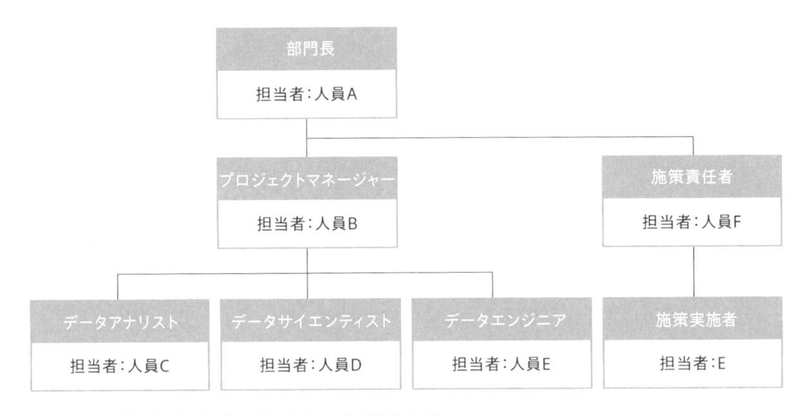

図5-1　データ分析プロジェクトの体制図の例

分析設計書

上述した分析デザインを反映した、データ分析を行う上での設計を記載した資料です。協議した内容を以下のような形でまとめます。

- 背景、目的、課題
- 明らかにしたいインサイトと施策例
- 使用するデータ、データの期間
- 分析対象に関する構造と使用するデータの関係
- 使用する分析手法、分析アプローチ
- 分析スケジュールとフェーズごとのプロジェクト継続の判断基準
- 分析結果の定量的な評価方法と定性的な評価方法
- 分析アウトプット内容と想定している活用方法

各職種の果たす役割

表5-3　組織の構築・プロジェクトの立ち上げにおける各職種の果たす役割

職種	重要度	説明
PM	★★★	施策責任者が期待しているアウトプットに対して、どのような機械学習手法、統計解析手法を取ることができるのか、その難易度や工数、不確実性などを施策責任者に共有する。また、それを実施するにあたって必要なデータセットや分析の目的、施策の制約条件などを言語化する
データサイエンティスト	★★★	PMと連携を行いながら、最新の機械学習手法やアルゴリズム、統計解析手法に関してどのようなアプローチが取れそうか検討する。また、関連する論文や、効率良く分析するためのライブラリ、ツールやサービスのリサーチを実施する
データアナリスト	★★★	PM、施策担当者にヒアリングを行い、分析の集計定義、集計軸、可視化方法等を検討する。それぞれの分析からどのような知見が得られそうなのか、想定している仮説等に関してヒアリングし、目的を達成するためにより良い分析アプローチがないか、深掘りする

職種	重要度	説明
データエンジニア	★	既存の分析基盤にどのようなデータが存在しているのか情報提供する
ソフトウェアエンジニア	★	システムから取得できるデータ、システム的に実施可能な施策内容に関して情報提供する
施策責任者	★★★	機械学習や統計解析、集計可視化などによってどのような知見を得られることを期待しているのか、それがわかることによってどのように施策に反映することができるのかを言語化してプロジェクトメンバーに周知する。取りうる施策の選択肢が複数ある場合、どのような選択肢を取ることができるのかも言語化する

このフェーズで必要な主要スキル

表5-4　組織の構築・プロジェクトの立ち上げで必要な主要スキル

スキル	説明
対象ビジネスに対する理解	どのようなビジネスモデルやビジネスプロセスになっているのかを理解し、ビジネス上の課題点や改善点を把握することができる。また、どのような知見を得られるとどのようなアクションに繋がるかを理解しており、適切な分析課題を設定することができる
機械学習手法に関する理解	各種機械学習手法に関して幅広く理解しており、対象の分析課題に対して適切な分析手法を選択することができる。また、各種機械学習手法に必要なデータの種類やフォーマット、実施時の不確実性に関しても把握している
統計手法に関する理解	各種統計的な手法に関して幅広く理解しており、対象の分析課題に対して適切な分析手法を選択することができる。適切な検定手法や、分析に必要なサンプルサイズ等が定義でき、データが持っている特徴や性質を考慮した分析ができる
実施可能施策に関する理解	マーケティングであればデザインの変更や訴求内容の変更、システムであれば機能変更、業務プロセスであればマニュアルの変更など、分析対象に関してどのようなアクションを取ることができるのか、その影響範囲や実施コストなどを把握した上で適切な施策の候補を選択できる

（次ページへ続く）

スキル	説明
各種分析サービスに関する理解	世の中にどのような分析サービスやライブラリが存在しているか、またそのサービスのメリットやデメリットを把握しており、課題を効率良く分析するために、適切な分析サービスを提案することができる

データの取得

フェーズの概要

第3章でも解説したように、データの取得では、DWHのデータを活用する、ファイルを持っている担当部署からファイルをもらう、新規にデータを取得するといった方法でデータを収集します。データ分析プロジェクトにおいては、インサイトを獲得し、施策の実施、ビジネス改善を行うことが目的です。そのため、分析のために一度だけデータを取得するということも多く、機械学習システムの構築と比べてDWHや分析基盤の必然性は低いです。そのため、分析用のデータをファイルで受け取り、分析者が各々の環境で分析することも多いです。

DWHにあるデータを活用する場合、DWHを管理しているエンジニアに分析データセットへのアクセス権限をもらい、データの確認を行います。データサイエンティスト、データアナリストがそのデータで十分に分析できると判断した場合は分析フェーズに移行し、不足している場合は追加データの取得を検討します。DWHに新規にデータを追加する場合は、いきなり連携システムを実装するのではなく、一旦分析用のデータを手動で環境に読み込んでから、定期的に更新が必要な場合に自動連携の仕組みを構築するような形を取ります。

ファイルを持っている担当部署からデータをもらう場合は、データの取得条件や集計定義などが管理者や入力者で異なるため、データをまとめる作業が必要になります。どのようにしてそのデータが入力されたのか、データの形式は統一されているか、データの抽出条件は今回の分析に適した設定になっているのかなどを検討し、必要に応じてデータの取得形式の変更などを依頼します。他部署から授受するデータの例としては以下のようなものがあります。

- 基幹システムのデータベースから抽出したデータ
- 組織の中で管理しているExcelやスプレッドシートのデータ
- 使用しているSaaS等のシステムから抽出したデータ
- データ販売会社から購入したデータ

データ活用がある程度進んでいる組織ではデータ分析基盤が構築されていることが多いので、基盤内のデータを確認して不足データを洗い出します。

新規にデータを取得する場合は、既存のデータ収集システムに新たな条件を設定するか、新規にデータを取得するための仕組みを導入する必要があります。たとえば、アクセスログを新規に取得する場合は、Webサイトにログ収集のコードを組み込みます。既存のデータ収集システムに新たな条件を設定したり、分析用のログ取得機能をシステムに組み込んだりする場合は、システムの管理者やソフトウェアエンジニアと相談しながら、どのようなデータであれば新規に獲得できるのかを協議し、データの取得設定を行います。

分析のためのデータが十分ではないことがわかり、データ取得のために新規開発やシステム導入が必要になった場合は、自社で開発すべきか、ツールやサービスを導入するかを検討します。新たにツールやサービスを導入する場合は、実装の容易さ、幅広い分析用途に使えるか、分析の容易さ、コスト、システム連携のしやすさなどを考慮してどのようなツールを導入すべきかの検討を行います。新規にツールを導入する場合は、ツール導入自体が1つの大きなプロジェクトとなります。

代表的なアウトプット

分析用データセット

データ分析に用いるデータセットです。DWHにアクセスする場合はデータベースへのアクセス情報を、ファイルの場合は分析に必要なファイル一式を分析担当者に提供します。受領したファイルが日別に分かれているような場合は、全期間分のデータを結合して1つの分析用のデータセットを作成するなど、ファイルの管理が煩雑になっている場合は分析しやすい形に整形した上でデータを提供します。

データ定義書

分析で使用するデータに関して、どのような定義のデータなのかを定義した資料です。データ定義書には、以下のような項目が含まれます。

- 分析で使用するデータの一覧とその取得方法、データの管理者
- 各データの各行がどのような単位で生成されているか
- 各データの各列の定義やデータ型
- コードで入力されている項目に対応する説明など、入力されている項目の具体的な解説
- 途中でデータの取得定義が変更された場合の変更履歴
- データ間の関係を示したER図

各職種の果たす役割

表5-5　データの取得における各職種の果たす役割

職種	重要度	説明
PM	★★★	データの取得に必要な現場担当者を洗い出し、施策責任者に紹介をしてもらう。各担当者にヒアリングを行い、データの取得条件や管理方法等を明らかにする。それらの情報を含めた使用可能なデータの一覧をドキュメントにまとめ、データサイエンティスト、データアナリストが問題なく分析に活用できるようにする
データサイエンティスト	★★	データエンジニアを中心とする各担当者からデータを授受し、データの形式やデータ期間、内容に関して確認する。分析上問題が起こりそうな場合はデータの提供者に確認を行い、可能であれば分析上問題のないデータに差し替えてもらう
データアナリスト	★★	データサイエンティストと同様の作業を実施
データエンジニア	★★★	分析基盤にあるデータの中で、データサイエンティスト、データアナリストから要望があったデータの提供を行う。また、自由にSQLのクエリが実行できるような分析環境を提供する。最終的に施策反映の際に分析結果をシステムと連携する際は、ソフトウェアエンジニアと連携して適切な連携方法を設計する
ソフトウェアエンジニア	★★	必要に応じてシステムデータを抽出したり、分析に必要なデータ取得のための実装を行う。最終的に施策反映の際に分析結果をシステムと連携する際は、データエンジニアと連携して適切な連携方法を設計する
施策責任者	★★	データサイエンティスト、データアナリストが要望したデータが実際に存在しているのかを確認し、存在している場合はそのデータを管理している担当者をPMに紹介する。分析基盤に存在しない、現場のメンバーがファイル単位で管理しているデータなどを必要に応じて収集する

このフェーズで必要な主要スキル

表5-6　データの取得で必要な主要スキル

スキル	説明
データの把握	社内においてどのようなデータがどこにあるかを把握している。もしくはどのようなデータがありそうかを想定して、プロジェクトに必要なデータやテーブル設計書などを調達することができる。また、それらのデータがどのように収集されていて、使用する際の懸念点なども把握した上で使用の意思決定ができる
メタデータ管理	組織の中にどのようなデータが存在しているか、それらのデータはどのような条件で取得され、どのような定義で値が決められているのかといった情報をドキュメントして整理し、分析者がデータを発見しやすく、誤った用途を予防することができる
データ・セキュリティ	データの提供時に個人情報を削除する、ユーザーIDをハッシュ化して特定できないようにするなど、データの提供時に提供すべきでないデータを除去した上でデータを提供できる。また、適切な経路や環境でデータを提供することができる
DWHに関する理解	分析者が効率良く分析できるようなDWHを構築し、適切なデータをDWH経由で提供することができる。組織内で使用可能なDWHサービスを理解し、その特徴と使用方法を理解している
ログ収集スキル	新規にデータを取得する際に、適切にログを設計し、分析しやすい形に加工した上でデータを提供することができる。各種ログ収集サービスを使用する際はそれらのサービスに関して理解し実装することができる

基礎分析

フェーズの概要

データの準備が終わったら、基礎分析のフェーズに移行します。基礎分析で扱う分析のアプローチには複数のアプローチがあり、田宮直人著「仕事の説明書」では表5-7のように分類をしています。

表5-7　分析アプローチの種類とその概要

アプローチ	概要
現状把握型分析	基礎集計などのアプローチにより現状を把握し、問題箇所の洗い出しや優先順位を決定する用途として扱う
問題探索型分析	ある目的に対して、探索的に分析を行うアプローチ。目的探索型分析・課題発見型分析・問題解決型分析とも呼ばれる。たとえば、売上が下がっている理由を調査したり、より効果を上げるためにはどうすればよいかを探索するなどが挙げられる
仮説検証型分析	ある仮説をもとに検証をする分析アプローチ。立証したい仮説が真であるか偽であるかの裏付けを行い、施策の実施を判断する
価値創造型分析	分析自体が事業の収益の柱となるような価値を生み出す

データ分析プロジェクトにおける基礎分析では、現状把握型分析、問題探索型分析、仮説検証型分析のいずれかを実施します。

このフェーズでは、データサイエンティスト、データアナリストが施策責任者からヒアリングをしながら分析を進めます。ヒアリングでは、何が課題なのか、どのようなことがわかると嬉しいのか、どんなアクションに繋げたいのか、現場で取りうるアクションはどのようなアクションがあるのかといったことをヒアリングしながら、どのような分析をすればよいアクションに繋げられるのかを検討します。
分析のフェーズでは、以下のようなステップで進んでいきます。

1. 重要な指標を大雑把に把握する
2. グラフ化してデータの傾向を掴む
3. 複数の数値で比較する
4. 仮説を立てて検証を行う

大きな数値を把握して全体感を掴んだ上で、個別の事象に関して深掘り分析をしていくことで、全体に占めるインパクトの大きいトピックを分析することが可能になります。また、分析対象の全体感を俯瞰することができるため、仮説や考察の質も上げることができます。
実際に分析していく段階では、分析結果を現場のメンバーに共有し、施策に繋げられそうな分析結果になっているか、現場の感覚的な理解との乖離はないかなどのフィードバックをもらいながら進めていきます。現場の人のフィードバックは、分析者の目線では気づかない情報を多く与えてくれます。たとえば、ある店舗で急激に売上が下がっているタイミングでエースの営業マンが休暇を取っていたり、急激にアクセス数が伸びたタイミングでテレビで特集されていたりといった情報を得ることで、それらの背景を考慮に入れながら分析することができます。

代表的なアウトプット

分析レポート

基礎分析のフェーズでは、分析レポートがアウトプットとなります。分析レポートの構成としては、序論、使用したデータに関する情報、分析アプローチ、結果と考察、施策案などが含まれます。

序論では、分析に至った背景と課題、分析対象に対する概要などをまとめ、分析プロジェクトの前提知識がない人がレポートを読んでも、なぜその分析を行っているのかがわかるようにします。

使用したデータに関する情報には、データの取得方法やデータの期間、テーブル定義などを記載し、どのようなデータを用いて分析に取り組んだのかがわかるようにします。

分析アプローチには、明らかにしたい仮説やどのような全体把握をしたいか、どのようなセグメントに対して分析をしたのかを記載します。後工程でモデリングをする場合は、後工程における基礎分析の位置づけなども分析アプローチ前後に記載しておくとよいでしょう。

これらの事前情報を記載することで分析の概要が掴めるので、ここで初めて分析結果と考察を記載します。分析のアウトプットには、棒グラフ、折れ線グラフ、円グラフ、散布図、クロス集計表といった図表などを用います。分析結果から得られた特徴的な結果、それに対する考察を記載し、どのようなインサイトが得られたのかもまとめます。

これらの分析を踏まえた上で、最終的にどのようなアクションを取ることで望ましい結果を得られるのか検討し、施策案を記載します。この部分に関してはデータサイエンティスト、データアナリスト側が担当することもあれば、施策責任者、施策担当者が担当することもあります。

各職種の果たす役割

表5-8　基礎分析における各職種の果たす役割

職種	重要度	説明
PM	★★	基礎分析で取り組む内容に関して、分析にかかるコストや難易度、重要度などを把握し、取り組むべき分析の優先順位をつける。基礎分析における目的の整理を行ったり、分析結果の読み解きをサポートしたりすることにより、データサイエンティストやデータアナリストの分析を支援する

（次ページへ続く）

職種	重要度	説明
データサイエンティスト	★★	各種数値データのヒストグラム、時系列での値の推移、代表的なセグメント単位での集計などを行い、分析対象の全体的な傾向を掴む。得られたデータ傾向に合わせて、どのような機械学習モデルや数理的手法が適しているのかの判断を行い、分析設計に落とし込む
データアナリスト	★★★	各種数値データのヒストグラム、時系列での値の推移、代表的なセグメント単位での集計などを行い、分析対象の全体的な傾向を掴む。得られた分析結果から仮説の洗い出しを行い、施策に活用できそうな深掘り分析の設計を実施する
データエンジニア	★	分析に不足したデータが発生した際に追加データを提供したり、データの定義に関する情報を共有したりする
ソフトウェアエンジニア		分析が中心なので特に出番はなし
施策責任者	★★	基礎分析の結果として報告された内容に対して、どのような背景でそのような結果が発生していそうかといった分析的な観点をデータアナリストやデータサイエンティストに共有する。また、報告された内容が普段業務を行っている現場の感覚と乖離がないかを確認する。乖離がある場合は原因の深掘りを行い、集計条件などの分析上の問題なのか、現場が把握していなかった新たな発見なのかを明らかにする

このフェーズで必要な主要スキル

表5-9　基礎分析で必要な主要スキル

スキル	説明
データ集計スキル	与えられた分析要件に対して、SQLやデータ加工ツールなどを用いて、表の結合、列の追加、集計などができる。また、集計にあたってノイズとなるデータをフィルタリングしたり、適切な粒度でグルーピングしたりと、データに合わせて適切な集計を行うことができる

スキル	説明
データ可視化スキル	表現したい内容やデータに合わせて適切な図表を用いてデータの可視化ができる。また、データインク比や色やテキストの使い方、適切な軸の設定などに関して理解をしており、読み手が理解しやすい図表のデザインができる
集計可視化ツールの活用スキル	BIツールを代表とする集計可視化のためのツールを用いて、集計、可視化を効率良く進めることができる
データと分析対象の関連づけ	なぜそのデータが発生したのか、分析対象の背景と紐付けて理解して分析を行うことができる。発生しえないデータや外れ値、計測漏れや入力不備に気づいたり、なぜデータがそのような分布になっているのかを考察することができる
プレゼンテーションスキル	分析して得られた分析結果の要点をプレゼンテーション資料やドキュメントに整理し、過不足なく報告相手に分析結果を伝えることができる

モデリング

フェーズの概要

モデリングのフェーズでは、機械学習を用いて数理的なモデルの学習をし、複雑なパターンや要素間の関係性を見出します。

たとえば、図5-2はとあるECサイトで当月に商品を購入したユーザーが、翌月も継続して購入したかを判定する決定木のモデルの例です。決定木を用いることで、1,000人のユーザーに対して、どのような条件の組み合わせでリピートが発生するかを表現することができます。分岐ごとに、条件に当てはまるかどうかでユーザーを分割していき、最初の

50%：50%よりきれいに分割できるように条件を追加していきます。

クーポンを使用して購入したユーザーは再購入の比率が20%と低く、未使用のユーザーでは80%と高いことがわかります。また、クーポンを使用したユーザーであっても35歳以上の年齢であれば、再購入率が60%程度と高くなっていることがわかります。こういった分析をすることで、「クーポンの使用で呼び込んだ顧客は定着率が低い」「ただし、35歳以上の年齢であれば一定の効果がある」ということがわかります。単純集計を用いてもある程度は分析できますが、決定木を用いることで、数十、数百とある変数の中から、最も購入率の差が大きくなる分岐の組み合わせを自動的に抽出することができます。

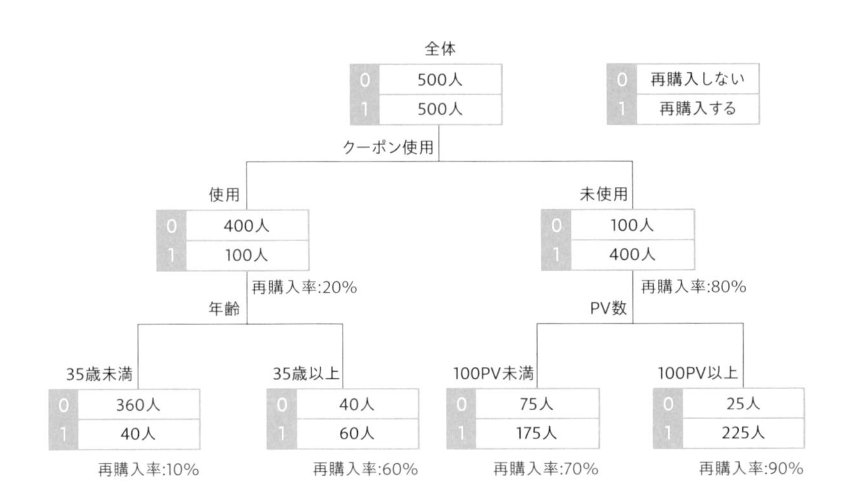

図5-2　決定木のモデルの例

このように、機械学習を用いることで大量にあるデータの中から意味のあるパターンを見出すことができます。データ分析プロジェクトでは、機械学習の予測精度より、新たなパターンの発見や、各指標がどの程度目的変数に影響しているのかの方が重要です。

上記の例のように、決定木を用いることで自動的にパターンを発見するような分析をすることができます。決定木の他にも回帰分析やクラスタリングをすることで、データの傾向を把握することができます。たとえば回帰分析で、広告の効果を「売上 = ベース売上 + テレビCMコスト×テレビCM効果係数 + オンライン広告コスト × オンラインCM効果係数」といった数式で定義し、テレビCM効果係数とオンラインCM効果係数を算出するような分析手法が用いられることもあります。

モデリングのフェーズでは、このような単純な集計と可視化では埋もれてしまうデータから価値のあるパターンを発見したい、変数が絡み合わさった複雑な構造を詳しく把握したい、膨大なデータを要約してデータの全体感を掴みたいといった目的を満たすために実施します。

全体の流れとしては、どのような分析手法、アルゴリズムを使用するのかといった 1 **分析手法の選定**、選択した分析手法をプロジェクトで扱っている対象に対してどのように適用するのかを設計する 2 **モデル設計**、実際にモデルの学習と評価を行うためのデータを準備する 3 **データの前処理**、準備したデータを用いてモデルを学習させる 4 **モデルの学習**、準備したデータを用いて評価指標を計算して考察を行う 5 **モデルの評価**、基礎分析の結果とモデルのアウトプットから振り返りとモデルの改善を行う 6 **考察と改善**という順番で進んでいきます。

代表的なアウトプット

分析レポート

モデリングした結果をレポートとしてまとめた資料です。基本的な構成は基礎分析で実施した内容と同じような項目を含みますが、モデリングのフェーズでは、手法の説明、モデルの評価方法、モデルの評価結果とその解釈も加える必要があります。

これまで説明してきたように、施策責任者のような人も分析結果の報告を受ける立場にあります。そのため、手法の説明では機械学習に詳しくない人が理解できるようにレポートを作成する必要があります。手法の説明では、どのような手法を用いて分析を行ったのか、その手法のアルゴリズムはどういった設計になっているのか、アルゴリズムに変更を加えた場合はどのような変更をしたのか、どのようにアルゴリズムを分析対象に適用したのかというようなことを記載します。

モデルの評価方法では、どのような評価手法を選択したのかと、その具体的な計算式を記載します。場合によっては目的に合わせて複数の評価指標を選択することもあるため、評価手法とその手法で評価したい項目、なぜその評価手法を選択したのかを記載します。

たとえば、がんの検査などでは、多少陽性と間違って判断される人がいたとしても実際にがんであるのに陰性と判断してしまうケースを防ぎたい、人材採用では、多少優秀な人を落としてしまうリスクがあったとしてもミスマッチの人の採用を見送りたいといったように、分析対象によって評価の優先度が変わってくるので、評価指標も使い分ける必要があります。

具体的には、取りこぼしなく予測することができたかという指標である再現率（Recall：真陽性数／（真陽性数＋偽陰性数））や、正しいと判定したものが本当に正しい確率である適合率（Precision：真陽性数／（真陽性数＋偽陽性数））などを用いて評価を行います。検出漏れを少なくしたいがん検査では再現率を重要視し、ミスマッチを減らすことを優先したい人材採用では適合率を重要視するとよいでしょう。

モデルの評価とその解釈では、構築したモデルからどういったことがいえるのか、その考察と解釈をまとめます。ここで注意が必要なのは、モデルの出力結果による客観的な指標と、分析者の主観的な指標を切り分けることです。また、単純に評価指標を並べるだけではなく、モデル構築のアルゴリズムを把握した上で、なぜその結果になったのかを解釈する必要があります。

たとえば、先述した決定木系のアルゴリズムでは、どの変数の影響が強かったかということを測る変数重要度という指標があります。その指標を使用して、各ユーザーの各月のページビューとセッション数が翌月のリピート購入にどの程度影響があるか分析したところ、ページビューの重要度は高く、セッション数の重要度は低いという結果になったとします。ある程度慣れている分析者だと、「ページビューとセッションの相関が高いため、どちらか片方の重要度が強く現れてしまっているんだな」と気づくことができますが、駆け出しのデータサイエンティストだと間違って判断してしまうことがあります。この結果は、片方の影響が低いのではなく、似た動きをするためにその結果が出たと解釈できるのですが、アルゴリズムを理解していないと解釈を間違える可能性があります。アルゴリズムを正しく理解することで、出力結果の背景に潜む原因も適切に解釈することができます。

モデリングに使用したコード

RやPythonなどで書かれたモデリング用のコードです。データ分析プロジェクトの場合は、スポットでプロジェクトが終わることも多いですが、構築したモデルに基づいて発展的な分析を行うこともあります。そのような場合は、過去にモデリングに使用したコードを参照する必要があるので、コード一式を残しておきます。また、後工程で分析の内容に懸念点が発生した場合は、分析コードの集計期間がズレていないか、使うべき変数を使っているかなどの検証を行うためにも、実際に使用したコードを残しておき、分析の再現性を担保することが重要になります。

各職種の果たす役割

表5-10　モデリングにおける各職種の果たす役割

職種	重要度	説明
PM	★★	モデルの精度や得られた知見が十分な結果ではない際に、その他アプローチや、モデルの改善に関しての工数と得られる知見とのトレードオフ等を検討し、どのようなアクションを取るべきか決定する。また、データサイエンティストの作成したモデルを関係者に理解してもらえるよう、作成したモデルの使い方や読み解き方に関するフォローを行う

（次ページへ続く）

職種	重要度	説明
データサイエンティスト	★★★	機械学習手法やその他数理的手法を用いて分析を実施する。既存ライブラリや分析ツールで不十分な場合は最新の論文をリサーチするなどしてモデルの精度や利便性の向上のためにモデルの検証と改善を行う。構築したモデルから得られた知見をまとめたレポートを作成する
データアナリスト	★	データサイエンティストが必要なデータの前処理を行うなど、データサイエンティストのサポートを行う
データエンジニア	★	分析に不足したデータが発生した際に追加データを提供したり、データの定義に関する情報を共有したりする
ソフトウェアエンジニア		分析が中心なので特に出番はなし
施策責任者	★★	分析の結果得られたモデルをビジネスにどのような形で適用できるかの検討を行い、どのようなアウトプットであればビジネス的に価値があるモデルになるのかを、データサイエンティストにフィードバックする

このフェーズで必要な主要スキル

表5-11　モデリングで必要な主要スキル

スキル	説明
機械学習の実装	与えられた分析課題に対して適切な機械学習のモデルを構築することができる。機械学習手法の選択、データの前処理、機械学習実行プログラムの実装、パラメータチューニングなどを行うことができる。また、実装したモデルの評価と改善を行うことができる
統計手法の実装	統計検定手法や確率分布などに関して理解しており、与えられた分析課題に対して適切な統計、数理的モデルを構築することができる。また、実装した統計モデルの評価と改善を行うことができる
その他アルゴリズムの実装	ネットワーク分析、音声解析、センサデータ解析、検索アルゴリズム、レコメンデーションアルゴリズムなど、分析対象独自の分析アルゴリズムを理解し、実装することができる

スキル	説明
モデルの解釈と説明	実装したモデルに関して、なぜそのようなモデルが出来上がったのか、そのモデルはビジネスのどういった背景を反映してるのかを解釈し、関係者に説明をすることができる
モデルの活用設計	モデルから得られたインサイトをどのようにビジネスに適用することができるか検討を行い、提案することができる

施策展開

フェーズの概要

施策展開のフェーズでは、分析で得られた結果に基づいて施策の反映を行います。分析した結果の共有と展開、意図などを施策実行者に伝え、具体的な施策の実行計画に落とし込みます。

施策の反映にあたって分析結果のデータが必要な場合は、分析結果を施策に反映するために必要なデータを準備します。また、後述する効果検証を適切に行うために、効果検証のために取得するデータの設計と、取得のための実装をします。

モデリングフェーズまでに得たインサイトは、施策に反映することで初めて価値に転換できます。しかし、施策の反映をする現場メンバーは日々の業務に追われているケースも珍しくないため、現場の理解を獲得し、施策実行のためのリソースを確保してもらう必要があります。そのため、施策責任者やPMが中心となり、関係者に分析の価値を説明し、関係メンバーの協力を取り付ける必要があります。

また、分析の結果は解釈が難しいため、丁寧に解説しないと、間違った解釈に基づいて、適切ではない施策を展開することに繋がります。そのため、施策の反映にあたっては、現場のメンバーとディスカッションをし、認識が合っているか、丁寧に確認をします。基礎分析やモデリングのフェーズで施策案の提案をすると解説しましたが、必ずしもその施策案が現場目線で妥当な内容とは限りません。そのため施策実施の際は、分析内容を反映していて、かつ現実に即した施策であるかを検討する必要があります。

効果検証の方法などは次節で解説しますが、施策反映の時点である程度どのような集計をするか定めて、必要な情報を取得するための設計をしておく必要があります。この時点で効果検証の設計と実装をしておかないと、施策を実施したものの適切な効果検証ができず、効果があったのかどうかわからないという状況になりかねません。基本的には、基礎分析やモデリングで使用したデータを取得する仕組みの上に、新規に仕組みを追加実装します。

施策反映用のデータは、分析の結果出力されたデータをシステムが読み込みやすいような形に加工したファイルを作成するか、分析結果に基づいて設計されたルールファイルを提供します。ルールファイルは、SaaS等のシステムに設定を行うために記載されたファイルで、モデリングフェーズで用いた決定木の場合「35歳以上のユーザーにはクーポンを発行する」といった内容が記載されます。

代表的なアウトプット

施策の実施計画書

基礎分析とモデリングの結果に基づいた施策の実施計画書です。データ分析プロジェクトにおける施策は千差万別です。たとえば、製造業の工場であれば生産工程の見直しや人員の配置変更、ECサイトであればサイトのデザイン変更や販促キャンペーン、メーカーであれば新商品のコンセプトと設計の見直しなどが施策にあたります。分析のレポート作成だけで施策の実行に結びつけるのは難しいため、このような施策を実行するための計画書を分析レポートとは別に作成します。上述したように施策の幅が非常に多く、それぞれ違った計画書になるので、本書では説明を割愛します。

効果検証用データの取得指示書

効果検証で検証する項目とそのためのデータを取得するための指示書です。新規にデータ取得のプロジェクトとして切り出す場合と、既存のデータ取得の仕組みに追加実装する場合に分かれます。新規データ取得プロジェクトの場合、ツールの新規導入であったり自社ツールの開発にあたるので、個別のプロジェクトとして切り出すか、今後の課題として積み残しておきます。

多くの場合、データ分析に使用したデータと同じような仕組みでデータを取得することができるので、それを活用します。たとえば、アクセス解析であればアクセス解析ツールに新規のログを設計する、生産性の改善であれば日々利用しているツールに新規の設定項目を設計するといった方法でデータの取得方法を設計し、設定・実装します。施策実行の際に使用したツールで検証用データを取得できる場合もあります。たとえば、GoogleOptimizeを用いてA/Bテストを行った際は、GoogleOptimizeの管理画面内で施策ごとの結果を比較できます。

施策反映用データ

モデルのアウトプットを施策の反映に適した形に処理したデータです。このデータに関しては、先述したようにモデリング結果をファイルとして出力したデータ、分析結果に基づいたルール一覧に分かれます。決定木分析の例では、先述した表5-12のようなアウトプットをファイルとして出力します。このようなファイルを作成することで、再購入率が中程度のユーザーに施策を反映したり、ルールファイルに基づいた配信設定を行ったりします。

表5-12　モデルから出力した再購入率のスコアとルールベースの設定情報ファイルの例

ユーザーID	再購入率
AAAA	0.8
BBBB	0.6
CCCC	0.4
DDDD	0.1
EEEE	0.2
FFFF	0.9
GGGG	0.5

年代	性別	過去の購入金額	クーポン配信
10代	男性	1,000円～2,000円	配信する
10代	女性	2,000円～3,000円	配信しない
20代	男性	3,000円～5,000円	配信する
20代	女性	1,000円～2,000円	配信しない
30代	男性	2,000円～3,000円	配信する
30代	女性	3,000円～5,000円	配信する
40代	男性	3,000円～5,000円	配信する

各職種の果たす役割

表5-13　施策展開における各職種の果たす役割

職種	重要度	説明
PM	★★★	既存システムに追加実装する形で施策反映を行うのか、SaaS等を用いて施策反映を行うのか、担当者のオペレーションによって施策反映を行うのかなど、組織内の利用システム状況や構築したモデル、分析結果を合わせて適切な施策反映方法を設計する
データサイエンティスト	★	実装したモデルに関して、必要に応じて説明する
データアナリスト	★	実施した分析の内容に関して、必要に応じて説明する
データエンジニア	★★	設計した施策内容を実施する際にデータ基盤との連携が必要な際に、ソフトウェアエンジニアと連携を行い必要なデータをシステムに提供する機能を実装する

職種	重要度	説明
ソフトウェアエンジニア	★★★	分析結果をもとにサービスの改善を実施する際に、得られた分析結果に応じて機能やデザインなどの改修、システムの設定などを実施する
施策責任者	★★★	モデルから得られたインサイトを解釈し、ビジネス人員がわかる形に分析内容の翻訳を行い、関係者に分析結果を共有する。どのように施策を実施するのかに関する具体的なアクションプランを策定し、実行に移す

このフェーズで必要な主要スキル

表5-14　施策展開で必要な主要スキル

スキル	説明
施策の設計	分析で得られた知見をもとに、ビジネス的に価値のある施策を設計することができる。また、施策の実行にあたって、運用でカバーするのか、システム実装するのかなど、適切な施策の実行方法を比較検討できる
施策の運用設計	分析から得られた結果をもとに施策を実施する際に、誰がどのようなことを行うかの手順を言語化でき、施策が問題なく運用できるような仕組みを設計できる
施策実行のディレクション	設計した運用方針に従って、施策関連システムの開発メンバー、運用担当メンバーなど適切な人材をアサインし、施策が問題なく実施されるようにディレクションを行うことができる
システム開発全般	施策を実行するにあたって、モデルから得られた知見をもとに施策実行用のシステムを開発できる
SaaS、クラウドサービスに関する理解	SaaSやクラウドサービスの機能や設定方法に関して理解しており、施策の方向性がサービスを用いて実装可能かを判断し、必要であればサービス上で設定を行うことができる

効果検証

フェーズの概要

効果検証フェーズでは、施策をした結果どのような効果が得られたのかを検証します。検証の方法としては、施策実施と未実施のグループの比較、A/Bテスト、施策前後や同年同月比との比較などの方法が挙げられます。

施策実施と未実施のグループの比較では、施策を実施するグループと実施しないグループに分けて結果を比べることで、施策実施の効果を測ることができます。仮にこのようにグループを分けて比較しなかった場合、自然に変化した結果なのか、施策の効果なのかわからないため、その施策が良い施策だったかどうか、判断することが難しい場合があります。そのため、効果検証においては、施策をするグループとしないグループを作成する必要があるのです。たとえば、医薬品の治験などでは、まったく意味がないと考えられる偽薬を対象のグループに与えることで、薬品の投与グループと非投与グループの効果を適切に比較できるように実験をデザインします。

A/Bテストでは、複数の施策にランダムに対象ユーザーを振り分け、KPIに対する施策の効果を比較します。既存の施策と比較することで、施策の効果を把握でき、かつ既存の施策を止めずに影響を最小限に抑えることができます。一方で、A/Bテストを実施するための配信設定をする必要があり、複数の施策を並行して実施するため、施策実施のコストも増えてしまいます。また、十分なサンプル数を確保するまでに時間がかかってしまったり、複数のA/Bテストを並行で走らせることができなかったりと、効率が良いとはいえません。Web系の効果検証では負荷が少なく出し分けができますが、現実問題として出し分けが不可能というパターンもあります。また、比較的簡単に実施できるA/Bテストではありますが、実験計画からサンプルサイズ設計、検定や効果量、因果効果など、実施にあたっては様々なことを検討する必要があります。

施策の実施と未実施のグループを作成したり、A/Bテストを行ったりすることが難しい場合は、施策前後や前年同月比と比べることで効果の推定を行うこともあります。新規に実装をしないためコストを抑えられる反面、長期的な上昇、下降トレンドや季節の影響などを受けてしまうので、そういった影響を受けやすい対象では適切な方法とはいえません。

それぞれの手法にメリット・デメリットが存在するため、実際に得られたデータから効果検証する傾向スコアのような手法なども、日々研究が進んでいます。

データ分析プロジェクトの一連の流れである、データ取得、基礎分析、モデリング、レポート作成、施策実施判断、施策、効果検証というループを回すことで、仮説が合っていたのか間違っていたのか検証し、「勝ちパターン」を組織の中に定着化させていくことができます。このような、Observe（観察）、Orient（状況に対する適応・判断）、Decide（意思決定）、Action（行動）の4つのプロセスを繰り返して実行していくことをOODAループと呼び、不明確で常に変化していく状況の中でも適切に意思決定するための方法論として提唱されています（図5-3）。

基礎分析やモデリング、効果検証など、データ分析プロジェクトを通じて明らかになったこと、新たに生まれた仮説に対して深掘り分析やモデリングをしていくことで、効果的な意思決定ができる組織文化を作ることができます。

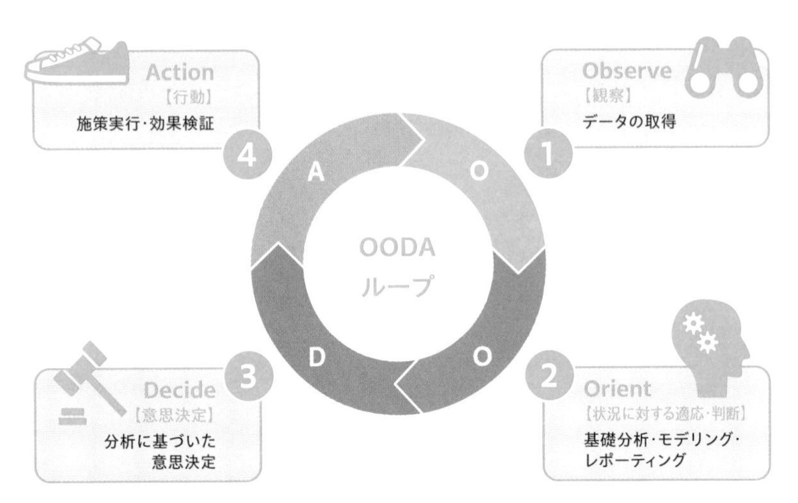

図5-3　OODAループとデータ分析プロジェクトの関係

代表的なアウトプット

効果検証結果レポート

効果検証レポートも、基礎分析と同じようなフォーマットで記載します。効果検証レポートでは、施策の実施グループと非実施グループの比較、複数の施策実施グループ間の比較といった形で、グループ間でどのような結果の差が出たか、その結果の要因として考えられることは何かという部分に重点を置きます。

各職種の果たす役割

表5-15　効果検証における各職種の果たす役割

職種	重要度	説明
PM	★★	効果検証を実施するにあたって、既存のシステムや環境、利用できるサービスなどの比較を行い、適切な方法で効果検証が行われるようにサポートする。また、効果検証の設計が適切な設計になっているかのレビューを行う
データサイエンティスト	★★	施策の効果を正しく検証するために、どのような検証方法を取るのがよいのかの設計を行い、取得されたデータに基づいて施策の効果に関する分析を実施する。また、検証において特徴的な結果が得られた際にその原因に関しての深掘りを行う
データアナリスト	★★	データサイエンティストと同様の作業を実施
データエンジニア	★	効果検証の分析において追加で必要なデータが発生した際に、必要なデータを提供する
ソフトウェアエンジニア	★★	効果検証用に新規のログ取得が必要な際に、そのための仕組みを実装する
施策責任者	★★	効果検証におけるKPIの定義を行う。効果検証に基づいて施策の成否を判断し、次のアクションの方向性を整理する

このフェーズで必要な主要スキル

表5-16　効果検証で必要な主要スキル

スキル	説明
A/Bテスト設計	A/Bテストに関して理解しており、パターンの作成、適切なサンプルサイズ、セグメント、期間、バイアス除去方法などの設計ができ、どのような方法で実施するかを設計できる
各種効果検証	有意差検定、傾向スコアリング、因果推論、実験計画法などに関して理解しており、検証内容に合わせて適切な方法を用いて検証設計を行い、施策の内容に関する評価を行うことができる
改善案の提案	効果検証を行って得られた結果に関して、なぜそのような結果になったのか、ビジネス的な背景と紐付けて、仮説出しができる。また、その内容に基づいて、施策の内容をどのように変化させればよいかの改善案を提案することができる
深掘り分析	効果検証を行って得られた結果に関して、なぜそのような結果になったのかという仮説をもとに深掘り分析をし、その原因を明確にすることができる。データ集計、可視化、レポーティングなど、分析に関する全般的な業務を実施できる
ログ設計・取得	効果検証時、検証対象を適切に検証するためにどのようなデータを追加で取得する必要があるのかを設計でき、不足している場合は新規にログの収集を行うことができる

第 6 章

データ可視化・BI構築プロジェクト

第6章では、データ可視化・BI構築プロジェクトの各ステップごとに、フェーズの概要、代表的なアウトプット、各職種の果たす役割、このフェーズで必要なスキルの解説を行います。本章を読むことで、データ可視化・BI構築プロジェクトがどのように進んでいくかの全体像を掴むことができるでしょう。

プロジェクトの概要

第3章で解説したデータ可視化・BI構築プロジェクトの概要、成果物、目的を表6-1に、関わるメンバーとフェーズごとの重要度を表6-2に整理しました。

表6-1　データ可視化・BI構築プロジェクトの概要、成果物、目的

項目	説明
どんなプロジェクトか?	社内共有用のダッシュボードを構築する。どのようなデータを見るべきかのビジネス要件整理、KPI設計などから始まり、データの蓄積、可視化、ダッシュボードの展開、社内での運用サポート等を実施する
成果物	KPIダッシュボード、業務管理ダッシュボード、売上ダッシュボードなど
目的	ダッシュボードによる情報のリアルタイムな把握と意思決定のサポート

表6-2　データ可視化・BI構築プロジェクトに関わる関係者とフェーズごとの重要度

★★★：そのフェーズにおける中心的な関係者
★★　：そのフェーズにおける補助的な関係者
★　　：必要に応じてサポートを行う関係者

職種	組織構築	プロジェクトの立ち上げ	基礎分析、ダッシュボード設計	BI用データセット作成	ダッシュボード構築	ダッシュボード展開・運用
PM	★★★	★★★	★★★	★★★	★★	★★★
BIエンジニア		★★★	★★★	★★	★★★	★★
データアナリスト		★★★	★★★	★	★	★
データエンジニア		★★	★	★★★	★	★
ソフトウェアエンジニア		★	★	★★		
ダッシュボード活用部署責任者	★	★★★	★★	★★	★★	★★★

組織の構築・プロジェクトの立ち上げ

フェーズの概要

組織の構築・プロジェクトの立ち上げフェーズでは、チームメンバーを集めてダッシュボード構築の目的や表示内容の整理をします。具体的には、表6-3のような項目を検討します。

表6-3　目的や表示内容の整理

検討項目	説明
誰が見るのか?	ダッシュボードを活用する部署と役割など、どういった人員が活用するのか、どういったデバイスでダッシュボードにアクセスするのかを明らかにし、ダッシュボードの利用シーンを明確にする
KGIは何か?	利益や時間あたりの生産性など、最終的に目標としたい数値をKGIとして設定する。KPIやKPIに関連する情報を設計するために、最終的に何が目的なのかを明確にする
KPIは何か?	KGIを向上するための達成目標となる数値をKPIとして設定する。KPI商談数や商談時の成約率など、数値を向上させることでKGIの向上に寄与する項目を分析し、KPIとして定める
どんな情報を表示するのか?	KGIやKPIに加えて、それらを多面的に分析するためにどのような情報を提供すべきなのかを検討する。何か課題が発生した際にすぐにわかるような項目を表示する場合もあれば、KPIにどのような要素が関係しているか深掘りできるような項目を表示することもある
更新頻度はどの程度か?	年次、四半期、月次、週次、日次、毎時など、どのような時間で更新するかを決定する
どんな行動に繋げるのか?	ダッシュボードを構築することで、どのような数値をもとにどのようなアクションに繋げたいのか、ダッシュボードの目的を明確にする。たとえば、成約率が低い営業を把握することで、成約率が高い営業からスキルトランスファーを行うというようなことに活用する

また、プロジェクト立ち上げにあたってBIツールを導入していない場合は、表6-4のような項目を検討して導入するBIツールの選定を行います。

表6-4　BIツールの選定項目

検討項目	説明
コスト	課金体系はどうなっているのかを調査し、BIツールの社内への普及度合いに合わせて、コストを算定する。ユーザー単位課金の場合、BI導入・開発時は低コストに収まるが、全社展開する際に使用するユーザーに比例する金額がかかるので、長期的な展開の可能性まで視野に入れたツール選定が重要になる

検討項目	説明
セキュリティ・権限管理	セキュリティや権限管理、データの信頼性を担保するための機能がどの程度備わっているか検討する
表現力	BIツールによっては限定的なグラフしか使えないものもあるので、事前にどの程度のグラフを作成したいのかを想定し、BIツールでその表現が可能かを検討する
操作性（UI／UX）	直感的で使いやすい動作かどうか、現場のメンバーが理解しやすい動作かどうかを検討する。多くのユーザーが使用するツールになるので、継続的に使用してもらうためには操作性も重要になる

上記のような内容を整理したら、チームメンバーを集め、プロジェクトを立ち上げます。チームメンバーを集める際には、ダッシュボードでどのような意思決定をするべきかといった設計ができるビジネスサイドのメンバー、現場の課題を把握して導入までの道筋を描ける現場サイドのメンバー、選定したBIツールに精通しているメンバー、社内のデータに精通しているメンバーもしくはデータエンジニアなど、展開と運用までを見越したチーム構成が重要になります。

代表的なアウトプット

関係者一覧・体制図

プロジェクトに関わるメンバーを書き出した資料です（図6-1）。ダッシュボードの設計・開発に携わるメンバー以外にも、ダッシュボードの活用部署の責任者と利用想定のメンバー、関連するシステムのソフトウェアエンジニアなど、一通りの関係者を洗い出しておくことが理想です。ダッシュボードの構築・活用に関わるメンバーは多岐にわたるため、プロジェクトが進むにつれ徐々に関係者が増えていきます。そのため、関係者一覧や体制図なども状況に合わせて更新します。

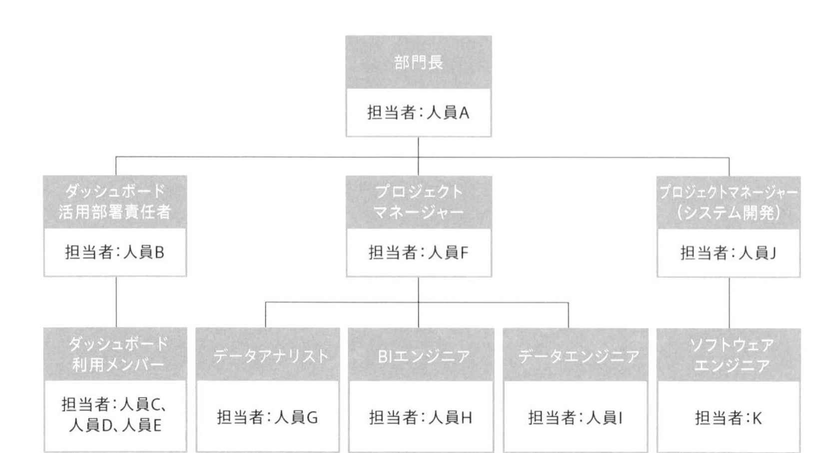

図6-1　データ可視化・BI構築プロジェクトの体制図の例

BIツールの比較資料

導入候補のBIツールを比較した資料です（表6-5）。先述したコスト、ガバナンス、表現力、操作性などを総合的に判断した上で、導入するBIツールの決定に至るまでの背景を記します。後工程で参照することはありないので、意思決定者が判断を下すための、最低限のアウトプットがあれば問題ありません。ただし、BIツールの導入後に別のツールに乗り換える場合は膨大なスイッチングコストがかかるため、短くとも3年は使い続ける前提で使用するBIツールを決定します。資料だけでは比較が難しい部分があるため、社内に大規模に展開する際は、複数のBIツールを実際に検証した上で正式に採用することが望ましいです。

表6-5　BIツールの比較イメージ

比較項目	BIツールA	BIツールB	BIツールC	BIツールD
コスト	10万円／ユーザー／年	1,000円／ユーザー／月	無料	無料

比較項目	BIツールA	BIツールB	BIツールC	BIツールD
セキュリティ	◎	◎	○	○
権限管理	○	◎	×	○
表現能力	◎	○	◎	○
操作性	◎	○	◎	○

プロジェクト計画書

プロジェクトのスケジュールと目的、概要などを記載した資料です。先述した、ダッシュボードの閲覧者、KGI、KPI、分析後のアクション、更新頻度などをプロジェクト計画書の形で整理します。KPIの設定など、一部分はプロジェクト立ち上げ段階で決めきれない部分などもありますが、その場合は基礎分析フェーズでKPIを設計するなど、後工程のどこで実施するのか記載しておきます。

各職種の果たす役割

表6-6　組織の構築・プロジェクトの立ち上げにおける各職種の果たす役割

職種	重要度	説明
PM	★★★	ダッシュボードを利用する部署の要望を整理し、誰がどのような値を見て、どのようなアクションを起こすのか、ダッシュボードの目的を整理する。自社のデータ活用方法や情報共有の流れを踏まえて、ダッシュボード導入時にデータの更新やメンテナンスができる仕組みを作れるかどうかを検討する
BIエンジニア	★★★	想定している権限管理や、ダッシュボードへの表示項目、分析内容に対してBIツールでどこまで実現可能かを判断し、BIツールを用いて取り組むべきタスクとそれ以外の方法で取り組むべきタスクの整理をする

（次ページへ続く）

職種	重要度	説明
アナリスト	★★★	過去の分析事例や、現在運用されているKPI等を参考にどのような項目をダッシュボードに表示するかを設計する。また、追加で分析が必要な場合は、どのような分析をすべきか検討する
データエンジニア	★★	ダッシュボード化や基礎分析をするにあたって必要なデータをBIエンジニアやデータアナリストに提供する。また、ダッシュボードの展開時に想定している展開方法が社内のデータ基盤として実現可能かを判断し、展開にあたってどのような追加タスクが必要になりそうかを検討する
ソフトウェアエンジニア	★	ダッシュボードに表示させるためのデータをシステムから抽出する場合、どのような形でデータの連携が可能なのか、情報提供を行う。また、システムからデータを抽出する必要がある場合はサンプルのログデータを抽出して提供する
ダッシュボード活用部署責任者	★★★	ダッシュボードにどのような項目を表示するか整理し、プロジェクトメンバーに要件を伝える。必要に応じて想定している運用フローや、運用体制の情報、分析用のデータ等を提供する

このフェーズで必要な主要スキル

表6-7　組織の構築・プロジェクトの立ち上げで必要な主要スキル

スキル	説明
対象ビジネスに対する理解	分析対象のビジネスの構造を理解しており、どのような指標がどのような結果に結びつくのかの仮説構築を行うことができる。また、ダッシュボードを作成するにあたって、KPIとなる候補のリストアップなどができる
分析設計、問題設計	分析アプローチ、得られる分析結果、取りうるアクションの関係性を理解しており、ダッシュボードを構築するためにどのような分析に取り組むべきかを判断することができる。既存のKPIや既存分析結果を把握し、適切に改善点を洗い出すことができる

スキル	説明
ダッシュボードの運用設計	社内のデータや情報共有の流れを整理し、改善点を洗い出し、ダッシュボードで情報を共有する方法を設計できる。また、組織構造を理解しており、ダッシュボードを展開するにあたっての障害を予測し、ダッシュボードを共有する際にどのようなタスクが必要かを洗い出すことができる
BIツールに関する理解	各BIツールのメリットとデメリットを把握し、組織内に展開する最適なBIサービスを選定することができる。また、既に自社で使っているBIツールがある場合は、どのような機能が備わっているか理解し、これから取り組む分析やダッシュボード構築に十分な機能を持っているかどうかを判断することができる
データの把握	社内においてどのようなデータがどこにあるかを把握している、もしくはどのようなデータがありそうかを想定して、プロジェクトに必要なデータやテーブル設計書などを調達することができる。また、それらのデータがどのように収集されていて、使用する際の懸念点なども把握した上で使用の意思決定ができる
その他このフェーズで必要になるスキル	予算管理、スケジューリング、社内インフラに対する理解、社内データに関する理解

基礎分析・ダッシュボード設計

フェーズの概要

基礎分析・ダッシュボードの設計フェーズでは分析とレポーティングを行い、ダッシュボードに表示するKPI等の指標策定と、ダッシュボード自体の設計をします。ダッシュボード構築プロジェクトの開始段階でどのような指標を定点観測していくべきか明確に定まっていない場合は、基礎分析で目指すべき目標であるKPIを明確にします。ある程度KPIが決まっている場合でも、本当にそのKPIに効果があるのか検証することで、ダッシュボードの価値をより確実なものにできます。

基礎分析フェーズでどのような項目を表示すべきか定まったら、具体的にどのような表現方法でダッシュボード化するのかという設計に移っていきます。実際のデータを用いて可視化をすることで、想定とは違った方法が適しているとわかることもあるため、実際のデータを用いてダッシュボードを設計します。基礎分析、ダッシュボード設計をすることで、ダッシュボード化にあたってどのようなデータが必要かを明らかにし、DWH構築フェーズでどのように連携をするか、検討のための材料を準備します。また、ダッシュボード化にあたって新規に取得が必要なデータも洗い出します。

基礎分析、KPIの策定フェーズでは、KPIの当たりがついている場合は第3章、第5章で解説した仮説検証プロセスでの分析をし、想定しているKPIが本当にKGIと関連性があるのか、検証します。どのようなKPIを設計すればよいか、検討がついていない場合は探索的な分析を行い、KPIを策定します。KPIの策定にあたっては、SMARTの法則と呼ばれる基準を満たしているかに基づいて、適切な指標を決定します（表6-8）。

表6-8　KPIを作る際に意識すべき項目（SMART）

項目	説明
明確性（Specific）	明確なKPIであること
計量性（Measurable）	定量的に測ることができる指標であること
現実性（Achievable）	現実的な目標であること
合意可能性（Agree on）	現場の意見やオペレーションに沿って合意可能であること
関連性（Releavant）	KGIに関して相関や因果があること
適時性（Timely）	評価間隔が適切であること

基礎分析フェーズを経て、ダッシュボードに表示させる指標が決まったら、どのようなデータを使用するか整理し、ダッシュボードの各図表との関連づけをします。そうすることで最終的にどのようなデータセットを準備するとよいのかがわかるので、BIツールに読み込む前のデータの最終形である、データマートの設計に移ります。この時点で、BIツールを用いて読み込むデータの最終形がどのような形になるのか、大枠で決めておきます。

代表的なアウトプット

分析結果レポート

基本的にはデータ分析プロジェクトの基礎分析と同様に、序論、使用したデータに関する情報、分析アプローチ、分析結果などで構成します。KPIの策定を中心としたダッシュボード構築における基礎分析では、ダッシュボードで表示する項目がKGIとどのように関連しているのか、その指標がどのように活用できるのか、という点に重きを置きます。

ダッシュボード設計書

ダッシュボードの設計書は、読み込むデータのデータ定義、ダッシュボードのデザインサンプル、ダッシュボードに表示する各要素のデータ定義、連携方法などから構成されます。たとえば、各要素のデータ定義では、表6-9のような項目を検討し、定義します。

表6-9　ダッシュボード設計書

項目	説明
元データ	データソースのファイル名やデータベースのテーブル名
使用するカラム	どの列に対して集計を行うか

（次ページへ続く）

項目	説明
集計方法	合計、平均、行数のカウント、前年同月比、全体に占める割合、集計条件など、どのような集計や計算を行うか
集計セグメント	年齢別、性別、人別、設備別等、どの単位で集計を行うか
フィルタ条件	グラフやページに対してどのようなフィルタを適用するか
グラフ種類	棒グラフ、折れ線グラフ、表などどのような種類のグラフを用いて表現を行うか

各職種の果たす役割

表6-10　基礎分析・ダッシュボード設計における各職種の果たす役割

職種	重要度	説明
PM	★★★	KPI設定が適切に行われるように基礎分析タスクに関する優先順位づけをし、分析内容のフィードバック、ディレクションをする。また、整理されたダッシュボードの表示や集計の要件に基づいて、導入コストやデータ処理の複雑さを整理する。ダッシュボード活用責任者と議論して、どこまで厳密な数値定義にするかなどを検討する
BIエンジニア	★★★	SQLもしくはデータプレパレーションツールなどを用いて元データから、BIに読み込みやすい形にデータを加工する。また、ダッシュボードでどのような数値をどのような図表を用いて表示するのか設計する。ダッシュボードの構築にあたって、ドリルダウンやフィルタ集計単位の設計など、どういった集計をダッシュボードで表現するのかを整理し、その集計ロジックをドキュメント化する
データアナリスト	★★★	想定しているKPIの候補に関して、妥当なのか分析を行う。また、どのような内容をダッシュボードに表示させるべきなのか検討するために基礎分析をし、レポートとして報告を行う。使用するツールは問わないが、ダッシュボード化を踏まえて、ダッシュボード構築時に使用するBIツールを用いて分析することが多い
データエンジニア	★	BIエンジニアやデータアナリストの要望に応じて随時データを提供する

職種	重要度	説明
ソフトウェアエンジニア	★	BIエンジニアやデータアナリストの要望に応じて随時データを提供する
ダッシュボード活用部署責任者	★★	KPIの設計やデータ表示の要件に関するヒアリングに答える。また、設計されたダッシュボードのデザインについて、ユーザーの視点からフィードバックする。データ集計定義の実用性のレベルを判断し、内容に過不足がないように集計ロジックのフィードバックをする

このフェーズで必要な主要スキル

表6-11　基礎分析・ダッシュボード設計で必要な主要スキル

スキル	説明
KPIの設計	ビジネスの構造を正しく理解した上で、ビジネスインパクトのある数値をKPIとして設計することができる。SMART等のKPI設計に必要な要素を正しく理解し、設計に落とし込むことができる
ダッシュボードデザイン	表示するデバイスや利用シーンに合わせて、フィルタの設定やドリルダウンの方法など、データをどのような形で見せるべきか、見る人によって認識の齟齬が生まれないようにするにはどのような見せ方をするべきかなどをデザインすることができる。解釈のしやすいデータの可視化の方法を理解している
BIツールを用いた集計、可視化	与えられた分析要件に対して、BIツールを用いて集計・可視化を行うことができる。また、集計にあたってノイズとなるデータをフィルタリングしたり、適切な粒度でグルーピングしたりと、データに合わせて適切な集計をBIツールの機能を用いて行うことができる
BI用データ設計	スタースキーマなどのデータ分析に適したデータ構造を理解しており、BIツールで処理すべき部分と、ETL処理などで事前に処理しておくべき部分に切り分け、BIツールに提供すべきテーブルの構造を設計できる

（次ページへ続く）

スキル	説明
集計要件の定義	ダッシュボードで表示する各表示項目に関して、どのような定義で集計を行うのかを整理し、ドキュメントに落とし込むことができる。ビジネスロジックの理解とヒアリングのスキルが求められる 例：売上金額を税込にするのか、税抜にするのか、ポイントや割引が適用された場合に売上がどのように決まるのかといったルールに関して、現状の集計定義を確認し、表示ロジックをドキュメントに落とし込むことができる。

BI用データセットの作成

フェーズの概要

BI用データ作成のフェーズでは、ダッシュボードから読み込むためのデータセットを作成します。機械学習システム構築プロジェクト、データ分析プロジェクトと同様に、データの収集、データの蓄積、データの読み込み、データの加工の処理を実装し、データベースに関する情報を整備します。

全体的な流れは他のプロジェクトとほぼ同じですが、データ可視化・BIツール構築におけるDWH構築では、データマートと呼ばれる集計済みのデータの作成まで実施することが多いです。データマートでは、データベースで扱われる正規化されたデータではなく、すべてのデータを結合して横長にして集計しやすくしたデータを取り扱います（図6-2）。

機械学習システム構築プロジェクトでは機械学習のモデルに必要な要素のみを、またデータ分析プロジェクトではデータアナリストやデータサイエンティストが集計することから、生データに近いデータを提供すれば十分でした。しかし、データ可視化・BIツール構築では、様々なメンバーがデータセットを活用することを想定しているため、BIで扱いやすい形に整形をしておくことが望まれます。

システムデータ

ユーザーID	年齢	性別
123	23歳	女性
456	32歳	男性
789	56歳	女性

ユーザーID	商品ID	購入日時	購入単価	購入個数
123	AAA	2022/6/20	300	3
456	BBB	2022/6/21	1200	1
789	CCC	2022/6/22	3500	1

商品ID	カテゴリ	商品種別
AAA	文具	ノート
BBB	雑貨	水筒
CCC	雑貨	かばん

1つのテーブルに結合

分析用データマート

ユーザーID	商品ID	購入日時	購入単価	購入個数	カテゴリ	商品種別	年齢	性別
123	AAA	2022/6/20	300	3	文具	ノート	23歳	女性
456	BBB	2022/6/21	1200	1	雑貨	水筒	32歳	男性
789	CCC	2022/6/22	3500	1	雑貨	かばん	56歳	女性

図6-2　システムデータのデータマートへの加工イメージ

また、多くのメンバーからの要望に答えて、継ぎ足し継ぎ足しでデータマートを更新していくため、テーブルの構成や加工のためのコードが煩雑になりやすいです。そのため、データ更新のためのコード管理の仕組みなどを丁寧に設計する必要があります。

ダッシュボード構築の目的はデータを定期的に更新することなので、その仕組みを作るDWH構築フェーズはプロジェクトの要ともいえます。扱いやすいデータを蓄積することで、ダッシュボードへの反映だけでなくアドホックな分析にも活用でき、機械学習システム構築やデータ分析プロジェクトでのデータ提供もできます。DWH構築のフェーズを適切に実施することによって、組織全体のデータ活用を推し進めることができるのです。

図6-3にデータ収集〜データ加工のイメージ図を示しました。データの収集フェーズでは基礎分析で使用したデータ一覧を作成し、それぞれのデータの提供元を明らかにします。また各データに対して、データベース連携でデータ更新を行うのか、運用担当者が手動でアップロードするのか、API経由でデータを出力するのか、ファイルストレージにデータをエクスポートしてもらうのか、といった連携方法を検討します。

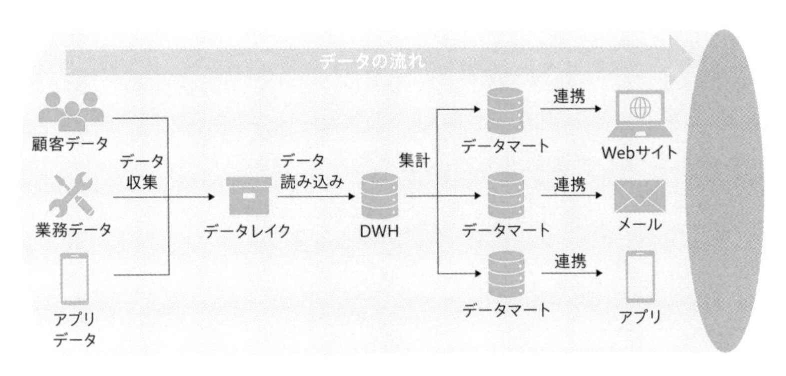

図6-3　データパイプラインのイメージ図（再掲）

データの蓄積・読み込みではデータレイクと呼ばれるファイルストレージにファイル形式でデータを蓄積していく形が多く取られます。データレイクとしてデータを保存しておくメリットは、ストレージが安価であること、連携が容易であること、ファイル形式やテーブルフォーマットを気にせずに蓄積ができることなどが挙げられます。その後、蓄積したデータをDWHへ読み込みます。小規模なデータやマスタデータなど、日々更新されるデータであれば全件一括更新をし、大規模なトランザクションデータなどであれば、新規に追加された差分のファイルだけを読み込みます。

データの加工では、データプレパレーションツールと呼ばれるGUIベースのツールで加工処理を実装することもありますが、SQLで処理を記述するのが主流となっています。第4章で紹介したようにノイズデータを除去し、BIが読み込みやすい形にデータを加工します。また、加工に使用したコードは、どういった意図で加工したのかがわかるように記録を残して管理します。分析に活用するためには、どういった意味を持ったデータなのか、どういった方法で集計されているのかが重要になるため、分析者がわかるようなデータ定義を資料にします。

代表的なアウトプット

ダッシュボード用データセット

DWH内に存在するデータマート、Excelファイル、CSVファイルなどの形式で作成されたダッシュボード表示用のデータセットです。構築したダッシュボードの接続情報をBIエンジニアに提供し、ダッシュボードの表示に使用します。整ったデータが整備されているので、機械学習システム構築プロジェクトやデータ分析プロジェクト、アドホックな分析など様々なデータ活用にも使用します。

データセット更新のためのシステム

データセットのデータを更新するためのシステムです。データ収集のための仕組み、データ蓄積のためのデータレイク、データインポートのためのコード、それら一連の処理とデータ加工のためのコードを動かすワークフローエンジンからなります。一連の仕組みを総称してデータパイプラインとも呼びます。これらの要素を個別に実装することも可能ですが、ワークフローエンジンを活用することで、各工程のどこにどの程度時間がかかったかの記録や、エラーが出た際の通知とリトライ処理、実行時のログの管理、データセット更新のためのシステムの監視とメンテナンスなどを効率良く実施できます。

データ定義書

データセットのデータ定義を記載した資料です。データ定義書は、DWHを管理するデータエンジニアに向けたものと、データの利用を行うBIエンジニア、データアナリスト、データサイエンティストなどのデータ分析者に向けたものの2種類を作成します。データエンジニアに向けたデータ定義書では、データの取得元や連携方法、更新タイミングなどのシステム連携において重要な情報を記載し、分析者向けのデータ定義書では、加工済みのデータマートにおけるデータの集計粒度、集計定義など、分析する上で意味のある情報を記載します。

データ加工のためのソースコード一式と管理方法

データ加工に使用したSQLやPythonなどのソースコード一式です。DWHの活用が社内に普及するにつれて、様々な集計がDWHを用いて行われるようになります。適切に管理をしないと、同じ用途の集計用SQLが大量に発生してしまうことに繋がりかねません。そのため、社内の状況に合わせて管理ルールを構築していく必要があります。また、同じ定義で集計されるべき数値であるにもかかわらず、違った定義で計算されてしまうこともあります。そのような事態を避けるために、データの集計定義を定めたファイルを導入したり、データ定義の専任者を作り、定義を統一化したりする必要が出てきます。

各職種の果たす役割

表6-12　BI用データセットの作成における各職種の果たす役割

職種	重要度	説明
PM	★★★	更新頻度、パフォーマンス、更新タイミング、セキュリティ、使用メンバーの数など、DWHに必要な要件の整理を行い、関係者に周知する。データ取得にあたって、データを保有している各部署や担当者と調整する
BIエンジニア	★★	入力するテーブル形式やデータの更新方法等、ダッシュボード実装に必要なデータ要件の整理を行う。BIツール側でデータの処理を行う場合は、データ加工設計を実施する。BIツールとDWHとの連携方法の設計をし、データエンジニアと連携しながらBIの要件を満たすためのDWHの要件を詰める
データ アナリスト	★	基礎分析で分析した内容に関して、どのような集計定義で集計したのかを必要に応じて共有する
データ エンジニア	★★★	以下のような業務を実施する。 ・データクレンジング、データ統合、集計等の処理を行うデータ加工コードの設計と実装 ・データ連携処理の設計と実装、データの連携時のワークフローとジョブ実行管理システムの設計と構築 ・各種データの、取得条件や値の定義などをドキュメント化する ・集計用サーバやデータベースの環境構築と利用環境の展開
ソフトウェア エンジニア	★★	データエンジニアと連携しながら、システムからDWHへのデータ抽出と実装を行う
ダッシュボード 活用部署責任者	★★	データを保有している各部署や担当者との調整の場を設け、BIの表示に必要なデータがDWHへ定期的に蓄積されるよう運用方法を検討し、現場での運用への落とし込みをサポートする

このフェーズで必要な主要スキル

表6-13　BI用データセットの作成で必要な主要スキル

スキル	説明
ETL処理	各種通信方法やプロトコル、APIの利用などについて理解しており、サービス間でのデータ転送と設計ができる（Extract）。SQLやPython等を用いてXMLやJSON、バイナリデータ、テーブルデータなどをBIツールで使いやすいようなテーブル形式のデータに加工できる（Transform）。差分更新や一括のデータ更新、マスタデータのスナップショットの保存などを適切に使い分け、既存の分析システムに影響を与えずに必要なデータをDWHに読み込む設計と実装ができる（Load）
ワークフロー管理	上記のETLの処理に関して、ワークフローエンジンと呼ばれるジョブ実行システムを活用し、定期実行、例外時の対応などを自動化する仕組みを設計、実装できる。運用上必要な要件をヒアリングし、発生しそうな例外系などを想定してDWHが安定して運用されるようなワークフローの設計と実装を行う
クラウドインフラ構築	上記ETL処理やワークフローエンジンが動く基盤をクラウドインフラ上に構築することができる。各種クラウドに関する知識を持っており、アカウントの権限管理、セキュリティ設定、サーバ構築、予算の見積もり、インスタンスの管理など、クラウドインフラを構築するために必要な業務を遂行できる
インフラ設計・構築	自社のオンプレミスサーバ内にDWHを構築できる。セキュリティ、予算を考慮に入れつつ、ミドルウェアのインストールやサーバの保守管理、ネットワークの構築など、DWHの構築ができる
メタデータ管理	変動性、同期タイミング、変更履歴、アクセス権限、スキーマ構造、統合ルール、メンテナンスルール、管理責任者など、どのようなデータをメタデータとして管理するかを必要に合わせて適切に設計し、ドキュメントとして管理するルールを策定することができる

ダッシュボード構築

フェーズの概要

ダッシュボードの構築フェーズでは、基礎分析時に設計した内容に基づいてBIツール内での計算処理を実装し、共有のサーバにダッシュボードを公開します。ダッシュボードを公開した後は、実際にダッシュボードを使用するユーザーにレビューをしてもらい、使用感や表示されているデータの切り口などについてフィードバックをもらいます。また、表示している数値が本当に想定している値になっているかの検算も行います。これらの処理をすることで、ダッシュボードに表示している数値の値を担保し、自社内に展開する準備が整います。

基礎分析までのフェーズではDWHで実施することも、ファイルベースで分析することもありましたが、ダッシュボード構築のフェーズではDWHやファイルサーバとの連携設計をし、自動でダッシュボードが更新されるように設定していきます。DWHとダッシュボードを連携する際は、データをBIツール上のサーバに抽出して集計するパターンと、直接DWHに接続してDWH内で直接集計するパターンの大きく2種類の方法があります。データをダッシュボード上のサーバで集計すると、オンメモリでデータを処理できるためスピードが早く、DWHの計算リソースを使わないためコストが抑えられるなどのメリットがありますが、メモリに乗り切らないデータ量を扱う場合は集計が遅くなったり計算エラーになってしまうリスクがあります。DWHに直接繋いで集計する場合は、大量データの集計には強いものの、表を更新するたびにDWHと連携するので集計にかかる時間が長くなりやすく、コストが高くなってしまう可能性もあります。

ダッシュボードのレビューでは、ダッシュボードのデザインと数値面の両軸でフィードバックをもらいます。たとえば、1年の開始を1月から開始するのが望ましいか、4月から開始するのが望ましいかといった点や、部署単位の並び順はどうするかといった点は、現場で使われている暗黙のルールに従っていることがあります。そのため、表示の細かな部分にもフィードバックをもらい、反映を行います。数値のレビューは、後述する検算方法で検証する方法もありますが、まずは担当部署の人に見てもらって大体の感覚値とズレていないか確認してもらうことで、早期に計算の間違いを発見でき、効率良く改修作業をすることができます。

ダッシュボードの開発が一通り完了したら、データが適切に表示されているか検算をします。人間がコードを書いてロジックを実装している以上、想定通りに集計されていることを厳密に証明することは非常に難しいのですが、表6-14のような方法を用いて検証します。

表6-14　様々な検証方法

検証方法	説明
既存レポートとの比較	既存レポートの置き換えプロジェクトの場合、既存レポートで使用されているのと同じデータを使ってダッシュボードに集計値を表示させ、数値が一致しているかを確認する
単純な集計値との比較	複数の条件が組み合わさったような複雑な条件で集計を行っている場合に、単純な集計式で集計した数値を用いた集計と比較し、数値の比較をする。 例：部署ごとの前年比が正しく計算されているか検証するために、「①特定部署の特定月の集計値」と「②特定部署の翌年同月の集計値」から「②÷①」の値を算出して比較する
元データと集計値が一致するかの比較	データの件数、売上の合計などの集計値が元データの集計値と一致することを確認する。データ結合時に結合キーが重複している、欠損などが発生している際には数値が一致していないので、この検算をすることで適切に結合が行われているかの確認ができる

検証方法	説明
集計ロジックのレビュー	想定した集計が行われているか、コードレビューによって確認する。検算が難しい場合はこの方法を取るが、ロジックのミスに気づきにくく、数値が間違っていても発見されにくいのでできれば避けることが望ましい

これらの検証をした結果、数値が合わないことが判明したら、数値が合わない理由を調査し、特定します。集計ロジックの途中段階を1つひとつ見直してステップごとに数値が正しいか確認することで、どこに間違いがあるのか明らかにしていきます。また、アクセス解析ツールのPVと自社のサーバログのPVなど、大元のデータが異なるシステムを用いて検証をする際に、同じ指標であっても若干の誤差が発生することがあります。誤差が生じる要因には、一部のデータが欠損していたり、異常値や不正ユーザーを除外していたりといったものがあります。これらの要因によって、数値の差異が発生した場合は、厳密な数値が必要なのか、あるいは大まかな方向性が合っていればよいのかを検討し、厳密な数値を集計するべきかどうか判断します。

代表的なアウトプット

ダッシュボード

データを定期的に更新する方法が整備されている、サーバにアップロードされている、必要なメンバーがアクセスできる、といった要件を満たした実業務で使用するダッシュボードの完成版です。後述する、展開・運用フェーズではこちらのダッシュボードに対してアクセス権限を発行し、各メンバーがダッシュボードを閲覧できるようにします。

ダッシュボード仕様書

ダッシュボードにどのような項目が表示されているかを記載した仕様書です。基礎分析・ダッシュボード設計フェーズで作成した設計書とほぼ同じ内容です。ダッシュボード構築フェーズで確定した集計定義やフィルタ条件、表示方法などをアップデートし、最新のダッシュボードに対応した仕様書を作成します。

各職種の果たす役割

表6-15 ダッシュボード構築における各職種の果たす役割

職種	重要度	説明
PM	★★	BIの実装において、各種ビジュアライズ方法に関する工数を把握し、ダッシュボード活用部署責任者と調整の上、実装の範囲を決める。数値の定義も、どこまで細かな集計や数値合わせをするのか整理し、実装の範囲を定める（複雑な処理が必要なビジュアライズや、表示している値が既存のシステムと完全に一致することを求められがちだが、実装コストが高くなるため妥協した方がよい場合も多い）
BIエンジニア	★★★	ダッシュボードを実装する。フィルタ設定、ドリルダウン設定、BI内での計算処理実装、図表などのビジュアルを設定する。また、表示項目が想定している値になっているかのテストも合わせて実施する
データアナリスト	★	基礎分析フェーズで行った分析に関して適宜情報共有する
データエンジニア	★★	BIツールをサーバ上にインストールし、関係者が使える環境を整備する。BIの実装にあたって、必要に応じて不足しているデータをDWHへ追加する。ダッシュボード上に表示されている値のテストをBIエンジニアと共同で進め、値が想定している内容とズレた場合に原因の調査を行う

職種	重要度	説明
ソフトウェアエンジニア		DWH構築後はシステムと分離してダッシュボード開発ができるので、作業は不要
ダッシュボード活用部署責任者	★★	ダッシュボードの表示内容や操作感等を確認し、想定している利用者が必要なダッシュボードを適切に利用できるかどうか確認し、修正を依頼する

このフェーズで必要な主要スキル

表6-16　ダッシュボード構築で必要な主要スキル

スキル	説明
各種BIツールの活用	ダッシュボード構築において利用するBIツールの機能を把握しており、ダッシュボードの構築ができる。各種BIを用いた各種データソースへの接続方法、データの計算方法、集計の方法、フィルタリング方法等を理解し、実装を行うことができる
BIツールによるデータ可視化	グラフの使い分け、色の使い方、データインク比などを理解し、ユーザーが使いやすいダッシュボードをBIツールを用いて構築できる
表示要件の整理	プロトタイプのダッシュボードやワイヤーフレームなどをもとに表示要件をヒアリングし、BIツールで実装できるか判断できる。また、修正コストなどを加味した上で修正案を提案することができる
BIサーバ構築	BIツールをサーバにインストールし、部署や会社単位で適切な権限の設計を行い、アカウントの発行などができる
データ品質管理	表示されているデータが期待したデータであることを保証するために必要なデータ品質のテスト設計とテスト実施ができる。また、テーブル定義の変更、予期せぬデータのインプット、異常値のインプットなどが発生した際に、どのような条件であればデータの品質が保証されるのかを切り分け、ドキュメント化できる

ダッシュボード展開・運用

フェーズの概要

ダッシュボードの展開・運用フェーズでは、組織にダッシュボードを展開して定着させ、安定的に更新とメンテナンスができる開発体制を構築します。

展開では、ダッシュボードのアカウント発行、運用ルールの整備、説明会の実施、BIツール利用に関する教育、現場運用担当者の設置、サポート窓口の設置などを行います。

運用では、DWHのメンテナンス、BIツール・DWHのアップデートへの対応など、システムに関する側面と、継続的な学習サポート、データに基づく意思決定の文化作りなど、人や文化に関する側面の両軸を考慮し、体制を構築します。

これらの取り組みによって、ダッシュボードが現場で日常的に使われる状況を目指します。ダッシュボードを用いた意思決定によって価値を生み出せる状況を整えることで、第5章で解説したOODAループをクイックに回せる組織を作ることができます。つまり、不確実な状況であっても、素早く変化に対応し、価値を生み出せる組織となるのです。

人・文化に関する側面は大きく分けると、人材教育、文化の醸成の2種類の取り組みに分かれます。

人材教育では、全員がBIツールの機能を理解する必要はありません。作られたダッシュボードを使って意思決定する人、ダッシュボードを作る人、ダッシュボードの更新作業をする人、ダッシュボードの権限を発行する人など、ポジションによって必要なスキルは異なるので、まず最初に自社に必要なポジションと対応するスキルセットの一覧を作成します。教育のカリキュラムでは、ダッシュボードの使い方に関する教育、データの利活用全般に関する教育を経て、OJT形式での実践的な訓練を行います。ダッシュボードの使い方に関する教育では、BIツールを用いてどのように可視化を行うか、どのようにフィルタを使うか、どうやってドリルダウンを行うかといった、ダッシュボードの使い方について教えます。データの利活用に関する教育では、グラフの見方、データのバイアス、データのフィルタリングに関する考え方といったデータ分析の基礎的な考え方を学んだ後に、具体的なデータの読み解きと、分析結果から考えられるアクションなどを教えます。

文化の醸成においては、ビジョンの策定、インセンティブ設計、運用体制の構築などを行います。データ活用で自分達の仕事がどう良くなっていくのか理解することで、協力を引き出すことができるので、まずはビジョンを策定し、共有します。また、単純に追加作業が増えるだけでは協力が得られにくいため、データを用いて意思決定すること、あるいはデータ整備をすることが、作業者自身のプラスになるように報酬制度や評価制度を見直していく必要もあるでしょう。身近なところに相談できる人がいるかどうかも、普及においては重要です。各部署、各チームなどに運用担当者などを設置することで現場での活用を促します。

システムに関する側面では、会社のフェーズ移行や社会的状況の変化によるKPIの変更、社内システムの仕様変更、新規施策実施や新規サービスリリースによる新規指標の追加など、様々な要因でダッシュボード用のDWHの変更を余儀なくされます。

そのため、DWH構築フェーズで実施したようなデータパイプラインの整備、データ加工用のソースコードの管理、データ更新方法の整備、ドキュメントの整備などを、より丁寧に行っていく必要があります。また、複数のダッシュボードの運用や、その他のプロジェクトでDWHが参照されることもあるため、プロジェクト単位ではない全社統一のデータ分析基盤を作っていく必要が出てきます。

代表的なアウトプット

社内用教育コンテンツ

ダッシュボードの使い方に関する教育、データの利活用全般に関する教育などに使用される教育用コンテンツです。先述したような内容に加え、社内における重要指標とその意味を解説するコンテンツ、部内における重要指標とその意味を解説するコンテンツなど、実務に沿った内容が含まれることが望ましいです。また、役割ごとにどのような指標を用いてどのような意思決定を行うのか、具体的な事例を用いて記載します。

ダッシュボードの運用マニュアル

ダッシュボードの運用に必要な情報が記載されたマニュアルです。アカウント発行のためのフロー、ダッシュボードに表示されている各要素の意味、更新、改善依頼の際のフロー、問い合わせ窓口、ダッシュボードの利用部署、ダッシュボードの開発部署を示した体制図など、ダッシュボードの実運用時に必要と考えられる情報を記載します。

システム運用方針を整理した資料

DWHやダッシュボードに関わるシステム運用方針をまとめた資料です。コーディング規約、ファイルの命名規則、各種ファイルの管理方針、クラウドシステムの管理方針、アカウント管理方針などの情報を含みます。社内でデータ分析の文化が根づいてくると、データ分析のシステムは、別々のプロジェクトで並行して運用されることが多くなります。複数のプロジェクトで用いられても、構築したDWHが問題なく使えるように、統一したルールを定め、資料にまとめておきます。

各職種の果たす役割

表6-17　ダッシュボード展開・運用における各職種の果たす役割

職種	重要度	説明
PM	★★★	説明会やBIツール利用のトレーニング、ガイドライン整備や推進担当者の選任など、ダッシュボードが適切に運用されるために必要と考えられることを整理し、運用ルールの設計と共有を行う。ダッシュボード運用にあたっての問い合わせ窓口や改善要望の受付窓口を設定し、現場のダッシュボード利用者をフォローする体制も併せて整備する
BIエンジニア	★★	実装したダッシュボードの使い方や見方を各担当者に共有する。ダッシュボード利用のためのガイドライン整備やトレーニング、アカウントの発行、BIツールのバージョンアップ対応等を実施する
データ アナリスト	★★	ダッシュボード運用中に発生した疑問点や課題に関して、データ分析プロジェクトを立ち上げ、分析を実施する
データ エンジニア	★★	DWHに更新エラーが発生したり、予期せぬデータが発生した際の調査と修正、ロード元のテーブルに変更があった際のメンテナンス、DWHやBIサーバの監視とパフォーマンス・チューニングをする
ソフトウェア エンジニア	★	ロード元のテーブルやシステムに変更があった際に、ダッシュボードへの影響を検討し、データエンジニアと協力して対応する
ダッシュボード 活用部署責任者	★★★	部署のメンバーに対してダッシュボードの利用方法や利用目的などを共有する。部署内でダッシュボードが使用されるように説明会を開催したり、必要なハードウェアを手配する。ダッシュボードの活用にあたっての推進担当者を選任するなど、組織体制の見直しなども検討する。ダッシュボードを活用して適切な意思決定をサポートする

このフェーズで必要な主要スキル

表6-18　ダッシュボード展開・運用で必要な主要スキル

スキル	説明
ダッシュボード導入	説明会やBIツール利用のトレーニング、ガイドライン整備や推進担当者の選任など、現場のメンバーがBIツールとダッシュボードを使えるようにするために、どのような施策が必要かを設計、実施することができる
運用設計	BIツールのアカウント発行や管理に関するルール、問い合わせフロー、ダッシュボード表示項目の追加や修正手順に関して運用方法を設計することができる
BI活用に関するトレーニング	現場のメンバーがBIツールを活用できるように教育することができる
システム監視とメンテナンス	BIサーバやDWHをはじめとしたデータ分析基盤のパフォーマンスを監視し、パフォーマンスが低下した際に処理速度のチューニングを行うことができる。また、BIツールのアップデートやDWHで使用しているシステムのアップデート、DWHの連携先のシステムの仕様変更などが発生した際に、影響範囲を切り分けて対応ができる
ダッシュボードの活用	ダッシュボードからインサイトを獲得し、意思決定のサポートや改善施策や施策の設計に活用することができる。ダッシュボードの情報だけで判断できない場合は、追加で必要な分析を設計することができる

第3部

データ×AI人材になるために必要なこと

第3部では、データ×AI人材になるまで、そしてデータ×AI人材になった後のキャリア構築について解説します。

第7章では、データ×AI人材としてファーストキャリア獲得を目指す方が、どのような手順を踏めばよいか解説します。習得すべき知識やスキルとその学習方法、ロールモデルの探し方、実践的なスキルの種類と習得方法、転職に向けた戦略などを紹介します。

第8章ではポートフォリオに関して、データラーニングギルドで実際に構築したシステムに基づいて解説を行います。未経験から転職をするにあたって、自作の機械学習システムやダッシュボード、分析レポートなどを作成することで、転職を有利に進めることができます。具体的なアウトプットサンプルやコードなども掲載していますので、未経験の方がポートフォリオを作成する上での参考にしてください。また、既にデータ×AI人材として働いている方であっても、他の領域にチャレンジしたり、それぞれの制作物で求められる具体的なアウトプットや考慮すべき点を理解したりするために、活用していただけるはずです。

第9章では、データ×AI人材としてのキャリアをスタートした後の戦略について解説します。技術職のキャリアにおいては、プログラミングなどの技術力を高めるべきなのか、マネジメントなどのビジネススキルを高めるべきなのかといった悩みがつきまといます。また、技術的なスキルを取っても、データサイエンスのスキルを高めるべきなのか、システム開発のスキルを高めるべきなのかといったスキルの組み合わせに関しても悩みがつきません。第9章では、それらに関して、どのような方向性が考えられるのかといった選択肢と、キャリア構築を行う上で考えるべきポイントを解説します。

第7章
データ×AI人材になるためのロードマップ

本章では、未経験〜ファーストキャリアの獲得までに重点を置いて、データ×AI人材になるために必要な手順を解説していきます。それぞれのステップで、学習トピック、学習方法、注意すべきポイントを押さえておくことで、データ×AI人材にステップアップするためのイメージを明確にしましょう。

データ×AI人材になるための7つのステップ

データ×AI人材になるためには、統計学・機械学習に関する知識、ITに関する基礎知識から、Pythonによるプログラミング、ソースコード管理、環境構築、API開発といったエンジニアリングスキルまで必要になります。

それらの技術を学習する環境も、書籍、動画、プログラミング学習サービス、勉強会、スクールと選択肢は非常に多岐にわたります。学習初期は座学中心、学習後期は実践中心と、フェーズごとに最適な学習方法が異なるため、本章ではステップごとに最適な学習リソース、学習方法を解説します。

また、近年急速にデータ系人材を目指している人が増えており、基礎的なスキルを身につけただけでは転職が困難になってきています。基礎的なスキルを身につけることは、転職に必要な第一ステップが完了したに過ぎないのです。データ系職種に転職するためには、具体的に「分析ができる」レベルまでスキルを引き上げ、それをアピールするための方法が必要になってきます。

その方法には、たとえば、分析ポートフォリオの作成、分析プロジェクトへの参加、分析コンペサイトへの参加を通じて実績を作ることなどが挙げられます。

ファーストキャリアの獲得には、自分の過去の経験をどのように活かせるか検討することも重要です。データ分析業務は、これまでに紹介した通り、非常に多岐にわたる領域を担当する仕事でもあるので、既存のスキルが活きることも多くあります。そのため、スキルの棚卸しをし、データ活用の文脈でどのように活かしていくかについて考えることで、転職成功の確率を高めることができます。

これらを踏まえて、本書では以下のステップでスキルアップをすることを推奨しています。

1. 必須となる前提知識をつける
2. 自分に合ったロールモデルを知る
3. 実践的なスキルを身につける
4. 得意領域を作る
5. 経験を示すための実績を作る
6. 転職、社内転職
7. 成果に繋がる実践経験を積む

本章では、これらの内容に関して、どのような人がどのような学習コンテンツを使って、また、どういった方向性でキャリアを考えるべきなのかを解説していきます。

STEP1 必須となる前提知識をつける

データサイエンティストにおいて必須のスキルとは何なのでしょうか。

『データサイエンティストのためのスキルチェックリスト/タスクリスト概説』によれば、データサイエンティストに求められるスキルは、大きく3つのスキルセットに分類されます。「データサイエンス力」「データエンジニアリング力」「ビジネス力」です。データサイエンティスト協会では、これらのスキルを細分化して図7-1のようなカテゴリに分類しています。

スキルカテゴリ一覧							
データサイエンス力	1	基礎数学	27	データエンジニアリング力	1	環境構築	30
	2	データの理解・検証	25		2	データ収集	19
	3	意味合いの抽出、洞察	3		3	データ構造	11
	4	予測*	20		4	データ蓄積	17
	5	推定・検定	7		5	データ加工	15
	6	グルーピング	12		6	データ共有	15
	7	性質・関係性の把握	22			プログラミング	23
	8	サンプリング	5		7	ITセキュリティ	19
	9	データ加工	14		8	AIシステム運用	10
	10	データ可視化	38			項目数	**159**
	11	時系列分析	8	ビジネス力	1	行動規範	16
	12	学習	49		2	契約・権利保護	8
	13	自然言語処理	16		3	論理的思考	18
	14	画像・映像認識	12		4	着想・デザイン	10
	15	音声認識	6		5	課題の定義	11
	16	パターン発見	4		6	アプローチ設計	16
	17	シミュレーション・データ同化	5		7	データ理解	6
	18	最適化	9		8	分析評価	4
		項目数	**282**			事業への実装	7
					9	PJマネジメント	26
					10	組織マネジメント	9
						項目数	**131**
項目数合計							**572**

図7-1 「データサイエンティスト スキルチェックリスト」のスキルカテゴリ一覧
出典：https://www.datascientist.or.jp/news/release20211119/

データサイエンス力では基礎数学や予測、推定・検定、グルーピング、サンプリングといったスキルが、データエンジニアリング力では環境構築やデータ収集～データ共有に関するスキルが、ビジネス力では行動規範、契約・権利保護、論理的思考といったスキルが必要とされています。では、どの程度のレベルのスキルが必須となるのでしょうか。

これらのスキルを習得し、活かしていく上で、以下のようなスキルセットが必須といえるでしょう（上記を使用したデータサイエンティスト協会による定義もありますが、こちらは第8章で紹介します）。

- AI・機械学習に関する基礎知識
- 統計に関する基礎知識
- ITに関する基礎知識
- 基本的な思考プロセス

AI・機械学習に関する基礎知識は、AIや機械学習でどんなことができるのか、得意なこと、苦手なことなど、AIや機械学習を適切にビジネスに適用するための基礎や、手法に対する理解があるレベルに到達すれば十分です。

統計に関する基礎知識は、平均、分散、標準偏差、相関、確率分布といった基本的な指標や概念の理解、統計や検定に関しての理解が必須レベルといえるでしょう。

また、データを扱う仕事では、多くのシステムや情報セキュリティなどの領域が密接に関わってくるので、最低限のIT業界の基礎知識も必須です。IPAが主催しているITパスポート程度の知識を押さえておくと最低限の知識は獲得できるはずです。

最後に、データ分析に関する思考プロセスの習得も必須スキルとして挙げられます。物事を論理的に整理して考えるためのスキルである**論理的思考**、データに基づいて仮説と検証を繰り返し理論を発展させていく**科学的思考**、抽象化や手順化など現実問題をコンピュータの扱える問題として整理する**コンピュテーショナルシンキング**の3種類が重要となります。他3つのスキルが知識的な要素だったのに対し、思考プロセスは考え方に関する能力なので、習得における個人差が最も大きいトピックとなります。

それでは、これらの知識、スキルをどうやって身につければよいか、より具体的に解説していきます。

AI・機械学習に関する基礎知識

まず、データ人材として必須となるのは、AI・機械学習に関する基礎知識です。たとえば、本書でも一部解説しましたが、以下のような質問に答えられるようになる必要があります。

- AI・機械学習でどんなことができ、何ができないのか？
- 具体的な事例やユースケースにはどんなものがあるのか？
- AI・機械学習と統計学の違いは何なのか？
- AI・機械学習の活用はどんなステップで進んでいくのか？
- そもそもディープラーニングとは何なのか？

データ人材としてキャリアを構築していくにあたって、これらの質問に答えられるだけの知識を押さえておくことは必須ですが、実装まで必要かというと必ずしもそうではありません。データを収集するデータエンジニアと呼ばれるポジションもありますし、AIや機械学習を既存ビジネスにどのように適用していくのかを考えるビジネス職・営業寄りのポジションもあります。

教師あり学習、教師なし学習、強化学習がどのようなものか、モデルの評価はどのように行うのかなどを押さえておけばOKです。学習にあたって、PythonやRを使った機械学習講座などもありますが、少しハードルが高い方もいるかもしれません。そのような方は、AutoMLと呼ばれる機械学習をGUIベースで自動で行ってくれるようなサービスも存在するので、そういったツールのチュートリアルに取り組んでみるとAI・機械学習の具体的なイメージが掴めるでしょう。

統計に関する基礎知識

続いて、統計に関する基礎知識です。統計の知識があることで、分析結果やデータの読み解きが適切に行えるようになります。最低限の知識がないと、仮にビジネスサイドの職種であったとしても、レポートの不備に気づけなかったり、統計的に適切ではない提案をしてしまったりすることになりかねません。

目安としては、大学基礎課程レベルの統計学の知識を押さえておけば問題ないです。統計検定2級の出題範囲がその内容をカバーしているので、押さえておくとよいでしょう（図7-2）。

統計学の学習は理論の習得が中心になるため、一般的なテスト勉強、資格試験の勉強と同じような学習をする必要があります。資格試験の問題や、統計のテキストについている演習問題などを解きながら、数学の勉強のように学んでいく形が有効です。

ITに関する基礎知識

データ活用プロジェクトでは、最低限のIT知識がある前提で仕事が進みます。持っていて当たり前の知識なので、募集要件などにも特に記載されません。そのため、多くの方が必須スキルとして認識していない状況があります。これらの知識が不足していることで、セキュリティ的な問題を起こしてしまったり、プロジェクトでの会話についていけなかったりということが起こりかねません。

データサイエンティストやデータエンジニアをはじめとする技術職寄りの職種は基本情報技術者レベル、それ以外の職種ではITパスポートレベルのIT知識を基準とするとよいでしょう。図7-3がITパスポートの出題範囲です。

ITパスポート試験では、ストラテジ、マネジメント、テクノロジと3種類の領域に出題範囲が分かれています。データ活用でもどのようにビジネスに役立てるかにおいて、法務やシステム戦略、プロジェクトマネジメント、サービスマネジメントといった領域の理解は避けては通れません。キャリアの初期においては技術的な部分が多いのは確かですが、これらの知識を持っておくことで、依頼者の考えを理解し、意図を汲み取った質の高い仕事に繋げることができます。

2018/12/14

統計検定2級　出題範囲表

大項目	小項目	ねらい	項目（学習しておくべき用語）
データソース	身近な統計	歴史的な統計学の活用や、社会における統計の必要性の理解。データの取得の重要性も理解する。	（調べる場合の）データソース、公的統計など
データの分布	データの分布の記述	集められたデータから、基本的な情報を抽出する方法を理解する。	質的変数（カテゴリカル・データ）、量的変数（離散型、連続型）、棒グラフ、円グラフ、幹葉図、度数分布表・ヒストグラム、累積度数グラフ、分布の形状（右に裾が長い、左に裾が長い、対称、ベル型、一様、単峰、多峰）
1変数データ	中心傾向の指標	分布の中心を説明する方法を理解する。	平均値、中央値、最頻値（モード）
	散らばりなどの指標	分布の散らばりの大きさなどを評価する方法を理解する。	分散（n-1で割る）、標準偏差、範囲（最小値、最大値）、四分位範囲、箱ひげ図、ローレンツ曲線、ジニ係数、2つのグラフの視覚的比較、カイ二乗値（一様な頻度からのずれ）、歪度、尖度
	中心と散らばりの活用	標準偏差の意味を知り、その活用方法を理解する。	偏差、標準化（z得点）、変動係数、指数化
2変数以上のデータ	散布図と相関	散布図や相関係数を活用して、変数間の関係を探る方法を理解する。	散布図、相関係数、共分散、層別した散布図、相関行列、みかけの相関（擬相関）、偏相関係数
	カテゴリカルデータ	質的変数の関連を探る方法を理解する。	度数表、2元クロス表
データの活用	単回帰と予測	回帰分析の基礎を理解する。	最小二乗法、変動の分解、決定係数、回帰係数、分散分析表、観測値と予測値、残差プロット、標準誤差、変数変換
	時系列データの処理	時系列データのグラフ化や分析方法を理解する。	成長率、指数化、幾何平均、系列相関・コレログラム、トレンド、平滑化（移動平均）
推測のためのデータ収集法	観察研究と実験研究	要因効果を測定する場合の、実験研究と観察研究の違いを理解する。	観察研究、実験研究、調査の設計、母集団、標本、全数調査、標本調査、ランダムネス、無作為抽出
	標本調査と無作為抽出	標本調査の基本的概念を理解する。	標本サイズ（標本の大きさ）、標本誤差、偏りの源、標本抽出法（系統抽出法、層化抽出法、クラスター抽出法、多段抽出法）
	実験	効果評価のための適切な実験の方法について理解する。	実験のデザイン（実験計画）、フィッシャーの3原則
確率モデルの導入	確率	推測の基礎となる確率について理解する。	事象と確率、加法定理、条件付き確率、乗法定理、ベイズの定理
	確率変数	確率変数の表現と特徴（期待値・分散など）について理解する。	離散型確率変数、連続型確率変数、確率変数の期待値・分散・標準偏差、確率変数の和と差（同時分布、和の期待値・分散）、2変数の共分散・相関
	確率分布	基礎的な確率分布の特徴を理解する。	ベルヌーイ試行、二項分布、ポアソン分布、幾何分布、一様分布、指数分布、正規分布、2変量正規分布、超幾何分布、負の二項分布
推測	標本分布	推測統計の基礎となる標本分布の概念を理解する。	独立試行、標本平均の期待値・分散、チェビシェフの不等式、大数の法則、中心極限定理、二項分布の正規近似、連続修正、母集団、母数（母平均、母分散）
		正規母集団に関する分布とその活用について理解する。	標準正規分布、標準正規分布表の利用、t分布、カイ二乗分布、F分布、分布表の活用、上側確率点（パーセント点）
	推定	点推定と区間推定の方法とその性質を理解する。	点推定、推定量と推定値、有限母集団、一致性、不偏性、信頼区間、信頼係数
		1つの母集団の母数の区間推定の方法を理解する。	正規母集団の母平均・母分散の区間推定、母比率の区間推定、相関係数の区間推定
		2つの母集団の母数の区間推定の方法を理解する。	正規母集団の母平均の差・母分散の比の区間推定、母比率の差の区間推定
	仮説検定	統計的検定の意味を知り、具体的な利用方法を理解する。	仮説検定の理論、p値、帰無仮説(H_0)と対立仮説(H_1)、両側検定と片側検定、第1種の過誤と第2種の過誤、検出力
		1つの母集団の母数に関する仮説検定の方法について理解する。	母平均の検定、母分散の検定、母比率の検定
		2つの母集団の母数に関する仮説検定の方法について理解する。	母平均の差の検定(分散既知、分散未知であるが等分散、分散未知で等しいとは限らない場合）、母分散の比の検定、母比率の差の検定
		適合度検定と独立性の検定について理解する。	適合度検定、独立性の検定
線形モデル	回帰分析	重回帰分析を含む回帰モデルについて理解する。	回帰直線の傾きの推定と検定、重回帰モデル、偏回帰係数、回帰係数の検定、多重共線性、ダミー変数を用いた回帰、自由度調整（修正）済み決定係数
	実験計画の概念の理解	実験研究による要因効果の測定方法を理解する。	実験、処理群と対照群、反復、ブロック化、一元配置実験、3群以上の平均値の差（分散分析）、F比
活用	統計ソフトウェア の活用	統計ソフトウェアを利用できるようになり、統計分析を実施できるようになる。	計算出力を活用できるか、問題解決に活用できるか

図7-2　統計検定２級出題範囲表
出典：https://www.toukei-kentei.jp/about/grade2/

分野	大分類		中分類	
ストラテジ系	1	企業と法務	1	企業活動
			2	法務
	2	経営戦略	3	経営戦略マネジメント
			4	技術戦略マネジメント
			5	ビジネスインダストリ
	3	システム戦略	6	システム戦略
			7	システム企画
マネジメント系	4	開発技術	8	システム開発技術
			9	ソフトウェア開発管理技術
	5	プロジェクトマネジメント	10	プロジェクトマネジメント
	6	サービスマネジメント	11	サービスマネジメント
			12	システム監査
テクノロジ系	7	基礎理論	13	基礎理論
			14	アルゴリズムとプログラミング
	8	コンピュータシステム	15	コンピュータ構成要素
			16	システム構成要素
			17	ソフトウェア
			18	ハードウェア
	9	技術要素	19	<2022年4月の試験から> 情報デザイン <2022年3月の試験まで> ヒューマンインタフェース
			20	<2022年4月の試験から> 情報メディア <2022年3月の試験まで> マルチメディア
			21	データベース
			22	ネットワーク
			23	セキュリティ

図7-3　ITパスポート試験の出題範囲
出典：https://www3.jitec.ipa.go.jp/JitesCbt/html/about/range.html

基本情報技術者試験では技術的な要素が増え、プログラミングのスキルも少し必要となってきますが、大きな方向性としてはあまり変わりがありません。知識的な側面が強いため、プログラミングをガッツリ学習するというよりは、IT業界で働く上での知識を網羅的に習得するという側面が強いです。そのため、根気よく繰り返し問題を解いて暗記をしていけば対応できるような内容となっています。

データ×AI人材のベースとなる思考プロセス

データ×AI人材を目指すにあたって、習得が難しいスキルの1つが思考プロセスです。データ活用で必要とされる思考プロセスには、「論理的思考プロセス」「科学的思考プロセス」「コンピュテーショナルシンキング」の3種類の思考プロセスがあります。

統計に関する知識や機械学習構築のスキルを身につけたのに、どのように活用したらよいかわからないという方は、この部分に問題があることが多いです。まず、それぞれどんな思考プロセスなのか解説します。

まず1つ目が論理的思考プロセスです。物事から共通するパターンを見つけたり、ある法則からルールに従って別の法則に理論展開していったり、物事を漏れなく被りなく整理したりする考え方です。具体的には、分析の設計を行ったり、分析結果の解釈を適切に行ったり、資料の構成を整理したりする際に活躍するスキルです。これらのスキルがあることで、物事の構造を正しく把握することができ、分析結果からアクションまでの道筋を立てられるようになります。

続いて、科学的思考プロセスです。これは、データに基づいて、仮説と検証を繰り返して理論を展開するような考え方です。良い仮説とは何なのか、どのような手順を踏めば適切に仮説を検証できるのかといったことを適切に考えるために重要です。データサイエンスはビジネスに科学的な手法を取り入れることでビジネスを加速させる方法なので、科学的思考が必須になります。仮説演繹法をはじめとした推論方法、実験結果の信頼性指標であるエビデンスレベル、ランダム化比較実験（RCT：Randomized Controlled Trial）などの理解が重要となります。具体的には、データ分析を行うにあたっての仮説設計、実験設計などを行う際に活躍するスキルです。

最後がコンピュテーショナルシンキングです。コンピュテーショナルシンキングはプログラミングの基礎となる考え方です。複雑な要素を分解して考える「要素分解（Decomposition）」、共通のパターンを発見して共通化する「パターン認識（Pattern Recognition）」、別々のものをより大きな特徴で捉えて扱う「抽象化（Abstraction）」、繰り返しや分岐などを用いて物事の手順を記述する「アルゴリズム（Algorithm）」の4要素からなります。これらの要素を組み合わせることで、現実の問題をシステムで解決できる問題に落とし込み、実装していくことができるようになります。具体的には、機械学習システムが含まれたシステムの動作を考えるときや、効率良くデータ分析のプログラミングをする際に活躍するスキルです。

これらの思考プロセスは一朝一夕で身につくものではないので、繰り返しの練習が必要です。また、テストのような定量的な判断も難しいので、指導者がいる環境で学習することをおすすめします。

習得までの道のりは険しく、スキルアップに際限がない領域ではありますが、非常に汎用性が高くこの部分のスキルを磨いていればどのような仕事にも必ず活きてくるため、少しずつ身につけていきましょう。

学習方法

それでは、これら必須の知識やスキルをどのように身につけていけばよいのでしょうか。

近年ではデータサイエンスの学習環境も整ってきており、様々な学習リソースから自分に合ったものを選択することができます。以下で紹介する内容を複数試してみて、最も効率良く学習できる学習リソースを選択するとよいでしょう。

この、知識の習得フェーズは、基本的に座学中心の独学で大丈夫です。学生が行うような学習と演習の繰り返しで知識の習得を確認していきます。座学中心で学習するにあたって、活用できるリソースとしては初心者用の入門書・教科書などの書籍、MOOCと呼ばれるオンライン講座、資格試験を目指した学習などが挙げられます。

教科書を用いた学習

最もベーシックで、慣れ親しんでいる方が多い方法が、この教科書を用いた学習です。書籍を選ぶ際に注意したいのは、現在の自分のレベルに最も適した入門書を選ぶことです。Webの紹介記事などを読んで書籍を選ぶことも多いかもしれませんが、そういったところで紹介をしている方は前提としている数学知識などを豊富に持っていることが多いため、想定している前提知識が違うことがあります。「入門」と書いてあるからといって、十分な数学知識がない方に向けた書籍とは限りません。

そのため、最初の1冊は大型書店である程度中身を見てから購入することをおすすめします。実際に本の中身を事前に確認することで自分に合ったレベル感かどうかを把握することができます。

近所に大型の書店がなく、書店に行くのが難しいという方は、資格試験の標準教科書といったものを活用するのも有効です。資格試験の教科書であれば、前提としている知識や出題範囲が明確ですので、今の自分のレベルに合っているかを把握することができます。

一般的な入門書が難しいという方は、まずは図解や漫画形式で説明されているもの、数式が少ない読みもの形式のものからスタートすると、全体感を掴んだ上で学習を進められるので有効です。どのような書籍からスタートすればいいかわからないという方は、以下のような入門書で初期の学習を進めるとよいでしょう。

- 『Python2年生 データ分析のしくみ 体験してわかる！会話でまなべる！』（森巧尚著、2020、翔泳社）
- 『事例で学ぶ！あたらしいデータサイエンスの教科書』（岩崎学著、2019、翔泳社）
- 『Pythonによるあたらしいデータ分析の教科書』（寺田学、辻真吾、鈴木たかのり、福島真太朗著、2018、翔泳社）

MOOC（Massive Open Online Courses）

統計や機械学習、データサイエンス、コンピュータ・サイエンスなどの大学で教えているような領域を学習するには、MOOCと呼ばれるオンラインの講座も有効です。

実際の大学の講義のようにカリキュラムが組まれており、テストなどに正解することで単元が終了する仕組みとなっているため、スケジューリング、学習目標などの設定が楽にできる点がメリットです。

海外ではCouseraというMOOCサービスが代表的なサービスで、イリノイ大学やデューク大学、スタンフォード大学といった有名大学の講座から、GoogleやIBMといった大企業の講座まで閲覧することができます。英語に苦がない方であれば、非常に多くの講座を受けることができるので、こちらのリソースを活用すれば学習リソースには困らないでしょう。

日本では複数のMOOCサイトをまとめたJMOOC（https://www.jmooc.jp/）を確認することで講座を探したり、講座を公開しているサイトを見つけたりすることができます（図7-4）。初心者向けの講座も多く公開されているので、何から始めたらよいかわからないという方は、このあたりからスタートしてもいいかと思います。

Udemy（https://www.udemy.com/）にも多くのデータサイエンスの動画講義が存在します。SQLや自然言語処理、ディープラーニング、機械学習システムの開発など発展的な内容を扱った講義もあり、初級～上級までの様々な学習コンテンツが揃っています。

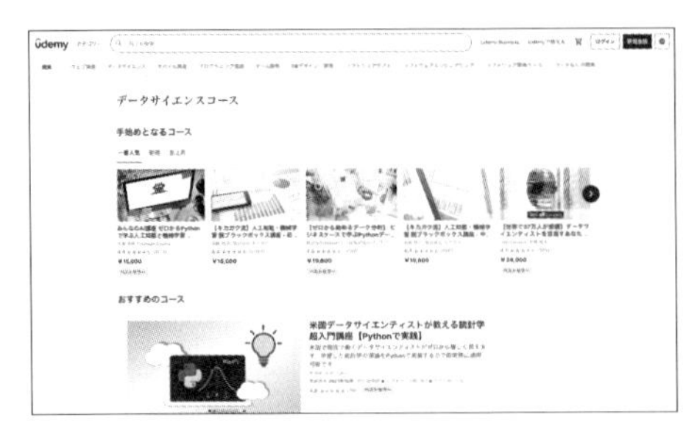

図7-4　Udemy、JMOOCのデータサイエンス、統計、数学に関するコンテンツ

また、MOOCではないですが、YouTubeにも体系的に学習コンテンツをまとめたコンテンツが配信されています。たとえば、予備校のノリで学ぶ「大学の数学・物理」（https://www.youtube.com/c/yobinori）では予備校形式で大学数学に関する講義を行った動画をアップしており、大学の講義を受けるのと同等のレベルで講義を受けることができます。AIcia Solid Project（https://www.youtube.com/channel/UC2lJYodMaAfFeFQrGUwhlaQ）では、機械学習やディープラーニングに関する数理的な解説を行っており、現役のデータサイエンティストにとっても参考になる解説を多くアップしています。

資格試験の学習

必須知識を身につける学習方法として、資格試験の合格を目指して学習するのも有効です。資格試験のメリットとしては、必要な知識が体系的にまとめられて整理されていること、目指すべきゴールが明確であること、試験に合格すれば転職の際に有利になることなどが挙げられます。

具体的には、それぞれの知識、スキルごとに以下のような試験が開催されています。

- IT技術者として必要になる知識
  - ITパスポート試験、基本情報技術者試験

- 機械学習やAIの全体的な知識
  - G検定、データサイエンティスト検定
- 統計に関する基礎知識
  - 統計検定
- Pythonのコーディングスキルに関するスキル
  - Python3エンジニア認定基礎試験、Python3エンジニア認定データ分析試験
- クラウドエンジニアリングに関するスキル
  - Amazon Web Services認定資格、Google Cloud認定資格、Microsoft Azure認定資格

一方で、資格の取得ばかりに気を取られないように注意も必要です。資格の取得はあくまで基礎知識の習得が目的なので、必要な知識を身につけたら次のステップに進みましょう。資格の取得は技術者の知識やスキルを証明するにあたって一定の効果はありますが、実務経験やそれに近しいアウトプットの方が学習効果は高いです。資格を取得したら、習得した知識を活かせるような演習に移っていく必要があります。

STEP2 自分に合ったロールモデルを知る

第2部で解説したように、データ×AIプロジェクトには、データサイエンティスト、データエンジニア、機械学習エンジニア、データアナリスト、BIエンジニア、データアナリストなど様々な職種が関わります。また「データ基盤構築の仕事」という求人の指す職種が、会社によってデータサイエンティストであったり、あるいはデータエンジニアであった

りと、職種の定義が違うという状況も発生しています。そのため多くの初学者がデータ×AI人材の職種理解に苦戦を強いられます。

それに加え、業界ならではの分析手法や分析課題、分析における提供価値を理解し、自分の現在できること、置かれている状況などを考慮した上で、自分の理想とする働き方に繋げるにはどうすればよいのかといったキャリアデザインを行うことで、キャリアチェンジの成功率やキャリアチェンジ後の満足度を高めることができます。高校、大学で数学をしっかり学んできた人とそうでない人、エンジニアとしてプログラミングやシステム開発の知識を持っている人とそうでない人では最適なキャリアデザインも違います。

そこで、キャリアの方向性を指し示す上で重要になってくるのがロールモデルです。自分と似たような背景を持っていたり、理想とする働き方を実現している人がどのような経緯を経て今の働き方に辿り着いたのかを参考にすることで、キャリアに対する理解を深めることができます。では、どのようにしてロールモデルとなる人を見つけ、自分のキャリアデザインに反映させることができるのでしょうか。

ここでは、コンテンツを探す・読む、時系列で個人の情報を集める、実際に会って話を聞くという方法に関して解説をします。

コンテンツを探す・読む

ロールモデルを見つける際に最もわかりやすくシンプルな方法の1つが、ロールモデルとなりそうな人に関するコンテンツを探して読み込むことです。「データサイエンティスト 振り返り」などのキーワードで検索すれば、データサイエンティストの方が書いた記事を見つけることができます。私の運営するデータラーニングギルドでも「データ分析とキャリアデザイン」というアドベントカレンダー[7-1]を作成しているので、そちらを読めばロールモデルとなる人を見つけられるでしょう（https://qiita.

7-1：12月1日～25日の間に順番に記事を執筆してバトンを繋いでいくエンジニアの文化のこと。

com/advent-calendar/2020/data-learning-guild2020)。また、データサイエンティストのインタビュー記事や、データ分析組織を取り上げたストーリー重視の読みものなどもロールモデルをイメージする上では参考になるはずです。

時系列で個人の情報を集める

定期的に情報発信をしている人であっても、上記のように振り返りの記事を書いているとは限りません。また、執筆者が習慣として行っている活動などは、本人にとっては当たり前すぎるために、たとえ重要なことであっても振り返り記事に書かれていないこともあります。そのため、1つの記事を読むだけではロールモデルのイメージを掴むために十分ではありません。定期的に発信している人の情報を時系列で集めることによって、その人がどのような変遷を経て今のキャリアを獲得したのかを理解することができます。

WanteadlyやLinkedInといったキャリア系のSNSであったり、個人ブログのプロフィールなどを見れば個人の経歴を見ることができます。また、ブログの記事やSNSの投稿を見れば学習や興味の変遷を辿ることができます。これらの情報を集めることによって、時系列でキャリアを把握することができるようになります。

文系大学卒の人が理系の大学院卒の人のキャリアを参考にしても、前提知識が全然違うためロールモデルとしては不適切です。そのため、文系大学卒の人は、自分と似た状況にある人がどのような活動を行ったのか、どの程度のスキルがあればそのロールモデルが役に立つのかを、時系列で把握することでキャリアの輪郭を掴むことができるでしょう。

実際に会って話を聞く

上記のような活動を行い、キャリアパスの輪郭が掴めてきたら、自分の描いているロールモデルに近しい人に直接話を聞くというアプローチも有効です。まったく知識がない状況で話を聞きにいっても適切な質問ができないため、これまでに紹介した方法で、ある程度前提知識をつけてから話を聞くのが望ましいです。

身近で人に話を聞けるような環境がないから難しいと思うかもしれませんが、懇親会のある勉強会に参加したり、メンタリングサービスを活用したり、オンラインコミュニティに参加したりすることで現場で活躍する人材から話を聞ける機会は作ることができます。最近ではオンラインでのカジュアル面談なども気軽に実施できるため、そのような活動を行っている企業や個人を探すことができれば現場で働く人から話を聞くことは難しくありません。

ただ、話を聞いてくれる先輩方は、完全に善意でキャリアの質問に答えてくれているという点は理解しておきましょう。最近では初心者でも経験者と交流しやすくなった反面、話を聞くだけ聞いて必要な情報を手に入れたらすぐに去ってしまうような方をよく見かけます。直接その人にお返しをすることができなくても、回答してもらった内容をまとめて記事を作り、他の似たような状況の人に学びをシェアする、実際に教えてもらった内容を実行してみて感想をその人に伝える、勉強会やコミュニティ運営における雑務をサポートする、といった活動で恩返しをすることはできます。そういった活動が目に留まって仕事に繋がることもあるため、短期的に知りたいことがわかればいいと考えるのではなく、自分の所属するコミュニティを一緒に育てていくという意識を持って活動しましょう。

STEP3 実践的なスキルを身につける

基本的なスキルを習得し、ロールモデルを理解したら、次は実践的なスキルを身につけていきます。実践的なスキルは、データ×AI人材としての必須スキルと、プラスαで持っているとよいスキルに分かれます。必須スキルはデータサイエンティストであれば、機械学習モデルの構築、BIエンジニアであればダッシュボードの構築、データアナリストであれば問題設計〜施策提案スキル、データエンジニアであれば、SQLでのデータ抽出・集計が挙げられます。プラスαであるとよいのは、データエンジニアリングスキル、システム開発スキル、顧客折衝能力、ディレクション・PMスキル、コンピュータ・サイエンススキル、マーケティングスキル、IoTセンサデバイスの取り扱いスキル、RPAツールの開発スキルなどです。プラスαであるとよいスキルは多岐にわたるため、自分の目指す職種や業界にマッチするものを見定めて習得していきましょう。

必須となるスキルは、データ系の業務でほぼ間違いなく関わることになる領域です。直接的に関わらない場合でも、その知識とスキルを持っていることでプロジェクトを円滑に進めることができるようになります。プラスαのスキルは、既に持っているスキルの延長線にあるスキルや、業界で重宝されるスキルが該当し、必須スキルに掛け合わせて持っておくことで、人材としての希少価値を一段上げることができるでしょう。ここでは、必須となるスキルとその学習方法を見ていきます。

問題設計〜施策提案スキル

データサイエンスのプロジェクトは抽象度が高く曖昧なので、問題設計～施策提案の領域をサポートする必要があります。問題設計や施策提案のクオリティはかなり実力差が出る部分ですので、最低限まずは一連のフローが回せるレベルまで身につけられればスタートラインとしては十分です。

問題設計では、どのような分析をするかはもちろんですが、どのような背景に基づいてその分析を行うのか、どのようなデータが取得できそうなのか、分析の目的は何なのか、それによってどのような結果を得たいのか、制約条件にはどのようなものがあるのかといったことを整理する必要があります。そして、その設計に基づいて分析した結果から施策提案を行います。

施策提案では、分析結果を適切に伝えるためのドキュメンテーションスキルであったり、施策を利益に繋げるためのビジネススキルが必要です。また、施策の結果を適切に評価するための評価設計も併せて行う必要があります。データ活用プロジェクトでは、これら一連のプロセスを回していくことで改善を行いながら成果を上げていきます。

機械学習モデルの構築

次に、機械学習モデルの構築です。モデルの構築を行うにあたって機械学習の知識は切っても切り離せません。そのため、自分でモデルを構築し、理解できるレベルまで到達する必要があります。具体的には、第3章、第4章で説明した概念実証のプロセスを1人で完結できるようなスキルを習得することが理想です。機械学習モデルの選択、機械学習タスクとしての問題設計、適切なモデルの選択、モデルの構築、モデルの評価といった一連のプロセスを実施できるようなスキルを目指すとよいでしょう。

近年ではAutoMLや分析ツールなども発達しており、これらを用いてモデリングすることも可能になりました。AutoMLツールを活用する場合は、Pythonでの実装が必ずしも必要ではありません。AutoMLツールの発展に伴い、機械学習モデルの構築自体は容易に、短時間で実施できるようになってきています。そのため、機械学習のモデルが構築される理論的な裏付け、どのようにモデルの評価を行うか、結果がうまく出なかった場合の改善方法や特徴量エンジニアリングなど、機械学習モデルを作成し、改善するためのサイクルを回すスキルが今後重要になっていくと考えられます。

ダッシュボードの構築

データ活用における代表的なアウトプットの1つが、重要な指標をリアルタイムで見れるようにするためのダッシュボード構築です。ダッシュボードの構築においては、どのような指標を見るべきかの設計、どのような形で可視化をすればよいかの設計、BIツールによる実装が必要になってきます。DWH作成まで担当する場合は、データの取得、加工、読み込みなどデータエンジニアリングに関するスキルも必要です。

ダッシュボードの構築には、主にBIツールと呼ばれるツールを用います。具体的なBIツールには、Data Portal、Tableau、Power BI、Qlik Viewなどがあります。有償のツールが多いですが、一部の機能は無償で使うことができるので、スキルの習得には無償の範囲で十分です。ギャラリーやサンプルのダッシュボードなどが公開されていますので、それらを参考にして、なぜそのデザインや指標が採用されているのか、しっかりと考察をしてポイントを押さえた上で、BI構築の練習を進めていきましょう。

ダッシュボードの可視化部分に関しては、『データ視覚化のデザイン』（永田ゆかり著、2020、SBクリエイティブ）が参考になります。ダッシュボードのデザインを深く学習したい方は参照するとよいでしょう。

SQLスキル

データの利活用プロジェクトにおいて、一番利用頻度が高い技術スキルがSQLによるデータベース操作です。SQLを用いてデータを抽出、集計するスキルはデータ×AI人材の必須スキルです。分析を行う際には、一般的なシステム開発とは違ったSQLの書き方が必要になってきます。

たとえば、スタースキーマと呼ばれる分析しやすいデータの持ち方や、Window関数やサブクエリを多重にネストするといった処理が多く用いられます。一方でシステム開発に必要な正規化のスキルやトランザクション処理などはそこまで重要ではありません。

そのため、データ分析に特化したSQLのスキルを解説しているコンテンツでの学習をおすすめします。SQLに特化した学習コンテンツとしては、『10年戦えるデータ分析入門 SQLを武器にデータ活用時代を生き抜く』（青木峰郎著、2015、SBクリエイティブ）、『ビッグデータ分析・活用のためのSQLレシピ』（加嵜長門、田宮直人著、2017、マイナビ出版）などの書籍があります。

Googleの提供しているDWHであるGoogle BigQueryでは、広告、経済、医療など様々なデータセットを一般公開して提供しています。これらのデータを活用してSQLの学習を進めることができるため、学習コンテンツや環境がないという方にはおすすめです。

学習方法

実践的なスキルの学習には、基本スキルの習得時と同じようなコンテンツが活用できます。幅広いジャンルの学習ではなく、機械学習、SQLやダッシュボード構築というテーマに絞った具体的な学習が必要になってくるでしょう。

また独学だけでの学習は厳しくなります。プログラミングが関わる学習は、初心者では1日かけても解決できないエラーが、経験者であれば数分で解決することも珍しくありません。また、作成した機械学習のモデルやダッシュボード、分析結果のレポートなどが適切なものであるのかどうか、経験者の目線で判断してもらう必要があります。そのため、実践的なスキルの習得フェーズからは、困ったときに相談できる相手がい

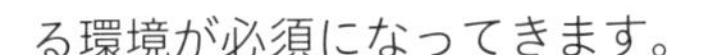

る環境が必須になってきます。

困ったときに聞ける相手を探す方法としては、STEP2と同様に、メンターマッチングサービス、各種コミュニティを活用することができます。ただ、実践的な内容のアドバイスをもらう場合は、メンターがどの程度のスキルや知識を持っているのか、そのアドバイスが妥当なのかを自分で判断しなければいけません。自分の知らない領域で適切なメンターを探すことは困難なため、プログラミングスクールを活用することも選択肢に挙げられます。また、これらの無償もしくは安価で提供されているサービスは、基本的に先輩データサイエンティストの善意によって運営されているので、質問になかなか回答が返ってこなかったり、途中で相談役が辞めてしまったりというリスクもあります。有料のオンラインスクールでは、高額な反面、一定水準以上の講師を揃えているスクールが多いです。

もしスクールを活用する際は、学習カリキュラムも大事ですが、どのようなメンターがいるか、質問しやすい環境があるかの方が大事です。また、メンターやスクールを選ぶ際は、優秀なスキルを持ったデータサイエンティストであっても、他人を指導することに卓越している訳ではないことにも留意しましょう。良きメンターに出会えるかどうかが学習の結果を大きく左右します。スクールを活用したスキルアップは政府も推進しており、経済産業省が認定している「第四次産業革命スキル習得講座」に認定されている講座であれば、最大7割の給付を受けて講座を受講することができます。講座として一定の基準を満たしている講座のみ認定されるので、スクールを検討している方は、こちらの制度に認定されているかを1つの基準にしてもよいでしょう。

STEP4 得意領域を作る

実践的なスキルを身につけたら、その中で興味を持った領域や、自分に適性があると感じた領域を伸ばし、得意領域に変えていきましょう。データサイエンスで必要なスキルは非常に多いので、すべての領域を網羅している人はいません。得意領域を作っておくと、その領域の人材が必要な場合に、採用してもらえることが多くなります。

得意領域の獲得は、分析における得意手法を身につけるというパターンと、得意な分析対象を身につけるというパターンの2軸があります。自分に適した手法や対象を見定めて専門性を作っていくとよいでしょう。ここでは分析手法と分析対象を紹介しますが、データエンジニアであればデータパイプライン構築、BIエンジニアであればBIツール構築などを得意領域とすることが考えられます。

分析における得意手法

分析における手法には、たとえば、自然言語解析、時系列解析、因果推論、効果検証、音声認識、画像認識といったものが挙げられます。特定の種類のデータを扱う手法であったり、特定の用途で使われる手法であったりと、それぞれの用途に合わせた専門領域があります。

先進的なデータ活用を行っている企業や、AIソリューションを提供している企業などは、前述した基本的な分析を行った上で、これらの専門的な手法を用いてデータ解析を行っています。

ここで挙げたような技術領域は実際に実務で使われていることも多いですが、特定の領域の専門的なスキルを持った人は非常に希少です。そのため、その他のスキルが足りない場合であったとしても、特定の領域で専門性を深めていれば、その領域での仕事は見つけやすくなります。実践的な訓練を積んだ後は、特定の解析手法を深掘りしてスキルを伸ばしていくことで、他の人材と差別化できる要因を作ることができます。

得意な分析対象

特定の対象に関する分析に詳しくなるのも、市場価値を高める戦略としては有効です。ここでいう対象とは、たとえば特定の業種や、特定のデータ形式などを指します。データ分析では、様々なデータを取り扱うことになるのですが、似たデータ形式であれば同じ分析アプローチが取れることが多いです。

そのため、特定のデータ形式に慣れていると、その形式のデータ分析を効率良く実行できるようになります。たとえば、顧客の行動データ、売上データには、代表的な分析方法であるRFM分析や行動経済学に基づいたユーザー行動の分析などができると重宝されます。一方で、センサデータなどを使って工場の分析を行う場合は、センサの特徴、生産ラインに関する知識、製造機器に関する知識などを踏まえた分析を行うことで良い分析結果を得ることができます。

データ構造という側面でも、テーブルデータ、画像データ、テキストデータ、グラフ構造データなど、それぞれのデータで前処理の方法や分析アプローチがまったく変わってきます。実際に現場で働いているデータサイエンティストの方であっても、これらすべてのデータに対する扱い方を知っている訳ではありません。そのため、得意な分析手法や分析対象を持つことで、未経験のポテンシャル採用を超えた評価で、データサイエンティストのキャリアをスタートさせることができます。

学習方法

このフェーズからは、専門性が高くなるため、専門領域の学習に相応の環境を整えていかなければなりません。

専門領域の学習では、実践というより知識習得のフェーズに戻るような部分もあるため、専門書をじっくり読み込んで理解を深めるような形で習得できる場合もあります。機械学習の基本的な考え方に基づいて理論が展開されているので、解説がわかりやすい専門書を1冊読むことで独学も十分に可能です。特に、複雑な理論などは数時間かけて1つの数式を理解するような場面もあるので、独学とメンタリングのバランスは自分に合ったやり方を設計していくべきでしょう。

学習を進めるための選択肢の1つが、勉強会です。画像解析や時系列解析といった、メジャーな領域であれば、定期的に何かしらの勉強会が開催されているので、勉強会の募集サイトやイベントサイトなどで一緒に勉強する仲間を募集してもよいでしょう。機械学習、統計に関する最低限の知識は習得している前提の参加者が多いので、苦戦しつつも意見を出し合いながら学習を進めていくことができます。ただし、複雑な理論を勉強会の時間だけで理解するのは難しいため、理論の習得は専門書での学習に重きを置くことは注意した方がよいでしょう。勉強会は、学習領域の活用事例収集や疑問点の解消、学習モチベーションの維持などに活用しましょう。

また、コンペサイトなどで開催されている、もしくは過去に開催されたコンペに参加することも有効です。参加者が多いコンペであれば、その問題をどのように考え、どのようにアプローチしたかの解説記事が公開されていることも多いので、分析コンペを学習リソースとして活用するという手もあります。

得意な分析対象を伸ばしていくのには、今働いている職場のデータを用いてデータ分析を行うのも有効です。自分の働いている最も身近な領域だからこそわかることも多くあるはずです。そうした身近なデータを分析することでデータの利活用に対する肌感覚を育てていくことができるのです。

STEP5 経験を示すための実績を作る

ここまでの準備ができたら、データサイエンティストになるためのスキル習得は十分です。具体的な経験を示すための実績を作っていきます。データサイエンティストとしての転職を目指す上での実績としては、代表的なものとしてポートフォリオ、分析コンペ、実務経験が挙げられます。

第8章にて詳細に説明しますが、ポートフォリオとは、成果物そのもの、及びその作成に至るまでの検討事項や思考プロセスなどを効率良く共有できるアウトプットを指すことにします。分析レポート、APIサービス、ダッシュボード、パイプライン構築などがあります。実際に分析の実務で作成する成果物と同等のアウトプットを作成することで自分のスキルを示すことができます。

分析コンペは、代表的なものだとKaggleやSIGNATEなどがあります。現役のデータサイエンティストも参加しているコンペで入賞をすることで、機械学習モデルの構築において一定のスキルを示すことができます。

そして、最も経験として評価される実績として、実務経験に勝るものはありません。可能であるなら、現職でデータ分析に取り組める機会を作り出しましょう。案件獲得の難易度は正社員より高い場合もありますが、副業でデータ集計の仕事を手伝うなどでも実務経験を積むことができます。金銭的に余裕があり、年齢的にまだ若い方であれば学生、社会人問わずインターンシップのような形で経験を積むこともできます。

ここでは、それぞれの実績を作る際のポイント、どのような点に気をつけるべきかを解説します。

ポートフォリオ

ポートフォリオの構築でよくある失敗例が、「プログラミングスクールの課題で作ったポートフォリオを個人のポートフォリオとしてそのまま共有してしまう」というものです。スクールで作ったポートフォリオ自体が悪い訳ではないのですが、ポートフォリオの構築においては、見る人が興味を持ちそうな問題を設定し、解き方を考え、解いた結果をレポート化／システム化することが重要です。そのため、スクールに教えてもらいながら作るだけのポートフォリオでは、問題設定の妥当さ、システム設計の妥当さを評価することができません。そして、ポートフォリオの詳細な部分に突っ込まれたら言葉を濁すなんて事態にもなりかねません。

上記のような理由から、仮にポートフォリオの内容や見栄えが多少悪かったとしても、自分で試行錯誤を繰り返しながらポートフォリオを構築することが重要です。また、そのポートフォリオの作成にあたって、うまくいったこと、試行錯誤したこと、うまくできなかったこと、今後どのように課題を解決していくべきかといった、振り返りを行っていることが重要です。最初からすべてうまくできる人なんていません。自分の頭で問題に取り組んで、振り返って、次の取り組みではそれを改善して取り組むことができる、その過程で成長していける人材を企業は求めているのです。

分析コンペ

分析コンペの入賞は、近年転職に非常に高い意味を持つようになってきました。データ分析コンペで入賞すれば、データ分析者の転職において、未経験、中途問わず実績として評価されることも多いです。分析コンペに取り組むにあたって、「自分の頭で考えて回答を導き出す」ということは非常に重要です。というのも、Kaggleなどの分析コンペは現在行われているコンペで良い成績を出すことができるソースコードが提供されており、機械学習モデルのパラメータを少し変えてしまうだけで入賞できてしまうこともあります。

分析コンペでの実績は、リスクが大きい部分もあります。適切なアプローチで経験を積めていたとしても、コンペで入賞できた場合と入賞できなかった場合では大きく印象が変わってきます。長いコンペでは3ヶ月ほどの期間をかけて取り組むこともあるので、仮に入賞できなかった場合、再度3ヶ月かかるコンペにチャレンジする必要が出てきます。短期間で成果を出して転職を成功させたいという場合には、他の方法で実績を作るとよいでしょう。

分析コンペでの実績を転職に活かせるようにするには、「◯◯のコンペでメダルを取りました。上位の解法は◯◯で、自分なりの工夫は◯◯、このコンペで◯◯ができるようになった。」といった自己分析ができるかが重要になってきます。上位入賞者は解法を公開することも多いため、その解法を振り返ることで理解を深めることができます。多くのコンペ上位者は、このような解法を参考にしながら、毎回コンペ後の振り返りを行っています。コンペ上位者の解法を学習することによって、その機械学習の最新の傾向を学ぶことができ、実務に活かせることも多くあります。

複雑なコードをコピペして動かすだけではなく、そのコードではどのような工夫をしているのか理解した上で改善できているのかも転職時の評価ポイントになります。コンペに取り組んでいると、スコアが上がった、下がったに一喜一憂する部分もあるとは思いますが、より本質的なモデルの理解と、そこからの学びを優先して取り組みましょう

実務経験

もし可能ならば、実務経験を積める環境に身を置くのが実績作りにおいてはベストです。目的を持って実務に取り組み、試行錯誤した経験に勝るものはありません。そのための方法としては、今いる現場での実務経験、副業、インターンシップなどがあります。

上記のうち、最も取り組みやすいのは、現在の仕事にデータ分析の業務を組み込む方法です。ほとんどの企業では、何かしらのデータを扱っているはずです。社内には、売上の記録データ、社員の業務記録、タスク管理ツールへのタスク登録履歴、営業の結果データなど、ありとあらゆるデータが存在しています。そのため、オフィスワーカーであればデータの取得自体は難しくありません。そして、組織やチームの現状を把握しきれておらず悩んでいる管理職は多いはずです。通常業務にプラスしてデータ分析の業務を提案してみると、案外OKを出してくれるかもしれません。機械学習を使って劇的な改善を目指すことももちろん重要ですが、データ活用による現状把握と適切な改善案の提案もデータ活用において重要な仕事です。それをしっかりやりきることで、転職時の評価が上がることは間違いありません。

筆者のコミュニティ運営、スクール運営の経験に基づくと、「まずは副業で経験を積みたい」と考える方も多くいます。しかし副業となると、未経験の状況で獲得できる仕事は限られています。理由としては、技術的な問題、採用と教育のコストメリットが合わないという側面があります。技術的な側面では、機械学習関連の副業を未経験で獲得するのはほぼ不可能と考えておいてよいでしょう。高度な数理的知識が必要になるため、企業側のリスクが大きすぎるのです。また、機械学習を扱うようなプロジェクトは長期的になりやすく、プロジェクトが終わったとしても実装したロジックの詳細を実装者に確認するということも多々あります。そのため、副業で経験を積む場合は、ダッシュボードの一部分の実装や、集計、可視化の人手不足を解消するような業務、クローラーなどを実装して必要なデータを収集してくるプログラムの開発などが中心になるでしょう。

採用のコストメリット的な側面では、僅かな業務依頼であっても企業側にとっては、副業サイトなどへ要件を掲載し、面談を行い、業務の依頼をし、不明点をすり合わせする、という作業が必要になります。特に未経験の方の場合、教育コストも高くなってしまうので、副業に出すより自分でやってしまう、もしくは社員として採用するという選択肢が優先されがちです。そのため、コミュニティなどで交流があり、ある程度スキルレベルがわかっている人への副業依頼という形や、十分なスキルが証明できる成果物の提出がセットで求められるなど、副業案件の獲得には、正社員としての転職より工夫が必要だと考えてよいでしょう。

学生に関しては、インターンシップを経て内定をもらうという形も少なくありません。社会人インターンを募集している企業は多くはありませんが、アルバイトや業務委託のような形で現場に入ることができれば、経験を積ませてもらうことができますし、うまくいけばその企業で採用してもらうこともできます。もしインターン先への就職が難しくても、その実績があれば転職する際に有利に働きます。正社員だと厳しいという状況でも、アルバイトや契約社員のような形態であれば採用が可能という企業もありますので、いきなり正社員、いきなりデータサイエンティストという形ではなく、下積みをしっかりと積むような期間を設けるのも選択肢の1つです。正社員としては入れないとしても、スキルの高い人が多くいる現場に入れる可能性もあるので、なかなか実務経験を積めないという方は検討してみてもよいかもしれません。

STEP6 転職、社内転職

STEP1〜STEP5までの手順をしっかりとやりきることができたら、データ人材としてスタートを切るための準備はバッチリです。転職、社内転職を目指して具体的な活動に移っていきましょう。転職活動においては、転職サイトの活用、知人からの紹介、コミュニティ経由での紹介など、様々な選択肢が存在しています。そのいずれの方法においても、適切に需要と供給を把握して狙いをつけること、自分ならではの強みを作ること、自分のレベルに合ったキャリアステップを描くことが重要です。
　また、データ分析に力を入れている企業、これから力を入れていきたい企業は、データ活用を扱う部署を持っている可能性が高いので、そういった部署への配置転換を目指すのも有効な方法です。社内転職のような形ではありますが、他社への転職とはまた違ったアプローチが必要になってくるため、この場合は独自の戦略が必要になってきます。

需要と供給を把握して狙いをつける

　データ人材を目指しているのであれば、データ×AI人材に関する転職に関してもデータドリブンに進めていきましょう。適切に需要と供給を見極めて、競争率が低く、良い経験が積める市場で転職を進めるべきです。代表的な検討要素としては、職種や業務領域、転職する地域、業種や業態といった軸があります。
　まず、職種と業務領域ですが、機械学習モデルの構築を中心に行うデータサイエンティストの市場は非常に競争が激しいです。というのも、データサイエンティストという職種のイメージとして機械学習のモデル構築を業務としてイメージする人は多く、応募者が非常に多い領域となっているのです。そして、データサイエンティストの求人にはコンピュータサイエンス系の学部や物理系の学部といった理系学部の卒業生が応募することも多く、大学院卒、博士卒といった人も多く応募してきます。そのような人材と競争しなければいけないので非常に厳しい戦いとなります。しかし、機械学習を用いた分析は、データ活用全体の一部分であり、実際にはそれ以外の領域で人の手が足りていないことが多いという背景もあります。狙い目の業務としては、データ集計やダッシュボード構築のような、難易度は高くないものの、単純に物量が多い業務が挙げられます。そのような職種は、データサイエンティストのジュニアポジションやデータアナリストといった名前で求人が出ることが多いのでチェックしておくとよいでしょう。また、カスタマーサクセスのようなデータ集計や施策立案を業務の一部として取り組むような種類の職種は、営業職の経験が評価される、職種の認知度が低いため競争率が低いといった理由からビジネスサイドの人材がデータ×AI人材を目指すファーストキャリアにおすすめです。

　地域差に関しては、東京に求人が集中している状況があり、転職サイトでは、東京の求人数が大阪の求人数の10倍以上ということも珍しくありません。地方での求人となると、より一層求人数の差が出てきます。これは東京以外に仕事がないという訳ではなく、東京の企業が東京以外のエリアの仕事も受けているという実態があります。そのため、東京以外のエリアでも需要自体はあるのですが、未経験を育てる体力がないため、東京の企業に発注しているというケースが多いのです。経験者であれば需要があるため、地元で就職をしたいという方も、期間限定で東京やその他都市圏のエリアに拠点を移すことを選択肢に入れてもよいかもしれません。

　業種業態に関しては、SESや技術派遣のような職種の方が、就職に関する難易度は低い傾向にあります。これは、最低限の技術を持っている人を採用し、教育をした上でクライアントに派遣をするようなビジネスモデルとなっているため、人数の確保が重要だからです。このような職場でも、アサインされる現場や、現場で良い上司に巡り会うことができれば、十分にスキルアップをすることができます。また、入社後に社員研修を行うような企業も多いため、実力に不安がある場合は、安心して業務に取り組めるという側面があるでしょう。その反面、アサインされる現場や上司が想像していた環境と異なることもあるため、一定のリスクもはらんでいます。メガベンチャーや大手SIer、大手受託分析企業のようなデータサイエンティストが多く在籍するような企業のデータサイエンス部署に関しては、データ人材にとって働きやすい環境が整っている反面、非常に競争率が高いです。入りやすさとそこで積める経験、入社後のリスクなどを考慮して入社する企業を選んでいきましょう。

自分ならではの強みを作る

転職を有利に進める上で自分ならではの強みを作ることは非常に重要です。STEP4で紹介したような専門領域、得意な分析対象、現職や前職での業務経験などを整理して、他の候補者と差別化を図りましょう。

ファーストキャリアの獲得においては、バランス良くスキルを身につけるより、特定の強みを伸ばすような戦略の方が効果的である可能性が高いです。データサイエンス、エンジニアリング、ビジネス領域のすべての領域で高いスキルを持ったデータサイエンティストは非常に希少で、需要が高いです。そのような人材をロールモデルにして、いろいろな学習に手を出してしまう方も見かけますが、キャリアの初期としてはあまりおすすめできません。というのも、そういった人材はありとあらゆる領域で高いレベルをこなし、足りない人材の穴を埋め、専門家同士のバランスを取れる人材だからこそ重宝されるのです。一方で、バランス良く様々なスキルを身につけて、すべての領域で脱初心者レベルになったとしても、実務経験が足りない場合は実際の業務で活躍できるシチュエーションは多くありません。それであれば、全体のスキルは必要最小限の習得に抑えておき、得意分野に特化した方が企業の求める人材になりやすいです。さらに、得意領域で実務レベルに達しているのであれば、他のスキルが若干足らなくても採用に踏み切るということは間違いなくあります。

たとえば、私が教えている受講生の中で、関西エリアという未経験からの転職が難しいエリアでデータサイエンティストとしての転職に成功した受講生がいます。その受講生は、講座で学んだデータサイエンスの知識と半導体商社で働いていた経験を活かして、製造業を中心に扱うデータ分析受託会社への転職を成功させました。別の受講生では、エンジニアとして働いていた経験、商品企画などを行っていた経験を活かして、顧客に対する分析、提案などを行うカスタマーサクセス職として転職した人もいます。恐らく、スクールで学んだデータサイエンススキルだけでも、過去の経験だけでも転職は成功しなかったでしょう。このように、自分の強みと学習内容を掛け合わせることで、難易度の高いデータ×AI人材への転職を成功に導くことができるのです。

また、データ活用のプロセスにおいても得意な領域は個々人で違うはずなので、自分の強みが活きるような選考プロセスで採用をしている企業を選ぶのも有効でしょう。地頭に自信があり、頭の回転が早いタイプであれば、SPIなどでフィルタリングがあるような企業、レポートとプレゼンテーションに自信があるのであれば、レポート課題がある企業、エンジニア経験があるのであればコーディングテストがある企業といった具合です。データ×AI職種のキャリアにおいてファーストキャリアの獲得は1つの関門となるところですので、自分の強みを最大限活かして転職活動を進めていきましょう。

自分のレベルに合ったキャリアステップを描く

転職活動を始めて募集要件を読んだり、需要と供給に関するリサーチを適切に行ったりすると、データ×AI人材における転職活動の難易度が高いと感じる方も多くいるかと思います。現状として、データ関連職の経験がある人には引く手数多ですが、未経験には非常に狭き門となっています。そのため、自分のレベルに合わせた適切なキャリアステップを描いていくことが重要になります。まったくのIT未経験という状況からであれば、まずはITに関連した会社や部署に転職を行ったり、地方在住で近いエリアに求人がない場合は短期的にでも首都圏への移住を検討するなど、条件を緩和していく必要があります。

副業で副収入を得たり、フリーランスで自由な働き方をしたいという目的でデータサイエンティストを目指される方も一定数いますが、そのような働き方を実現するまでは最低限3〜5年程度の経験が求められます。いきなりフリーランスを目指すのではなく、現在フリーランスとして働いている方や副業を受けている人をロールモデルにし、どのような経験を積んできたのか参考にしながら着実に必要なスキルを身につけておきましょう。

フリーランスや副業に限りませんが、IT系の職種では数年で転職するのが一般的です。そのため、次の会社が最後の会社になる訳ではない可能性が高いです。ダイレクトに、データサイエンティストのような人気で難易度の高い職種に就くのではなく、ワンクッション置いてから転職する、もしくは社内で職種を変えるという選択肢も取ることができます。将来的にどんな働き方をしたいのか、そのために次の会社でどのようなスキルを得たいのかといった視点でキャリアステップを描いていきましょう。

社内転職を目指す

転職とはアプローチが全然違いますが、社内転職という形でデータ×AI人材を目指すこともできます。この選択肢を取るには、所属する会社がデータ活用の取り組みに力を入れている必要がありますが、データサイエンス部、DX推進部といったデータ活用のために発足した部署があれば、その部署に転籍することで経験を積むことができます。他にも、データ活用を活発に行っているマーケティング部や、AIやデータを活用したサービスの開発を行っている部署なども社内転職先の候補となるでしょう。社内転職のメリットは、なんといっても今の会社を辞めるリスクを取らずに職種を変えられることです。大手企業に勤めている方であれば、多くの場合、転職は年収を下げてチャレンジすることになってしまいます。もし社内転職が可能な職場なのであれば、現状を維持したまま新しいチャレンジを進めることができるので、有力な選択肢の1つとなります。

社内転職に関しては社内事情によってまったく状況が変わってくるので、一概に正攻法はありませんが、いくつか気をつけるポイントをピックアップしてみたいと思います。

社内での異動は、大きく分けて、人事異動による部署変更と社内公募による部署変更、チームへのアサインなどがあります。人事異動の場合だと、タイミングが会社によって決められていることが多いため、時期を適切に把握して調整を行っていくことが重要です。現在の仕事で十分に成果を出しているのであれば、部署の変更に承認をもらうのは難しいでしょうから、自分が抜けても大丈夫なように後任育成と引き継ぎを行っておく必要があります。また、異動にあたっては既存の部署と転属先の部署との交渉が行われることなども予想されるため、自部門の決裁者と、転属先の決裁者をしっかりと押さえておきましょう。勉強会や交流会など、社内で交流が持てる場に積極的に参加し、異動に対して口添えしてもらうことができるようになれば、配置転換を有利に進めることができます。すべてのデータ×AI人材に社内調整が必要かどうかは議論が分かれるところですが、データ×AIプロジェクトでは多くの部署間の調整を行うことになるので、練習だと思ってやってみるとよいでしょう。

また、近年DXやデータサイエンスに力を入れ始めた企業で、DX推進室やデータサイエンス部などを新規に発足するような場合もあります。このような場合、一部のメンバーを公募するような形を取ることもあるので、もしそのようなチャンスがあった際は積極的に手を挙げてチャンスを掴みにいきましょう。

STEP7 成果に繋がる実践経験を積む

ここまでのステップで転職、社内転職などに成功したら、本格的に実務に移っていくことになります。実際にデータ分析を始めてみると学習の時点とのギャップが大きく、戸惑う方も多いです。データ分析の演習と実務でのデータ分析の違いをまとめた表が表7-1です。これらの違いを正しく理解して、実務の実態に沿った適切な分析ができるようになることが、データ×AI人材の初心者を抜け出すために重要です。それぞれどのような違いがあるのか簡単に解説します。

表7-1　データ分析における演習と実務の違い

	データ分析の演習	実際のデータ分析
目的	データ分析の理解を深める	分析結果を利益に繋げる
問題設計	取り組むべき問題が明確	問題が定まっていないことも多い
データの準備	データが揃っていることが多い	データを集めるところからスタート
データの質	整ったデータを使うことが多い	データが整っていないことも多い
分析手法	機械学習などの手法を優先して使う	シンプルな手法で実現する方がよい
運用方法	一度分析したら再度使わない	同じプロセスで再度分析することも
報告相手	データ分析の知識が豊富	データ分析の知識がない人にも説明することがある

目的

データ分析の演習の場合、分析に対する理解を深めることがゴールに設定されていることが多いですが、実務では分析結果を利益に繋げるのがゴールです。そのため、実務では明確でわかりやすくアクションに繋がる分析が求められます。

問題設計

データ分析演習の課題は、ほとんどの場合、ある程度取り組むべき課題が決まっています。一方、実務におけるデータ分析では、「そもそも何を分析する必要があるのか？」といった、問題を定義するところからスタートすることもあります。そのため、実務ではビジネス上の課題整理や、機械学習やデータ活用で解決できる問題への置き換えなどが重要になります。

データの準備・データの質

データ分析演習では、データが揃っていることが多いですが、実務では必要なデータがすべて揃っている方が珍しいです。そのため、どこにどんなデータが存在していて、どうやったら取得できるのかを整理するスキルが求められます。

データの質も同様で、演習で用いるような整ったデータは少なく、欠損値や定義が曖昧なデータを整理しながら分析に取り組む必要があります。

分析手法

データ分析のプロジェクトにおいて非常に重要なのが、シンプルな手法で分析を実現することです。機械学習を使っても、単純な集計ベースの方法を使っても似た結果になるのであれば、実装コストや説明コストが低いシンプルな手法の方が、ビジネスメリットが大きいためです。機械学習を覚えたての方は機械学習を使うことが目的になってしまう傾向がありますが、実務では適切な手法を使い分けるスキルが必要になります。

米国のことわざに「ハンマーしか持っていなければすべてが釘に見える」という言葉があります。これは「技術を身につけたら、たとえ意味がなくても使いたくなってしまう」ことを揶揄する表現ですが、キャリア初期のエンジニアが陥りやすい状態であるといえます。「せっかく機械学習を身につけたんだから、今の仕事で使ってみたい」と、必要がないにもかかわらず機械学習のモデルを使おうとしてしまうのです。しかし、必要のない機械学習モデルを構築した結果、まったく運用されないという事例は非常に多いです。そのため、機械学習で解決したい気持ちをグッと抑え、本当に価値のある分析、モデルとは何なのかを考え、必要に応じて技術を使いこなせる市場価値の高い人材を目指していきましょう。

運用方法

学習の段階においては、一度分析したり、モデルを作ったりしたら、その後運用やメンテナンスを行うことはほとんどありません。一方、実務では良い分析結果が出た場合、定期的に同じ分析をしたり、システムに組み込んだりといった運用を行います。そのため、可読性の高いコーディングやデータ更新の仕組みの検討なども必要です。

報告相手

データ分析演習の場合は、データ分析の理解度が高い相手が報告相手になります。しかし実務での報告は、相手が分析に詳しいこともあれば、知識があまりないこともあります。そのため、相手のレベル感に合わせて報告内容をコントロールするようなスキルも必要になってきます。

学習や演習で獲得した知識やスキルを活かしながら、実務との違いを踏まえて適切な分析設計をしたり、分析の環境を整えたりすることで、価値をもたらせるデータ×AI人材に成長することができます。

千里の道も一歩から

ここで紹介したSTEP1〜STEP7までの手順をしっかりとやりきれば、ほぼ間違いなくデータ×AI人材としてのキャリアをスタートさせることができるでしょう。ただし、これらすべてのステップをやりきるのは非常に労力が必要です。STEP1の前提知識の時点で学ぶことが多すぎると感じた方も多いかもしれません。データ×AI人材は、データ分析のスキル、ビジネスのスキル、エンジニアリングのスキルの3種類が求められ、これらは一朝一夕に身につくものではありません。

私がスクールで受講生に教える際には、学習時間の目安として理系出身の方やエンジニア出身の方であれば500時間〜1,000時間程度、文系出身の方の場合で1,000時間〜2,000時間程度の学習時間を確保することを推奨しています。しかし、弁護士、公認会計士、司法書士などにキャリアチェンジする場合も3,000時間以上の学習が必要といわれています。データ×AI人材のニーズはそれらの職種と比べても需要が高く、1,000時間をかけてキャリアチェンジをする価値は十分あるでしょう。

「XXのツールが使える」というような習得が簡単な技術は、すぐに代替されて飽和してしまいます。一方で、データサイエンス、エンジニアリング、ビジネスといったスキルは本質的には変わることがないため、知的生産に関わる職種であればどのような職でも役に立つことは間違いありません。現在、現場でバリバリ働いているデータサイエンティストやデータエンジニア、機械学習エンジニアの方も何もわからないところからスタートしています。1,000時間という学習時間は、1日1時間かければ3年程度、1日3時間かければ1年で達成可能な現実的な時間です。1つひとつ着実にステップを踏みながら、自分だけのキャリアを描いていきましょう。

第8章 データ×AI人材としての転職を決めるポートフォリオ（概要編）

前章で、実績作りの有効なアプローチの1つとして、ポートフォリオ作成を挙げました。本章では、データ×AI人材としてのポートフォリオにどのようなものがあるか、その種類と特徴を解説します。

ポートフォリオとは?

ポートフォリオを作ることで、データ×AI人材としての転職活動をかなり有利に進めることができます。では、この「ポートフォリオ」とはいったい何なのでしょうか？

「ポートフォリオ」という言葉自体に馴染みがない方も多くいるでしょう。まずは言葉の意味を簡単に紹介します。

ポートフォリオという言葉は使われるシーンによって意味が異なります。その中でもクリエイティブ領域では「クリエイターの作成した作品集」を指しますが、本書でも同じ意味合いでポートフォリオという言葉を使用します。

データ×AI人材としての転職活動で利用するポートフォリオに話を戻しましょう。

転職用のポートフォリオでは、データ×AI人材としてのスキルを示す実績や、スキル習得のための学習記録をわかりやすく残しておくとよいでしょう。学習時間、学習方法、その過程でどのような学びがあったか、という成長の記録をまとめておくことで、入社後にどのような形でスキルを身につけてもらえるか、採用側が具体的にイメージできるようになります。

本書で扱う「ポートフォリオ」は上記をベースに、成果物及びその成果物の作成に至るまでの検討事項や思考プロセスなどを効率良く共有できるようなアウトプットを指すことにします。

ポートフォリオをなぜ作るのか

ポートフォリオを作成する目的は、「転職に活用すること」「ポートフォリオ作成を通じて自身のスキルをアップさせること」「データ×AI人材としての価値を上げること」などが挙げられます。本章では特に転職のためのポートフォリオにフォーカスして解説しますが、その他の目的であっても考慮すべき点はほぼ同じです。ポートフォリオの意義を考えるにあたって、データ×AI人材の就職・転職市場を、「就職・転職希望者」と「企業」の視点で考えてみましょう。

データ×AI人材職への就職・転職希望者はここ最近増加しています。競争率が上昇しているため、データ×AI人材への就職・転職を成功させるためには、他の候補者との差別化がより一層重要になっています。

一方で、企業視点では「データ×AI人材が足りない」という話をよく耳にします。国内の多くの企業はデータ×AI人材不足に悩まされています。今後も5Gによる高速通信やクラウドサービスの普及により、これまでより膨大なデータを分析するケースが増えることは容易に予想できます。

データ×AI人材になりたい人が増えたにもかかわらず、企業もデータ×AI人材の不足に頭を抱えている。このミスマッチはなぜ起こっているのでしょうか?

それは、企業が求めているのが**「実課題を解決できる」**データ×AI人材だからです。

そのため、勉強した内容を実務に活かした経験や、実務に近い分析の成果がないと企業が「データ×AI人材として採用したいレベル」の人材にはなれません。

そこで、ポートフォリオ作成が以下のように役立ちます。

- **実際の分析業務に近い経験をし、業務レベルのスキルを身につけられる**
- **自分が「企業がデータ×AI人材として採用したいレベル」であると証明できる**

とはいえ、「データ×AI人材のポートフォリオ」は、あまり一般化されていません。「エンジニア」や「デザイナー」であれば、自身の技術力を示すためによくポートフォリオを作成しますが、それと比較して、データ×AI人材のポートフォリオの事例は非常に少ないといえるでしょう。

実際、基本的な統計学、機械学習、PythonやRのプログラミングを勉強したのはいいものの、次に何をすればいいのかといった悩みをよく聞きます。また、実務に近い実戦形式の学びを得たいが、そういった環境を個人で用意するのが難しいといった声もあります。データ×AI人材の実務に近い経験を得たいならば、一定の規模を持つデータ（さらに何らかの知見を得られる価値のあるデータ）を用意する必要があります。あらかじめ前処理されたきれいなオープンデータは、「実務に近い経験」を求めるならば不向きでしょう。

データ×AI人材に求められる基礎数学やコンピュータ・サイエンスなどの教材は、昨今非常に豊富に取り揃えられているのですが、教材で学ぶレベルと実務で知識を活かすレベルとの間に大きな隔たりがあることが課題となっています。

そこで、本書では、「データ×AI人材に必要な基礎技術を学んだけれど、次に何をすればいいのかわからない」という課題に対するソリューションを提供します。

データ×AI人材のポートフォリオとはどんなものか

では、具体的にデータ×AI人材のポートフォリオとはどんなものかを考えていきましょう。本節では、データ×AI人材の実務内容とそこで求められるスキルを概観し、その中でポートフォリオの題材にできそうなケースを切り取っていきます。

データ分析プロセスから考えるデータ×AI人材の成果や実績、実務を概観する場合は、データサイエンティスト協会スキル定義委員がとりまとめている「スキルチェックリスト」とIPAがまとめている「タスク構造・タスクリスト」が参考になります。

データ×AI人材の業務は、大別すると4つのフェーズで構成されます。

Phase1:企画立案～プロジェクト立ち上げ
Phase2:アプローチの設計～データ収集・処理
Phase3:データの解析～データ可視化
Phase4:業務への組み込み～業務の評価・改善

図8-1は、各フェーズの構成要素と全体の流れをまとめたものです。

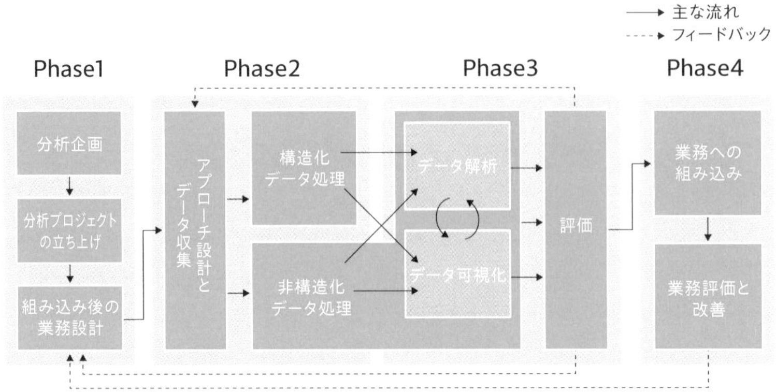

図8-1 ITSS＋で示されたデータサイエンス領域のタスク構造図（中分類）
出典：https://www.ipa.go.jp/jinzai/itss/itssplus.html

上記のプロセスによって出力される具体的な成果物は以下の通りです。

- プロジェクト計画書
- データに関するレポート（収集・説明・調査・品質）
- 整形されたデータセット
- 分析課題の解決に特化した独自性の高い（機械学習を用いた）モデル
- ビジネス課題に対するモデルの性能評価レポート
- データ収集・前処理のためのパイプライン
- データ監視用のダッシュボード

この中で、ポートフォリオに適しているのはどの成果物なのでしょうか。

ポートフォリオに向いている成果物

上で挙げた例の中で、個人の制作が難しいものはポートフォリオには向きません。たとえば、以下のような成果物は、実際のプロジェクトや、実際のビジネスシーンでないと作成が難しいです。

- **プロジェクト計画書**
- **データに関するレポート**
- **フォーマットされたデータセット**
- **ビジネス課題に対するモデルの性能評価レポート**

したがって、データ×AI人材のポートフォリオとして採用しやすいものは以下になります。

1. 分析課題の解決に特化した独自性の高い（機械学習を用いた）モデル
2. 機械学習モデルを用いたWebサービス
3. データ監視用のダッシュボード
4. データ収集・前処理のためのパイプライン
5. 分析レポート

ただし、上記のポートフォリオを作成するためには、第7章で解説した「STEP4：得意領域を作る」までを完了していることが望ましいです。

本章では、具体例を挙げながら、これらの成果物の作り方に関して解説していきます。

良質なポートフォリオを作るには

ここまで、データ×AI人材のポートフォリオ例やポートフォリオを作ることの重要性を説明してきましたが、ただ作りさえすればよいというものでもありません。可能な限り良質なものを作ることが望ましいでしょう。
　一点注意していただきたいのが、結果として出来上がる成果物だけにとらわれないでほしいということです。制作のプロセスやコミュニケーションスキルも、あなたのスキルや素養を判断する上で大切な材料となります。
　したがって、目を引くポートフォリオを作成するだけでなく、その作成過程で何を学んだのか、何を意図して作ったのかといったことを的確に言語化し、面接官に伝えられることも重要です。
　以降では、どういった成果物を作るのが望ましいかを述べていきますが、可能な限り制作プロセスにも注意を払うことをおすすめします。

良質なポートフォリオの定義

　さて、良質なポートフォリオとは何でしょうか？様々な定義が考えられますが、本記事では良質なポートフォリオを「企業が採用したくなるような人材であることをアピールできるポートフォリオ」と定義します。
　では、「企業が（データ×AI人材として）採用したくなる人材」とはどういった人物でしょうか。それは現場で求められるスキルが既にある、あるいは高速で身につけられる素養を持っている人材です。
　もちろん、会社のビジョンへの共感度やチームとのマッチング度合いなども重要な指標になりますが、ポートフォリオ制作との関連性が低いので、ここでは割愛しています。
　現場で求められるスキルは、データサイエンティスト協会が発行している『スキルチェックリスト』（以下、スキルチェックリスト）が参考になります（データサイエンティスト協会の定義する「データサイエンティスト」は広義の意味で扱われているため、本書の「データ×AI人材」とほぼ同じ意味に捉えてください）。
　スキルチェックリストでは、データサイエンティストを「シニア・データサイエンティスト」「フル・データサイエンティスト」「アソシエー

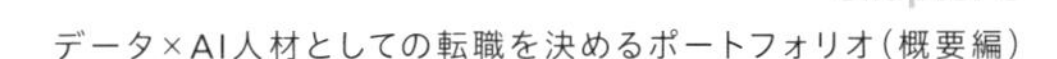

ト・データサイエンティスト」「アシスタント・データサイエンティスト」の大きく4つのレベルに分けています（図8-2）。

図8-2　データサイエンティストのスキルレベル
出典：『データサイエンティストのためのスキルチェックリスト／タスクリスト概説』
https://www.ipa.go.jp/files/000083733.pdf

データサイエンティストへの転職を目指す場合、まず「アシスタント・データサイエンティスト（見習いレベル）」を目標とすることになります。スキルチェックリストでは、各レベルごとにどのスキルをどれだけ持っているとよいか定められています（図8-3）。アシスタントデータサイエンティストになるには、スキルチェックリストの★1つの項目を70%以上満たしていることが求められます。詳細はチェックリストにある通りですが、★1で求められるスキルとしては、第7章で解説したAI・機械学習、統計、ITに関する基礎知識レベルのものが多く含まれます。

スキルレベル		判定基準
① Senior Data Scientist（業界を代表するレベル）	★★★★	–
② Full Data Scientist　（棟梁レベル）	★★★	★★★の全項目のうち、50%を満たしている。
③ Associate Data Scientist（独り立ちレベル）	★★	★★の全項目のうち、60%を満たしている。
④ Assistant Data Scientist（見習いレベル）	★	★の全項目のうち、70%を満たしている。

※「必須スキル」に○がついている項目は、判定基準を満たしていても、この項目が達成されていないとそのレベルとは認められない項目として設定しています。
※ 独り立ちレベル以上のレベルは、下位のレベルを満たしていることが前提となります。

図8-3　スキルレベルの判定基準
出典：一般社団法人データサイエンティスト協会『スキルチェックリスト』
https://www.datascientist.or.jp/common/docs/skillcheck_ver4.00_simple.xlsx

すなわち（未経験からの転職希望者として）企業の欲しい人材になるには、スキルチェックリストに記載された★1つのスキルを、どれだけ多く保持しているかをアピールすることが重要だといえます。

良質なポートフォリオ作りで意識すべきポイントまとめ

とはいえ、すべてのスキルについて、逐一「このスキルをアピールするためにはどうするか」などと確認しながら、ポートフォリオ制作に取り組むのは現実的ではありません（2022年5月現在、スキルチェックリストver4.00において、アシスタント・データサイエンティストに求められるスキルは185個掲載）。

そこで、本項では、アシスタント・データサイエンティストに求められるスキルをベースに、「そのスキルを持っている」と評価してもらうために、最低限どういった点に注意してポートフォリオ制作や面接に臨むとよいかをまとめました。

このまとめを参照すれば、全スキルを自分で逐一確認するより効率的にポートフォリオ制作を進められるはずです。ぜひご活用ください。ただし、本まとめは最低限押さえておくべきポイントでしかないため、一度スキルリスト全体に目を通すことをおすすめします。

1 ビジネス力

表8-1　ビジネス力のスキル

ポイント	関連するスキルカテゴリ
分析課題の目的やゴールを言語化すること	行動規範／ビジネスマインド
データの捏造・改ざん・盗用をしていないこと	行動規範／データ倫理
個人情報関連の法令に抵触していないこと	行動規範／コンプライアンス
文章が論理的に矛盾なく記述できていること	論理的思考／ドキュメンテーション
分析結果の意味合いを正しく言語化できていること	論理的思考／言語化能力
仮説を持ってデータの観察・分析や仮説検証に取り組み、適切に改善を施すことができていること	ビジネス観点のデータ理解／データ理解 ビジネス観点のデータ理解／意味合い抽出、洞察

2 データサイエンス力

表8-2　データサイエンス力のスキル

ポイント	関連するスキルカテゴリ
統計量の計算、ベクトル・行列の演算、微分・積分の計算を適切な目的のために正しく利用できていること	統計数理 線形代数 微分・積分
予測モデルを作る際は、課題に応じた評価指標を利用できていること、またその意味を説明できること	予測／評価
要素技術を正しい目的に使うことができている（説明できる）こと	全般

（次ページへ続く）

ポイント	関連するスキルカテゴリ
データの前処理（ダミー変数化、標準化、外れ値・異常値・欠損値の変換、除去など）を施していること	データ加工／データクレンジング
データ可視化において、目的に沿ったデザイン（データ量を適切に減らす、データインク比の調整、適切な軸の設定）ができていること	データ可視化／軸出し データ可視化／データ加工 データ可視化／表現・実装技法

3 データエンジニアリング力

表8-3　データエンジニアリング力のスキル

ポイント	関連するスキルカテゴリ
数十万レコード規模のデータベースの定常運用（バックアップ・アーカイブ作成）ができること	環境構築／システム運用
データベースからSQLその他の手段でデータを抽出し、目的に応じたデータセットを作ることができている	環境構築／システム企画
対象プラットフォームに用意された機能やWebクローリング技術を使って、所望のデータをデータ収集先に格納できる（機能を実装できる）こと	データ収集／クライアント技術 データ収集／通信技術
RDB、NoSQLデータストア、オブジェクトストレージなどにAPIを介してアクセスし、情報取得や登録ができること	データ蓄積／分散技術 データ蓄積／クラウド
数十万レコード規模のデータに対して、サンプリング、集計、ソート、フィルタリング処理を実行できること	データ加工／フィルタリング処理 データ加工／サンプリング処理 データ加工／集計処理
小規模な構造化データ（CSV、RDB、JSON、XMLなど）に対して、（ときにはAPIなどを経由して）抽出、加工、分析できていること	プログラミング／基礎プログラミング プログラミング／データインターフェース

ポイント	関連するスキルカテゴリ
Jupyter NotebookやRStudioといった対話型開発環境を用いて、データの分析やレポートを記述できていること	プログラミング／分析プログラム

今後、データ×AI人材の転職市場はより活性化していくでしょう。すると、ポートフォリオを作成する候補者が増加し、これまでなら十分アピールになったはずのポートフォリオも陳腐化し、さらに高いレベルの成果物が求められるようになる可能性が高いです。実際、エンジニアの転職市場でそういった現象が起きています。

本節で述べた「良質なポートフォリオとは何か？」が、他の候補者と差別化できるポートフォリオ作成の一助になれば幸いです。

データ×AI人材のポートフォリオの種類と概要

データ×AI人材職の現場では、プロジェクトのフェーズや課題の内容・目的に応じて、「データサイエンス」「データエンジニアリング」「ビジネス」の3つのスキルを活用し、多種多様な成果物を残すことになります。したがって、データ×AI人材のポートフォリオにも、いくつかの種類があります。

ここでは、データ×AI人材職への就職・転職に役立つポートフォリオの種類とそれぞれの特徴をまとめます。

データ×AI人材のポートフォリオの類型

ここでは、以下の5つの「ポートフォリオに向いている成果物」に関して具体的に解説していきます。

1. 機械学習モデルの作成
2. 機械学習を用いたWebサービスの開発
3. データ監視用のダッシュボード構築
4. データ収集・前処理のためのパイプライン構築
5. 分析レポート作成

各ポートフォリオに関して、それぞれ以下の流れで解説していきます。

- **どんな職種を目指す人に向いているか**
- **アウトプットの形式**
- **アピールしたいポイント**
- **必要な要素技術**

1 機械学習モデルの作成

まず1つ目のポートフォリオ事例が機械学習モデルです。データサイエンスに関するアウトプットを思い浮かべた際に、真っ先に思い浮かぶのはこの成果物ではないでしょうか。

ある特定の問題に対して、予測値や分類結果を返す機械学習モデルの構築です。モデルの構築だけであれば、scikit-learnなどを使って容易に実装できます。そのためポートフォリオでは、適切な課題設定ができているか、データの取り扱いや特徴量エンジニアリング、評価指標は適切かといった、データ分析の一連の流れにおけるアプローチが適切であることをアピールすることが求められます。

どんな職種を目指す人に向いているか

- 機械学習エンジニア
- データサイエンティスト
- データエンジニア[8-1]

機械学習モデルの構築を担当するデータサイエンティストはもちろんのこと、機械学習をサービスに適用する部分を担当する機械学習エンジニアにとっても効果的なポートフォリオとなります。各アルゴリズムの特徴を捉えることで、適切なパフォーマンスチューニングやリファクタリング、システム設計に繋がります。

また、データエンジニアを目指している方は、DevOpsの類似領域であるMLOpsと呼ばれる領域を担当する際に、機械学習モデルの性質を理解しておく必要があります。そのため、掛け合わせの技術として機械学習のモデリングに関する知識を持っていることがプラスに働きます。

アウトプットの形式

機械学習のモデル構築では、機械学習の一連のプロセスに加え「なぜその手法を選択したのか」や「モデリングがスムーズにいかなかった際の試行錯誤の履歴」が重要になってきます。そのため、最終成果物としてのコードに加え、試行錯誤の履歴をレポートとしてまとめておくことをおすすめします。

また、何らかの解決すべき課題をテーマとして決めた上で取り組むことで、その課題に対するアプローチが適切かどうかを示すことができます。そのため、仮の課題でもよいので「XXを解決するための機械学習モデル」というテーマを決めて取り組むのがベターです。

以下に、具体的な成果物のイメージ、共有・展開方法の例を一覧表に

8-1：学習データの収集、再学習などのシステム構築に注力した場合

したものを記載します（表8-4）。

表8-4　アウトプットの形式（機械学習モデルの作成）

具体的な成果物の形の例	共有・展開方法の例
構築したモデルの解説	記事形式でまとめて、オンラインでURLを共有
モデル学習・予測用コード	Jupyter Notebook形式でGitHubに公開
モデルの検証用コード	Jupyter Notebook形式でGitHubに公開
構築したモデルの実行方法	GitHubのreadme.mdなどに記載
構築したモデルの検証結果	記事形式でまとめて、オンラインでURLを共有

アピールしたいポイント

見習いの段階で機械学習モデルを構築する際は、ある程度、予測問題まで落とし込まれた状況で着手できることが多いでしょう。しかし、独り立ちレベルのデータ×AI人材の場合、課題設定〜コードの実装、評価までの一連のプロセスが求められます。

そのため、将来的に一連のプロセスを任せられそうだと思ってもらうことが重要になってきます。以下のようなポイントをアピールできるようすると、評価されやすいポートフォリオを作ることができます。

- 機械学習で解くべき課題設定の妥当性
- 課題を機械学習の問題へ落とし込む際の妥当性
- 実装コードの可読性
- ベースラインとして使うモデルの妥当性
- モデルのチューニングの妥当性
- 利用するデータの前処理の妥当性
- 性能を評価する指標を適切に選択していること
- 設定した問題に対して良い性能を出していること

必要な要素技術を表すキーワード

表8-5　必要な要素技術を表すキーワード（機械学習モデルの作成）

大分類	中分類	キーワード
データサイエンス	データ加工	データクレンジング、特徴量エンジニアリング
	分析プロセス	アプローチ設計
	データの理解・検証	データ確認、データ理解
	機械学習技法	機械学習、深層学習、強化学習、時系列分析
	その他分析技法	自然言語解析、画像・動画解析、音声・音楽解析
データエンジニアリング	環境構築	アーキテクチャ設計
	データ収集	クライアント技術、通信技術
	データ構造	データ構造基礎知識、テーブル定義、テーブル設計
	データ加工	クレンジング処理、集計処理、変換・演算処理
プログラミング技術	プログラミング	Python、R
	ライブラリ・フレームワーク	TensorFlow、PyTorch、scikit-learn、etc...

2 機械学習を用いたWebサービスの開発

2つ目のポートフォリオは、機械学習を用いたWebサービスです。これは、プログラムのロジックに機械学習モデルが組み込まれているWebサービスを指します。

たとえば、文章情報をJSON形式でリクエストすると、文章の要約結果がレスポンスとして返ってくるWebAPIなどが該当します。機械学習モデルを利用する場合は、Web技術を用いるケースがほとんどなので、Webサービスを開発することで機械学習に加えてWebプログラミングの技術も身につけることができます。

機械学習を用いたサービスがベターではありますが、場合によっては、データベースに蓄積されているデータを集計、フィルタリングして返却するようなサービスでもエンジニアリングの能力を示すことができます。機械学習まで手が出ないという方は、まず簡単なデータ返却のAPIなどから取り組んでみるとよいかもしれません。

どんな職種を目指す人に向いているか

- **機械学習エンジニア**
- **データエンジニア**

Webサービスの開発にはエンジニアリングの要素が多く求められるので、機械学習エンジニアやデータエンジニアといった、エンジニア系の職種を目指す方におすすめなポートフォリオです。機械学習に加えて、Webシステム化する際のモデルの更新の仕組みなども検討する必要があるため、機械学習を用いたWebサービスを開発することで、エンジニアリングと機械学習の両方に精通していることがアピールできるはずです。

アウトプットの形式

機械学習を用いたWebサービスでは、サービスそのものが最も重要になってきます。サービスの概要、用途や想定される利用シーンを解説して、サービスの意図をしっかりと理解してもらいましょう。機械学習を用いたWebサービスを構築した際のアウトプット形式の例を以下に記載します。

表8-6　アウトプットの形式（機械学習を用いたWebサービスの開発）

具体的な成果物の形の例	共有・展開方法の例
サービス開発の内容を要約した記事	技術ブログサービスなどに開発内容をまとめ、公開
WebAPIと仕様書	実装したコードをGitHubで公開（WebAPI設計書と使い方をREADMEに記述）
実際に操作できるWebAPI	WebAPIをサーバ上でホスティング

アピールしたいポイント

機械学習を用いたWebサービスをポートフォリオとして選択する目的は、「開発と機械学習のどちらもわかる」ことをアピールするためです。以下のようなポイントを意識すると、魅力的なポートフォリオができるはずです。

- 実際にありそうなユースケースを想定していること
- 使用している機械学習のモデルが適切であること
- 自身で作成した機械学習のモデルを用いてシステムが構築されていること
- 機械学習モデルの更新を考慮したシステム設計になっていること
- モデルを利用しやすいインターフェースになっていること
- わかりやすいAPI設計書を記述していること（OpenAPIの形式に沿っているとなおよい）
- 実装したコードの可読性
- テストコードが必要十分に記述されていること、また妥当なテストであること
- クラウドインフラを用いてWebサービスをホスティングしていること（プロダクション環境を想定した冗長化やパフォーマンスチューニングもできているとなおよい）

- CI/CDパイプラインを構築していること

必要な要素技術を表すキーワード

表8-7　必要な要素技術を表すキーワード（機械学習を用いたWebサービスの開発）

分類	キーワード
データエンジニアリング	データ共有、データ出力、データ展開、データ連携
プログラミング	基礎プログラミング、アルゴリズム、拡張プログラミング、リアルタイム処理
システム開発	Web開発、サーバ構築、API、データインターフェース、Webフレームワーク、マイクロサービス
データベース処理・分散処理	SQL、Pig、HiveQL、SparkSQL（データの規模によって必要可否が変わる）
ITセキュリティ	セキュリティ基礎知識、プライバシー、攻撃と防御手法、暗号化技術

3 データ監視用のダッシュボード構築

ダッシュボードとは一般に、様々な情報を一箇所に集めて、全体をひと目で俯瞰できるようにする機能、あるいはページそのものです。データ分析の文脈では、主に複数のデータソースから情報を取得して、迅速な意思決定を支援するための情報（KPIなど）をひと目で見れるようにデザインしたものを指します。主にBIツールを用いて構築されます。

どんな職種を目指す人に向いているか

- データアナリスト
- データサイエンティスト
- BIエンジニア

BIツールを用いたダッシュボードは、データ活用プロジェクトを推進する上で必須の要素です。データを定期的に更新して表示する仕組みの検討、基幹システムや各種SaaSとの連携、ダッシュボードの閲覧可能範囲の切り分けなどを検討する必要が出てくるため、データ活用の全体像を設計するデータアーキテクトを目指す方にとっても有効なポートフォリオとなります。

また、データサイエンティストの分析結果をもとに重要な指標をダッシュボードに表示するので、データサイエンティストの転職においても分析ダッシュボードがポートフォリオとして有効に働きます。

BIツールの開発、設計を中心に行うBIエンジニアには、作成するポートフォリオはほぼこの一択になるでしょう。

そうはいっても、「何をダッシュボードにすればよいかわからない」という方もいるでしょう。現代はデータを蓄積する手段はたくさんあるので、たとえば以下のような身近にあるデータを使ってみるのも1つの手です。

- 家計簿（アプリやスプレッドシートなどで記録した電子データが望ましい）
- SNSアカウントのフォロワー数の記録
- スマートフォンに記録されているヘルスケアデータ
- 自身の学習時間の記録（アプリなどで記録した電子データが望ましい）
- スマート家電のセンサログ

アウトプットの形式

データ監視用のダッシュボード構築では、作成したダッシュボードが主な成果物となります。ただ、ダッシュボードを見ただけでは、そのデータが集計された意図や、データの定義などはわかりません。そのため、補助書類としてダッシュボードに関する解説用のドキュメントを整備できるとよいでしょう。

表8-8　アウトプットの形式（データ監視用のダッシュボード構築）

具体的な成果物の形の例	共有・展開方法の例
BIツールを用いたダッシュボード	公開したダッシュボードのリンク
ダッシュボード仕様書	ドキュメント編集ツールなどで作成し、リンクを共有
ダッシュボード構築の内容を要約した記事	技術ブログサービスなどにダッシュボード構築における狙いやポイントをまとめ、公開する

アピールしたいポイント

ダッシュボード構築において重要な要素は、大きく分けると配置の色のバランスや図表の選び方といったデザイン面と、ビジネスの状況を正しく把握できる指標になっているかといったビジネス面の2種類です。そのため、以下のようなアピールポイントを意識してダッシュボードを構築するとよいでしょう。

- 適切な図表を用いてダッシュボードが構築されていること
- ダッシュボードにおける必要な情報の可視性、説明文の可読性
- ユーザーの導線に沿った操作性になっていること
- 何を目的としたダッシュボードであるかが明確になっていること
- 目的を達成するために見るべき数値が適切に選定されていること
- 表示されている指標をもとにどのような意思決定に繋がるかイメージできること
- わかりやすい操作説明書があること

必要な要素技術を表すキーワード

表8-9　必要な要素技術を表すキーワード（データ監視用のダッシュボード構築）

大分類	中分類	キーワード
ビジネス	行動規範	ビジネスマインド、データ倫理、コンプライアンス
	論理的思考	MECE、構造化能力、言語化能力、ストーリーライン、ドキュメンテーション、説明能力
	着想・デザイン	データビジュアライゼーション
	課題の定義	KPI、スコーピング、アプローチ設計
	ビジネス観点のデータ理解	データ理解、意味合いの抽出、洞察
データサイエンス	データ可視化	方向性定義、軸だし、データ加工、表現・実装技法、意味抽出
	データの理解・検証	統計情報への正しい理解、データ確認、俯瞰・メタ思考、データ理解、データ粒度
	意味合いの抽出、洞察	因果、認知バイアス、帰納的推論、演繹的推論
データエンジニアリング	データ加工	集計処理、変換・演算処理
	BIツール	Tableau、Looker、DataPortalといったダッシュボード構築機能を持ったツールの操作技術

4 データ収集・前処理のためのパイプライン構築

データパイプラインとは、データ活用・分析システムにおけるデータの流れ、または滞りなくデータが流れるように構築されたシステム自体を指します。

たとえば、Webサービスを運営する事業会社が、アプリケーションログから顧客のインサイトを取得したいとします。

この場合、分析に必要な情報をまとめたり、分析ができる場所を確保するためにデータウェアハウス（以下、DWH）を用意することがあります。

その際に、アプリケーションログ情報から、必要な情報を抽出、適宜変換し、DWHに安定的に取り込める仕組みが必要になります。これがデータパイプラインです。

どんな職種を目指す人に向いているか

- データエンジニア

DWHの構築やデータ連携、自動更新の仕組みを作ることが中心になるデータエンジニア、それより一段高いところで全体の流れを設計するデータアーキテクトといった職種を目指す方に適したポートフォリオといえるでしょう。データパイプラインの構築などは、実務以外で取り組んでいる人が少ない領域ですので、このポートフォリオがあることで他の候補者と大きな差をつけることができるはずです。

とはいえ「何のデータを使えばよいのかわからない」という方もいるかと思います。可能な限り安価に入手可能で、かつ定期的に新しいデータが蓄積されるものがよいでしょう。たとえば以下のようなデータが使えます。

- SNSのデータなど

- その他、APIが公開されているサービスのデータ（「公開　API　一覧」などで検索してみましょう）
- 自宅のスマート家電のセンサログ

公開されているAPIを利用する場合は、くれぐれも利用規約を遵守するようにしましょう。

アウトプットの形式

データパイプラインの構築は、確認のためにサーバへのアクセスなどが必要な部分が多く、実際に動くものを見せづらい側面があります。そのため、アウトプットはどうしても地味になりがちです。実行のステップや使用したデータの詳細、どのような部分で工夫したかなどが伝わるように、ドキュメントをしっかりと書いて伝える必要があります。以下に、具体的な成果物の形の例と共有・展開方法の例を記載します。

表8-10　アウトプットの形式（データ収集・前処理のためのパイプライン構築）

具体的な成果物の形の例	共有・展開方法の例
アーキテクチャ設計書	Excelやスプレッドシートなどで作成し、ファイルやリンク形式で共有
データベース定義書	Excelやスプレッドシートなどで作成し、ファイルやリンク形式で共有
データ加工のフロー図	技術ブログサービスなどにETL処理を行う際の処理の流れを図式化したものをまとめ、公開
データパイプライン構築の経緯を要約した記事	技術ブログサービスなどにデータパイプラインの仕様や使い方、ポイントなどをまとめ、公開
データパイプライン構築の際に書いたコードなど	実装したコードをGitHubで公開

アピールしたいポイント

データパイプラインは、データにおけるインフラを支える重要な機能です。データが更新される仕組みが構築されているのはもちろんのこと、以下のような部分でアピールできるとよいでしょう。

- データ取得、データ蓄積、データ加工の一連の流れが構築できていること
- データを利用する人が使いやすい環境が構築できていること
- データを利用する人が使いやすいデータ形式にデータが変換されていること
- 各処理の実行に活用しているサービスが適切であること
- 目的や必要な性能に応じて適切なサービスを使っていること
- ワークフローエンジンなどを用いてジョブの実行管理が行われていること
- パフォーマンスを考慮した設計になっていること
- データ量が増えた際のスケーラビリティ[8-2]を考慮した設計になっていること
- データの形式が変わった際の対応が検討できていること
- 予期せぬデータが発生した際のリトライ処理や例外処理が考慮されていること
- クラウドインフラベンダーのベストプラクティスに沿った設計ができていること

8-2：日本語では拡張性や拡張可能性などと表現します。扱うデータ量の増大に適応できる能力を指します

必要な要素技術を表すキーワード

表8-11　必要な要素技術を表すキーワード（データ収集・前処理のためのパイプライン構築）

大分類	中分類	キーワード
ビジネス	行動規範	データ倫理、コンプライアンス
データエンジニアリング	環境構築	システム運用、システム企画、アーキテクチャ設計
	データ収集	クライアント技術、通信技術、データ収集、データ統合
	データ構造	データ構造、要件定義、テーブル定義、テーブル設計
	データ蓄積	DWH、クラウド、分散技術、キャッシュ技術、リアルタイムデータ分析、検索技術
	データ加工	フィルタリング処理、ソート処理、結合処理、集計処理、サンプリング処理、クレンジング処理、マッピング処理、変換・演算処理
	データ共有	データ出力、データ展開、データ連携
	プログラミング	基礎プログラミング、データインターフェース、アルゴリズム、拡張プログラミング、データ規模、リアルタイム処理
	データベース処理・分散処理	SQL、Pig、HiveQL、Spark SQL、分散処理技術
	クラウドプラットフォーム	AWS、Azure、GCP、etc...
	ワークフローエンジン	Digdag、Airflow、etc...
	ETLツール	Embulk、Fluentd、etc...
ITセキュリティ	セキュリティ全般	セキュリティ基礎知識、プライバシー、攻撃と防御手法、暗号化技術

5 分析レポート作成

分析レポートとは、分析結果を相手にわかりやすくまとめたレポートです。分析では、何かしらの目的が必ずあります。目的を達成するために、データを探索し、仮説を立て、データを用いて仮説を検証し、検証結果に応じて意思決定をします。

分析レポートは、どういった目的で、何を実行して、何がわかったのか、次にどのようなアクションを取るべきなのか、といった情報をデータ分析の依頼主（主に、意思決定者）にわかりやすく伝えるための手段です。

どんな職種を目指す人に向いているか

- データサイエンティスト
- BIエンジニア
- データアナリスト

アウトプットの形式

表8-12　アウトプットの形式（分析レポート作成）

具体的な成果物の形の例	共有・展開方法の例
分析内容を記述したドキュメントや記事 (JupyterNotebook形式でまとめた場合)	GitHubで公開
分析内容を記述したドキュメントや記事 (PowerPointなどプレゼンテーション形式でまとめた場合)	SlideShareや SpeakerDeckで公開
分析内容を記述したドキュメントや記事 (ブログ記事としてまとめた場合)	自身のブログや技術 ブログサービスで公開

アピールしたいポイント

- 適切な課題設定ができること
- 設定した課題に対して、妥当なアプローチを取っていること
- 妥当な論理展開がなされていること
- 数学的、統計学的に誤りのない展開がなされていること

必要な要素技術を表すキーワード

表8-13　必要な要素技術を表すキーワード（分析レポート作成）

大分類	中分類	キーワード
ビジネス	行動規範	ビジネスマインド、データ倫理、コンプライアンス
	論理的思考	MECE、構造化能力、言語化能力、ストーリーライン、ドキュメンテーション、説明能力
	着想・デザイン	データビジュアライゼーション
	課題の定義	KPI、スコーピング、アプローチ設計
データサイエンス	データ可視化	方向性定義、データ加工、表現・実装技法、意味抽出
	データの理解・検証	統計情報への正しい理解、データ確認、俯瞰・メタ思考、データ理解、データ粒度
	意味合いの抽出、洞察	因果、認知バイアス、帰納的推論、演繹的推論
その他	ライティング	テクニカルライティング

第9章

データ×AI人材としての転職を決めるポートフォリオ（作成編）

第8章では「データサイエンティストに転職するためのポートフォリオ作成」の概略を解説しました。第9章では、実際のプロジェクトを参考に、ポートフォリオ作成ガイドに入ります。

ポートフォリオのベースとなっているユーザー検索基盤を紹介した後に、第8章で紹介したそれぞれのアウトプットに対して具体例を紹介します。

ユーザー検索プロジェクトの紹介

ユーザー検索基盤とは?

ポートフォリオの作成に入る前に、本書で扱うサンプルの分析プロジェクト、「ユーザー検索プロジェクト」を紹介します。

ユーザー検索プロジェクトは、データラーニングギルド[9-1]の中で実際に取り組んでいるプロジェクトです。このプロジェクト内で開発するシステムをユーザー検索基盤と呼んでいます。

ユーザー検索プロジェクトの背景・課題

データラーニングギルドのSlackには約300名のメンバーがいます。日々、様々な分野に関する情報が投稿され、各メンバーの多様なバックグラウンドに基づいた考察や議論がなされています。データラーニングギルドの特徴をまとめると以下のようになります。

9-1：株式会社データラーニングが運営する日本最大級のデータ分析人材のコミュニティ

- データサイエンスに関するコミュニティで、取り扱われるトピックの幅が非常に広い
- 多様な技術的バックグラウンドを持つ約300人のメンバーで構成されている

これにより「誰がどのような技術トピックに詳しいのか、またどのような興味を持っているのかわからない」という現象が起きていました。仮に、任意の技術トピックに詳しいメンバーがわかれば、適切な回答を得られる確率が向上します。また、任意の技術トピックに誰が興味を持っているか把握できれば、勉強会を開くときに勧誘した方がいいメンバーがわかりやすくなる、といったメリットを享受できます。

そこで、「誰がどのような技術トピックに詳しいのか、興味を持っているのかを教えてくれるシステム（基盤）を作る」というユーザー検索プロジェクトが立ち上がりました。

自然言語処理を用いた解決アプローチ

ユーザー検索プロジェクトでは、前節の課題を以下の手順で解決しようと試みました。

- Slackの会話情報からユーザーの発言内容の特性を数値化する
- 任意の技術的な質問文を数値化する
- ユーザーの発言内容の特性と質問文の特性をマッチングする

上記の手段を用いる理由はいくつかあります。分析の視点と学習の視

点に分けて説明します。

分析の視点

- 各メンバーに興味のある技術トピックを挙げてもらう場合、アンケートを取る側も答える側も膨大なコストを要する
- 日々様々な技術トピックに関する議論がなされているSlackの会話情報には、各メンバーの興味のある技術トピックを割り出すための特徴が含まれている可能性が高い

学習の視点

- 自然言語処理に関する学びを得られる
- Slackの会話情報は、ノイズを含んだデータなのでデータ分析の実践演習になる

一般的に「検索」という技術はそれだけで、1冊本が書けてしまうほどに奥深い分野です。本書では、検索技術は深掘りせず、マッチングに利用する特徴量の算出にフォーカスしたいと思います。

以降の節では、このユーザー検索プロジェクトをサンプルとして扱っていくこととします。

ユーザー検索機能の使い方

ここからは、ユーザー検索基盤のロジックにフォーカスして、各種機

能の使い方、システム全体のアーキテクチャや各部の役割を簡単に説明していきます。システムの全体像を把握することで、具体的なシステム構築手段の話にスムーズに入っていけるようにすることが狙いです。

まずは、ユーザー検索基盤を用いた「任意トピックに詳しいユーザーリストの取得」イメージを示します。本記事では、この機能をユーザー検索機能と呼称します。図9-1、図9-2、図9-3のように、Slashコマンドで質問文を入力すると、当該内容に関心のある、または熟知している可能性の高いユーザーの名前がスコアとともに返ってくる機能です。

Slashコマンドとは、Slackに搭載されているカスタマイズ機能の1つです。Slackのチャット画面で「/（スラッシュ）」から始まるコマンドを入力することで様々な処理を実行することができます[9-2]。

本機能は、2つのステップからなります。

1 SlackのSlashコマンドで質問文を投稿する

「/user_search」というコマンドを入力し、引数に質問文（例では、「Pythonに詳しい人は誰ですか？」）を入力しています。

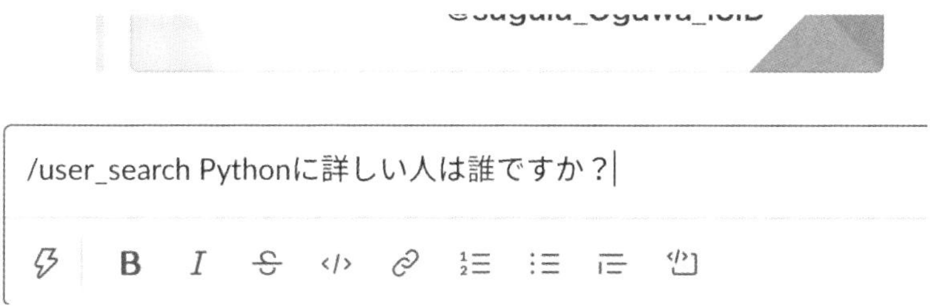

/user_search Pythonに詳しい人は誰ですか？

図9-1　ユーザー検索機能を使った検索イメージ①

9-2：「Slackのスラッシュコマンド」
https://slack.com/intl/ja-jp/help/articles/201259356-Slack-のスラッシュコマンド

コマンドを入力すると、バックグラウンドで処理が実行されている旨のメッセージがBotから返ってきます（例では、「Working on it! 」)。

図9-2　ユーザー検索機能を使った検索イメージ②

2 質問した内容に詳しいメンバーのレコメンド結果がBotから返される

Slashコマンド入力後、しばらくするとレコメンド結果が返ってきます。レコメンド結果の情報は、ユーザーの名前とメンション、おすすめ度を示すスコアから構成されます。

図9-3　ユーザー検索機能を使った検索イメージ③

ユーザー検索ロジックの説明

本節では、ユーザー検索のロジックを説明します。図8-4は、ユーザー検索基盤のロジックを模式的に表したものです。

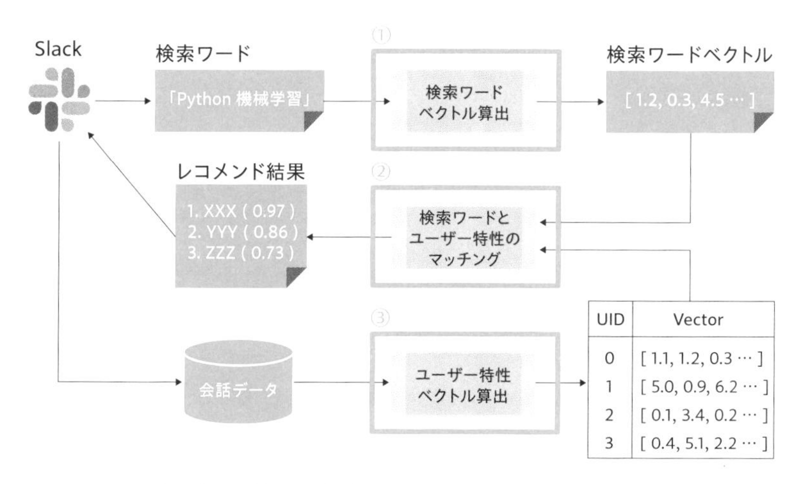

図9-4　ユーザー検索基盤のロジック概要

ロジックのポイントは大きく3つあります。

1. 任意トピックに関する検索ワードの特性ベクトルを算出するロジック（図中①）
2. 検索ワード特性にマッチするユーザーをレコメンドするロジック（図中②）

3.Slackでの会話データからユーザーごとの特性ベクトルを算出するロジック（図中③）

自然言語処理基礎～文章のベクトル化

それぞれのロジックを解説する前に、少しだけ自然言語処理技術の基本について触れておきます。

自然言語とは、私達が日常的な会話や文章作成時に使う言語情報を指します。自然言語処理とは、自然言語を入力として、様々な課題解決を試みる学術分野です。代表的な技術として、形態素解析、構文解析、意味解析、文脈解析などがあります。

文章、つまりテキストデータは、構造化されていないデータです。構造化されていないデータは、四則演算などの数値計算に適用することができず、様々なアルゴリズムの恩恵を受けられません。したがって、構造化され、かつ様々な数値演算アルゴリズムを適用するには、ベクトル情報に変換する必要があります。

機械学習モデルを用いて文章をベクトル化する流れは、おおよそ表9-1のようになります。

表9-1　文章をベクトル化する流れ

ステップ	処理の概要
データセット用意	対象となるデータセットをプログラムで扱える形式で準備します
クリーニング処理	文章に含まれるノイズを除去します。今回のケースにおける代表的なノイズは、スタンプやメンションの文字列なので、そういった文字列を除去します
文章の単語分割	文章を単語ごとに区切ります。ほとんど同じ意味で形態素解析という表現が使われることもあります。形態素解析エンジン（Mecab）など、辞書（IPAdic）を用いて文章を単語に分割します

ステップ	処理の概要
単語の正規化	単語の表記のばらつきを正します。ほとんど同じ意味で名寄せという表現が使われることもあります。文字種の統一、数字の置き換え、辞書を用いた表記ゆれの修正、口語表現の代表化などの処理を行います
ストップワード除去	文章からストップワード（文章の意味理解や特徴抽出に役立たない語）を除去します。代表的なストップワードは、「あなた」「です」「ます」など指示代名詞や助詞といった機能語です
文章のベクトル化	ベクトル化のための手法を用いて文章をベクトル化します。代表的なものでは、単語の出現頻度を単純にカウントしただけのカウントベクタライザーなどがあります

このように、ベクトル化を行う前に、非常に多くのステップが存在します。次からは、ユーザー検索基盤の各モジュールのロジックに触れていきます。

ユーザーごとの特性ベクトルを算出する

ベクトルを算出するための前処理が完了したら、ユーザーごとの会話情報をもとに各ユーザーの特性を表すベクトル情報を算出します。ユーザー検索プロジェクトでは、Doc2Vecというアルゴリズムを用いてベクトル化しています。

Doc2Vecは、GoogleのQuoc Le氏らによって発表された文章を固定長のベクトルに変換するアルゴリズムです。Doc2Vecのアルゴリズムを使うことで、単語を図9-5のように低次元に圧縮することができます。

id	content
0	KaggleやSIGNATEのような感じでファイルを提出した評価値を計算してくれるツールを作りたいと思っています。評価値計算のコア部分以外をNo Codeで作ることはできるのでしょうか?
1	5ヶ月程前の記事ですが、統計的因果推論入門の講義資料が公開されてたみたいですね。コードはありませんが、読みやすいです。
2	Googleといえば、最近英語検索してたときに検索ワードではないにもかかわらず同じ文脈で使われる別のワードが検索結果に出てきてびっくりしました!(studyと検索したら、learnが検索上位に出てくるような)

id	次元0	次元1	次元2	次元3
0	0.3	0.1	0.7	0.5
1	0.1	0.5	0.8	0.1
2	0.1	0,9	0.1	0.3

Doc2Vecを用いてベクトルに変換

図9-5　Doc2Vecを用いて文章をベクトル化するイメージ

Doc2Vecの詳細なロジックは割愛しますが、以下のようなメリットからDoc2Vecによるベクタライズを採用しました。

- **低次元のベクトルに圧縮することができるので、類似度計算を行う際に効率良く計算ができる**
- **ユーザー単位、文章単位でベクトル化を行うことができる**

質問文のベクトル化も、同様に質問文データをもとにDoc2Vecを用いてベクトルの算出を行っています。

質問特性にマッチするユーザーをレコメンドする

質問特性にマッチするユーザーをレコメンドする流れは、図9-6のようになっています。前項のロジックで算出した各ユーザーの特性ベクトルと質問文のベクトルを比較して、類似度が高いユーザーを「マッチ度が高い」と判定するようなロジックで構築されています。類似度の計算後、類似度の高かったユーザーをレコメンド対象のユーザーとして決定します。

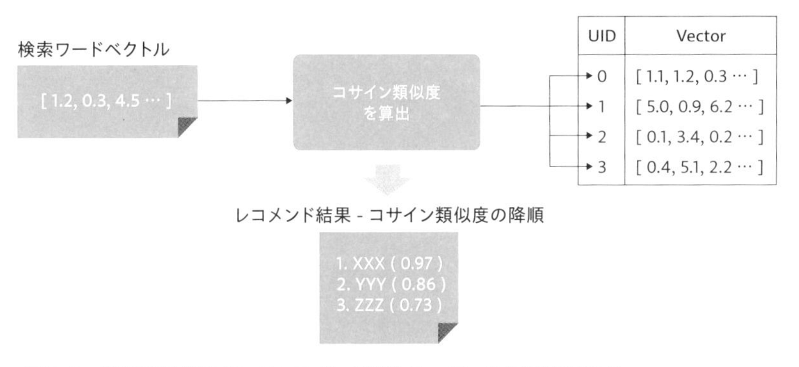

図9-6　類似度計算を行ってレコメンド対象ユーザーを返却する流れ

ユーザー検索ロジックは、このようにユーザーの投稿メッセージと質問文をベクタライズし、それを比較することで実現されています。データの前処理やベクタライズの処理では自然言語処理の理解が、ユーザーのマッチングの部分では類似度計算の理解が、それぞれ必要になります。

ユーザー検索基盤全体アーキテクチャ

前節で解説したロジックをSlackから呼び出せるようにする、ユーザー検索基盤全体のシステムアーキテクチャ図について説明します。

ユーザー検索基盤のアーキテクチャは、大きく「推論モジュール」「ベクトル算出モデル／ユーザー特性ベクトル作成モジュール」という2つのモジュールで構成されます。以降の章で詳細に解説していきます。

システムアーキテクチャ図の基本

ユーザー検索基盤のモジュールの解説に入る前に、システムアーキテクチャ図を見るための準備をしておきましょう（図9-7）。

システムアーキテクチャ図とは、それなりに規模の大きなシステムを構築・運用する際によく使われる可視化手段の1つで、システムを構成する要素の一覧と要素ごとの繋がりを明確にするものです。

システムアーキテクチャ図では、利用するCloudサービスのアイコンを構成要素として利用することが一般的です。そうすることで図の煩雑さを抑えることができるからです。

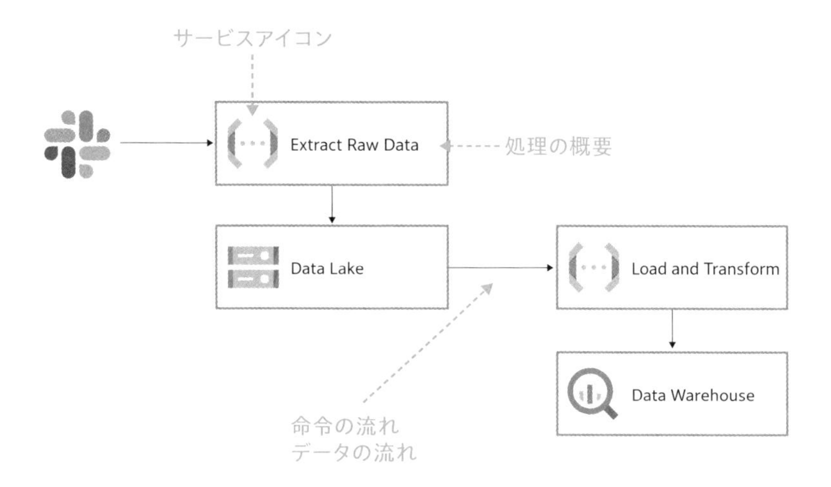

図9-7　システムアーキテクチャ図イメージ

本書では、Google Cloud[9-3]が提供するクラウドコンピューティングサービスを利用して、システムを構築する例を記載します。Google Cloudは非常に多くのサービスを展開していますが、ここでは、本書で利用するサービスについてアイコンと内容を掲載します(表9-2)。

表9-2　本書で扱うGoogle Cloudサービス一覧[9-4]

サービス名	アイコン	サービス概要
App Engine		アプリとバックエンド用のサーバレスアプリケーションプラットフォーム
BigQuery		ビジネスのアジリティを実現し、分析情報を得るためのデータウェアハウス
Cloud Functions		クラウドサービスとアプリ用のイベントドリブン型コンピューティングプラットフォーム
Cloud Storage		安全で耐久性があり、スケーラブルなオブジェクトストレージ
Pub/Sub		イベントの取り込みと配信を行うためのメッセージングサービス

9-3：Google の提供するクラウドコンピューティングサービス群の総称
https://cloud.google.com/

9-4：Google Cloudサービスの説明はhttps://cloud.google.com/productsより引用

推論モジュール

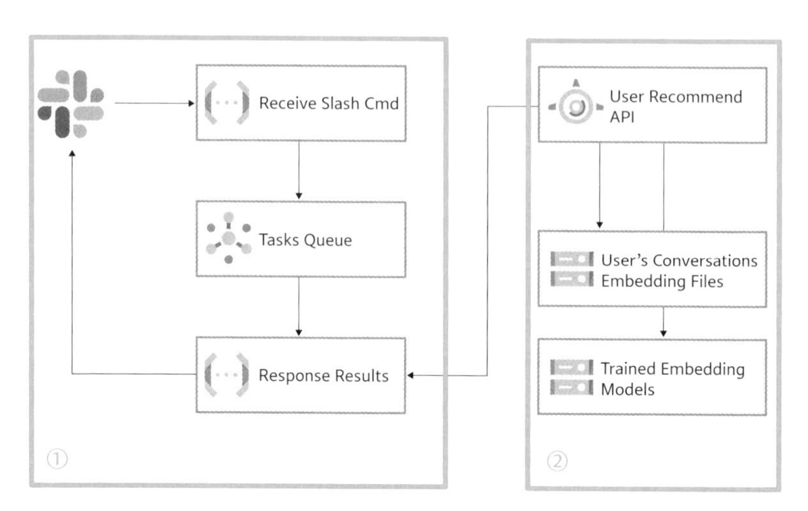

図9-8　推論モジュールのアーキテクチャ図

本モジュールは、ユーザー検索機能を実行したタイミングで動作するモジュールで、大きく2つのグループ（図9-8中①②）に分けることができます。

1 Slackとやりとりする部分

SlackとHTTPリクエスト／レスポンスを介して、直接やりとりする部分です。SlackからのHTTPリクエストを受け付ける**Receive Slash Cmd**とSlackに推論結果をPOSTリクエストで送る**Response Results**が主なパーツです。**Tasks Queue**は、Receive Slash CmdからResponse Resultsに情報を渡すための橋渡し役です。

2 推論処理の核となる部分

前節のロジックに基づいてレコメンドするユーザーを推論する際に核

となる部分です。推論に用いるファイルが2つのオブジェクトストレージ（User's Conversations Embedding Files / Trained Embedding Models）に格納されており、これらを利用して、WebAPI（User Recommend API）がレコメンド結果を返します。

ベクトル算出モデル／ユーザー特性ベクトル作成モジュール

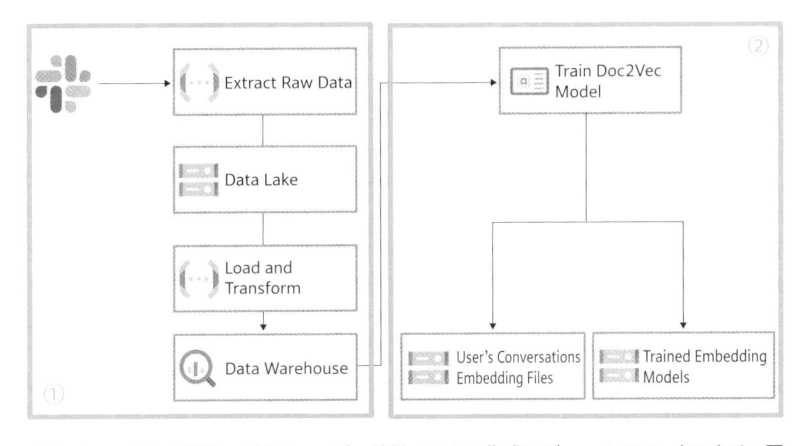

図9-9　ベクトル算出モデル/ユーザー特性ベクトル作成モジュールのアーキテクチャ図

本モジュールは、ユーザー検索機能を実現するための準備をするモジュールで、大きく2つのグループ（図9-9中①②）に分けられます。

1 SlackデータをDWHに取り込む部分

DWHとは簡単にいうと、分析用途に特化したデータの格納庫です。分析に必要なデータを様々な場所（今回でいえばSlack）から適切な周期で取り込み、分析に携わるメンバーがアクセスしやすい場所に公開します。

2 学習の実行及び学習の成果物をアップロードして格納しておく部分

「学習の成果物」とは、訓練済みの機械学習モデル（Trained Embedding Model）と各ユーザーの発言特性ベクトル（User's Conversations Embedding Files）を指します。

DWHから所望のデータをロードし、機械学習モデルの訓練をローカルマシンで実行します。訓練が終わると、訓練済みモデルで（DWHからロードした）各ユーザーの発言をベクトル化し、アップロードします。また、訓練済みモデルもアップロードします。

本節では、ユーザー検索基盤全体のアーキテクチャについて概観を示しました。次節以降で、推論モジュール、ベクトル算出モデル／ユーザー特性ベクトル作成モジュールについて解説します。機械学習が関わる処理のロジックを解説し、より詳細な動作の仕組みを説明します。

推論モジュールの挙動解説

このモジュールでは、Slackから入力された質問文をもとに、適切なユーザーをレコメンドする処理を実現します。処理の流れとしては以下のようになっています。

1.Slackから質問文を送信
2.質問文のベクタライズ
3.ユーザー特性ベクトルで類似度検索
4.レコメンドユーザーをSlackに返信

以降、各ステップについて説明します。

Slackから質問文を送信

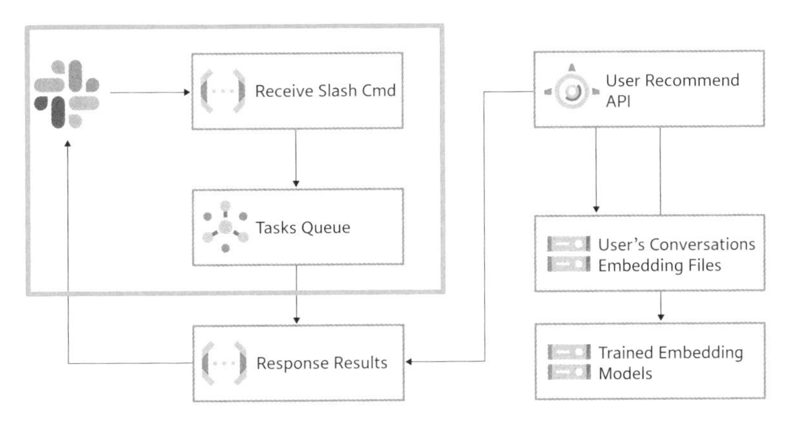

図9-10　Slackからの質問文を受け付ける処理

推論処理のトリガーとなる部分です（図9-10）。以下の4つの処理を実行することで推論モジュールの計算が開始され、処理結果が返ってくるまでSlackを待機させることができます。

1. Slash Command で質問文をシステムに送信
2. Cloud Functions でSlash Commandを受け取る
3. User Recommend APIに推論処理を依頼し、非同期で処理を開始[9-5]
4. 処理が問題なく開始されたか否かをSlackに返す

9-5：実は、Slashコマンドには「3秒以内にレスポンスが返ってこない場合は、タイムアウトエラーになる」というルールがあります。そのため、本関数（図中 Receive Slash Cmd）では、APIの結果を待たずすぐにSlackにレスポンスを返し、レコメンド処理は非同期で実行する必要があるのです

質問文のベクタライズ

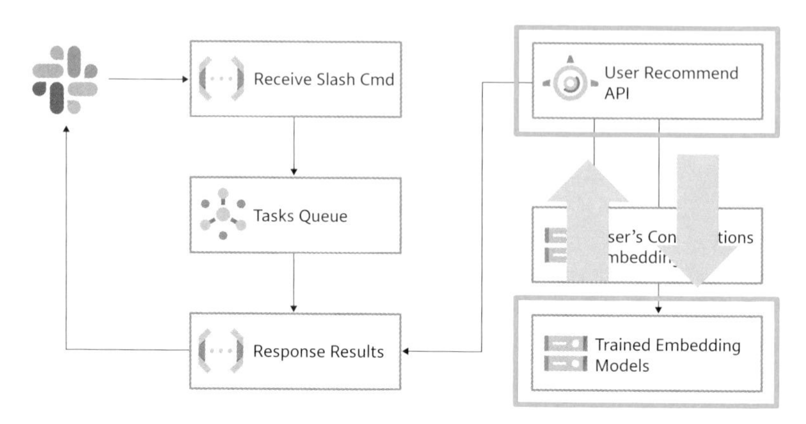

図9-11　質問文をベクタライズする処理

質問文をベクタライズする際には、Doc2Vecの学習済みモデルを使用します（図9-11中Trained Embedding Models）。学習済みモデルは、次節で解説するモジュールを用いて作成したものをストレージに保存しておき、API側から読み込みを行うことで、最新の学習結果をもとに質問文をベクタライズすることができます。

ユーザー特性ベクトルで類似度検索

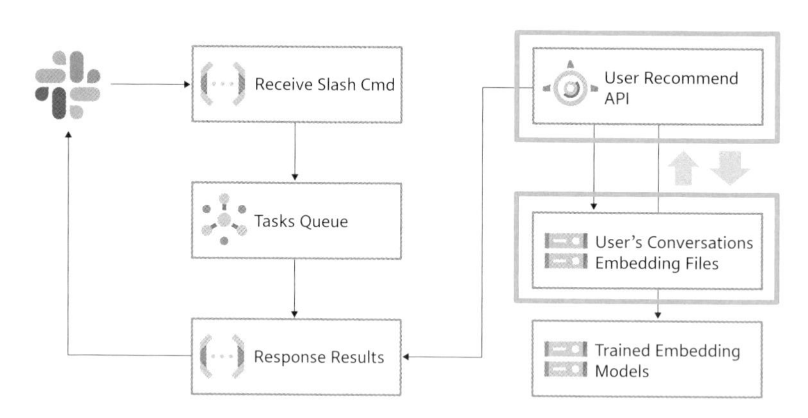

図9-12　ユーザー特性ベクトルを用いて類似度検索を行う処理

質問文のベクタライズが完了したら、作成した質問文ベクトルをインプットとして、ユーザー特性ベクトル群（図9-12中User's Conversations Embedding Files）を検索します。質問文と最も類似度の高い発言をしているユーザーをレコメンド候補としてリスト化します。

レコメンドユーザーをSlackに返信

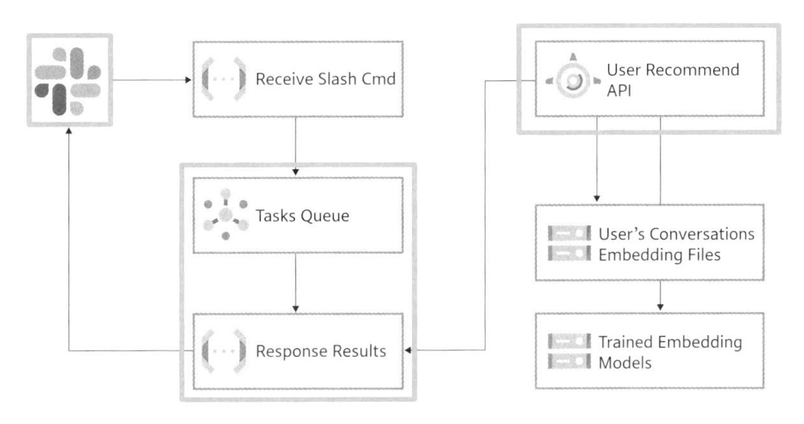

図9-13　類似度検索結果をSlackに返信する処理

前工程で抽出したユーザーのリストをCloud Functionsを用いてSlackに返します（図9-13）。この処理を実行することで、Slack上に質問文に対応したユーザー一覧が表示されます。

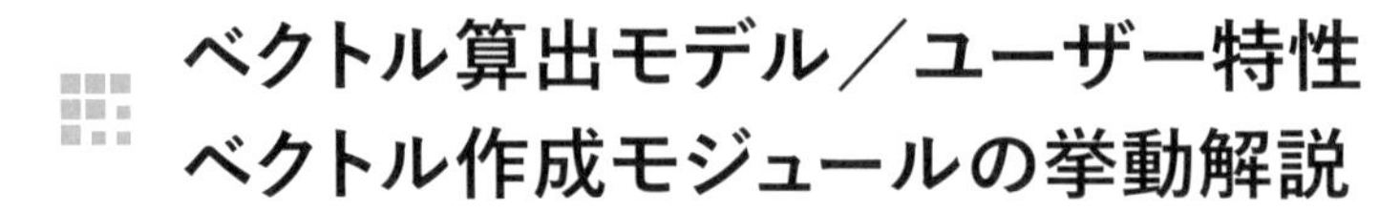

ベクトル算出モデル／ユーザー特性ベクトル作成モジュールの挙動解説

このモジュールでは主に以下の処理を実現することで、ユーザー検索基盤のデータを最新にし、最新のデータに基づいたユーザーベクトル、ベクトル算出モデルを作成します。

1. Slackの会話情報を日次でData Warehouse（以下DWH）に記録
2. DWHのSlack会話データをもとにDoc2Vecモデルを学習
3. 学習済みDoc2Vecモデルと各ユーザーの特性ベクトルをアップロード

以降、各ステップについて説明します。

1 Slackの会話情報を日次でDWHに記録

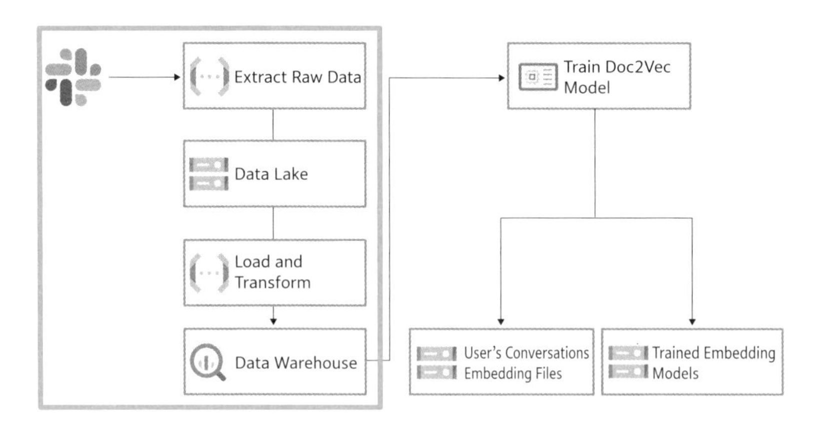

図9-14　Slackの会話記録をDWHに蓄積する処理

Cloud Functionsを利用し、Slackの会話データを分析処理に使いやすい形でDWH(BigQuery)に保存します(図9-14)。この処理を日次で実行することにより、DWHに蓄積されるデータを日々最新のものにすることができます。

2 DWHのSlack会話データをもとにDoc2Vecモデルを学習

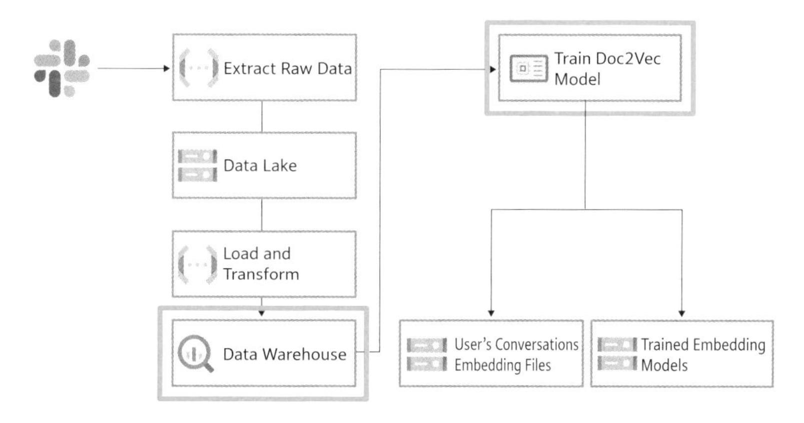

図9-15　会話データを用いてDoc2Vecのモデルを学習させる処理

この処理では、DWHに蓄積されている最新のデータをもとに、Doc2Vecモデルを学習させます(図9-15)。この処理に関しては、クラウド上ではなく、ローカルのPC上で学習処理を実行しています。モデル作成のために、以下の3つの処理を実行します。

❶ データセット作成
- DWHからユーザーごとの会話データをロード
- 前処理と単語に分割する処理

❷ 学習
- データセットを用いてDoc2Vecの重みを更新する

❸ユーザーの特性ベクトルを計算
- 作成したDoc2Vecと最新の会話データをもとにユーザーの特性ベクトルを再計算

企業の実務でモデルを学習させるような場合だと、学習時のみスポットで利用するクラウド上のGPUインスタンスを作成するなどの選択肢も考えられますが、本書では簡単なためローカルマシンで学習させるという選択肢を取っています。クラウドコンピューティングサービスを活用すると、クラウドインフラの利活用スキルをアピールできるので、余裕がある方はチャレンジしてみてください。

3 学習済みDoc2Vecモデルと各ユーザーの特性ベクトルをアップロード

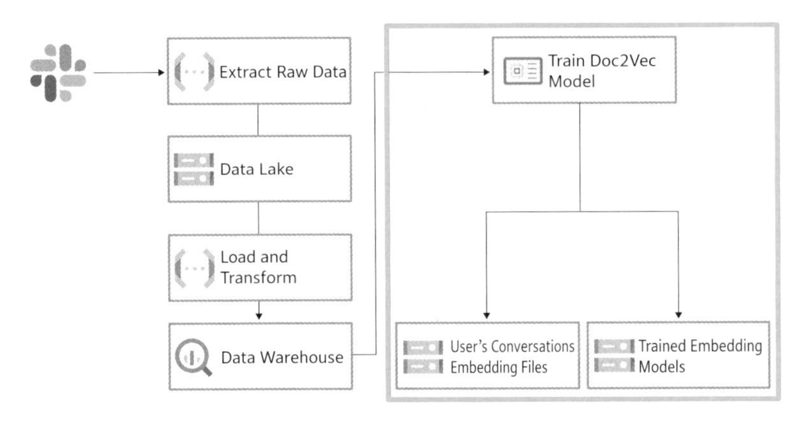

図9-16 学習済みモデルとユーザーの特性ベクトルをストレージにアップロードする処理

直前のステップで作成した学習済みモデル（図9-16中Trained Embedding Models）と各ユーザーごとの特性ベクトル（同図中User's Conversations Embedding Files）をCloud Storageバケットに、アップロードします。このような手続きでアップロードした「学習済みモデル」と「ユーザー特性ベクトル群」を推論モジュールで利用するという仕組みになっています。

ここまでの説明で、ユーザー検索基盤の全体的な構造をお伝えしました。

ユーザー検索プロジェクトとポートフォリオの関係

このユーザー検索プロジェクトは、これまで解説したポートフォリオの類型のほとんどの領域をカバーする内容となっています。表9-3に、ポートフォリオの類型とユーザー検索基盤の対応を記載します。

表9-3　ポートフォリオの類型とユーザー検索基盤の成果物の対応

ポートフォリオの類型	ユーザー検索基盤をもとにしたポートフォリオ
①機械学習モデルの作成	Slackの会話データをもとに、質問文とユーザーをマッチングするモデル
②機械学習モデルを利用するためのWebAPIの開発	質問文のベクタライズ結果、レコメンド結果を返すAPI
③ダッシュボードの構築	DWHに蓄積されたデータをもとにしたユーザー傾向把握のためのダッシュボード
④データパイプラインの構築	SlackのAPIからDWHへデータを日次更新するパイプライン
⑤分析レポートの作成	DWHに蓄積されたデータをもとに分析したレポート

本節以降で、ユーザー検索プロジェクトで開発した内容をもとにポートフォリオを作成する場合、どのようなところに気をつけて作成すればよいのか解説します。

①機械学習モデルの作成

本節以降では、前節までで紹介したユーザー検索基盤を例に取り、5種類のポートフォリオに関して具体的なアウトプットや作成手順を解説していきます。ポートフォリオとしてどのようなものを作成すればよいかを中心に解説するため、各ポートフォリオのサンプル、作成手順のステップなどは、割愛します。

ポートフォリオの解説はそれぞれ独立した内容となっているので、興味のある部分をピックアップして読んでください。

また本節以降で紹介する一部のサンプルコードは、本書のダウンロードファイルとして提供しています。ダウンロードの方法はviiページに掲載しています。

概要

まず最初に、今回のユーザー検索プロジェクトのコアとなるロジックである、Slackの会話情報をベクタライズする、機械学習モデルのポートフォリオ作成を解説します。ユーザー検索プロジェクトの検索ロジックは図9-17のような仕組みで「質問文に詳しそうな人をピックアップする」という機能を実現するものでした。

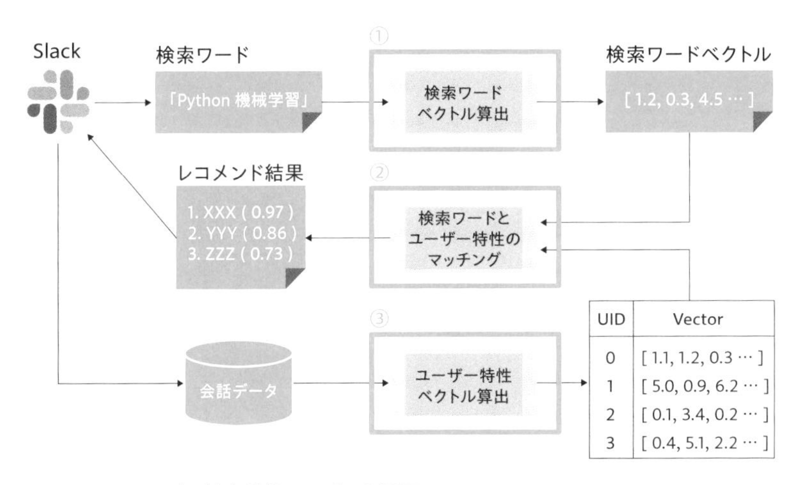

図9-17　ユーザー検索基盤のロジック概要

その中で、①〜③のそれぞれは、以下のようなロジックを担っています。

① 任意トピックに関する検索ワードの特性ベクトルを算出するロジック
② 検査ワード特性にマッチするユーザーをレコメンドするロジック
③ Slackでの会話データからユーザーごとの特性ベクトルを算出するロジック

これらのロジックをもとにポートフォリオを作成するにあたって、どのようなところに注意すれば、評価されるポートフォリオとなるのかは、第8章「1 機械学習モデルの作成」項(266ページ)を参照してください。

ポートフォリオ作成のポイント

それでは、上記のアウトプットにおいてアピールしたいポイントを解説します。以下のポイントに気をつけることで、課題設定〜モデルの評価までの一連の流れがより良いものとなるはずです。

具体的な課題に紐付いていて解決しやすいテーマを選ぶ

機械学習のポートフォリオを作るにあたって、最も難しいのが「テーマ選び」です。ついつい、身近なテーマであったり、勉強した内容に近いテーマを選んでしまいがちです。このテーマ選びが大きく結果を左右するといっても過言ではありません。個人的には、テーマ選びに2〜3割くらいの時間を割いてもよいと考えています。

なぜそんなにテーマ選びが重要なのかというと、テーマ選定によってアピールできるポイントが決まるからです。たとえば、「写真をもとにどこのラーメン店か当てる」というネタ寄りの機械学習のモデルを作った場合、面白さはありますが、「課題に対して適切なモデルを作れる人なのか」という疑問に対しては評価が難しくなってしまいます。

また、課題設定とデータ選定が適切ではないため、機械学習のモデルとしては適切なアプローチを取っているにもかかわらず、予測成果が芳しくない結果になる可能性もあります。そういった事態を避けるためにも、「具体的な課題に紐付いていて」「解決しやすい」テーマを選ぶことが重要です。

たとえば、今回のユーザー検索プロジェクトの場合はポートフォリオ作成において、以下のようなメリットがあります。

- コミュニティの具体的な課題に紐付いている
- アウトプットがユーザーのランキングという形で見えるのでイメージしやすい
- ベクトル化する処理の中でディープラーニング系の技術を使用できる
- 仮にレコメンドの精度が良くなかったとしても、レコメンド機能自体は実現できるこのように、評価されやすい課題を設定することがポートフォリオ作成における重要な第一歩となります。

機械学習の一連の流れをカバーする

機械学習モデルのポートフォリオでは、「機械学習の一連のプロセスをカバーする」ことを意識して取り組んでみるとよいでしょう。

教師あり学習であれば、以下のような流れで機械学習モデルを開発することが一般的です。

1. データの取得
2. データ確認
3. データ前処理
4. データ分割
5. アルゴリズム選択
6. 学習
7. 予測
8. 評価
9. チューニング

図9-18 機械学習モデル構築のイメージ

機械学習では、アルゴリズム選択〜評価までのプロセスが評価されがちですが、実際の業務では、データの準備や前処理、チューニングの時間の方が長いこともあります。そのため、一連の流れをカバーできるようにするとよいでしょう。

使用する技術に関しても、SQLを利用できることをアピールするために、前処理の部分はSQL、その後の特徴量エンジニアリングはPythonを使うなどの工夫をすることで、幅広い技術をアピールすることもできます。

ユーザー検索プロジェクトの場合は教師なし学習で次元圧縮と類似度計算が主なロジックとなるため、以下のような実装手順となります。

1 データの取得・データ前処理
2 ベクトル化モデルの学習
3 ユーザーごとの発言全体のベクトルを算出
4 ユーザー検索シミュレータを実装
5 動作確認

ユーザー検索プロジェクトの場合は教師なし学習なので、予測モデルの構築と流れが少し違います。自然言語処理ならではの辞書管理、固有名詞抽出や設定、ストップワードの設定、抽出する品詞の選定などが、前処理としてのアピールポイントになります。

また、教師なし学習だから評価ができないという訳ではなく、定性的な評価方法、教師なし学習における定量指標を用いることで、評価のプロセスも追加することができます。評価しにくい教師なし学習を適切に評価できれば、それもまたアピールポイントになるでしょう。

ユーザー検索プロジェクトの場合、定性評価をスピーディーに行うため、以下のような簡単な計算結果を返すための仕組みを構築しています（図9-19）。

コマンドラインから入力された質問文に、ユーザー名と類似度を返すPythonスクリプトで、たとえば「Python 機械学習」というキーワードを入力すると検索結果は下のようになります。

```
env> python matching_simulator.py --cmd “Python 機械学習”
========================================
Top 5 users
Name              uid       similarity
----------------------------------------
Olsen     5        0.614
Martinez  4        0.587
Jonsson   2        0.554
Campbell  3        0.501
Patel     1        0.489
```

図9-19　ユーザー検索シミュレータの動作イメージ

以下が検索のもとになっているサンプルデータです。Olsen～Patelの順に「Pythonが好き」「機械学習が好き」というフレーズがより多く含まれているので、想定した通りの動きが期待できそうです。

```
[
    {
    name: "Patel",
    talk: "Pythonが好き。統計が好き。Javaが好き。統計が好き。
Javaが好き。"
    },
    {
    name: "Campbell",
    talk: "Pythonが好き。機械学習が好き。Javaが好き。統計が好き。
Javaが好き。"
    },
    {
    name: "Jonsson",
    talk: "Pythonが好き。機械学習が好き。Pythonが好き。Javaが
好き。Javaが好き。"
    },
```

```
    {
    name: "Martinez",
    talk: "Pythonが好き。機械学習が好き。Pythonが好き。機械学
習が好き。Javaが好き。"
    },
    {
    name: "Olsen",
    talk: "Pythonが好き。機械学習が好き。Pythonが好き。機械学
習が好き。Pythonが好き。"
    }]
```

このように、評価やシミュレーションの仕組みまで準備することで、より実践を意識した開発ができていることをアピールできます。モデルの構築だけではなく、運用や改善までを視野に入れて、できる限り幅広い領域をカバーしたポートフォリオを構築できるようにしましょう。

アウトプットイメージ

構築したモデルの解説・検証結果

モデル作成のポートフォリオで一番大事になるのが、モデルの解説です。「予測モデルを作りました」とだけ言われてコードを提出されても、見る側としては妥当性を判断しようがないためです。Web開発やクリエティブのポートフォリオの場合は目に見えるものがあるので、それを起点に評価ができますが、データサイエンスの場合は簡単に目に見える訳ではありません。そのため、構築したモデルの解説が重要になります。

構築したモデルの解説には、以下のような内容が盛り込めるとよいでしょう。

- どのような課題があり、何を解決するためのモデルなのか？

- なぜその課題に取り組もうと思ったのか？
- その課題が解決できるとどのように嬉しいのか？
- どのような技術や手法を用いて実現したのか？
- どのようなアプローチで基礎分析・モデル構築を進めたのか？
- そのモデルの結果はどうだったのか？

たとえば、今回のユーザー検索プロジェクトの場合、表9-4のような章立てで作成することで魅力的なモデル解説を作ることができます。

表9-4　モデルの構築・検証結果レポートの構成イメージ

見出し	概要
背景・課題・概要	Slackコミュニティにおいて、誰がどんな話題に詳しいかわからないという課題があり、その解決方法として検索ロジックを開発したこと、slackの発言ログをもとにマッチングアルゴリズムを開発したことを記載
活用イメージ	Slackにおいて、どのような形で利用されるのかのイメージを画面キャプチャなどを使用して解説し、コミュニティでの交流を促すという副次的なメリットも記載
今回構築したロジック	ユーザー検索プロジェクトの全体の概要ロジック（概要に掲載した図）をもとにロジックの解説を記載
ユーザー特性ベクトル算出の仕組み	ユーザー特性ベクトル算出の仕組み、使用するアルゴリズムなどを記載
今回のロジック作成に用いたデータ	どのようなデータを用いたかに関する情報を記載、基礎統計のサマリーも記載
質問文ベクトル算出の仕組み	質問文ベクトル算出の仕組み、使用するアルゴリズムなどを記載
質問文とユーザーのマッチング方法	質問文ベクトルとユーザーをマッチングする仕組み、使用するアルゴリズムなどを記載
各種ロジックの検証方法	どのような方法を用いてベクトル算出、マッチ度合いの妥当性を検証したのかを記載

(次ページへ続く)

見出し	概要
各種ロジックの検証結果	上記検証方法に基づいてどのような検証結果になったのかを記載
マッチ度合いの高い文章の例	実際に質問文に対してマッチ度が高いユーザーをピックアップし、ユーザーのコメント例を記載
課題点と考察、今後のアプローチ	うまくいった点、いかなかった点をとりまとめ、次のステップとしてどのようなことに取り組めばよいかを記載
個別の詳細な実装方法	各種ロジックなどの細かな実装方法、データクリーニング、外れ値や異常値の処理、ロジックで工夫した点などを記載

モデルの学習・予測・検証用コード

モデルの学習、予測用コード、検証用コードはJupyter NotebookやPython、Rコードなどを共有することになります。ここで気をつけなければいけないのは、採用側のエンジニアは、じっくりとコードの内容まで深掘りしてレビューする時間がないということです。会社によって採用にかける時間は様々なので、一概にいえませんが、少なくともある程度選考が進むまでは、コードの詳細まで読み込んでもらえないものだと考えてよいでしょう。

そのため、**パッと見てどのような処理をしているのかわかるようにする工夫**が重要です。開発用のコードというより、解説記事や仕様書のような形でJupyter Notebookに記載ができるとよいでしょう。

その上で、以下のようなポイントに気をつけてコーディングするとよいです。

- 可読性の高いコードが書けているか
- コードをリファクタリングしているか
- ソースコードの解説は適切か
- 適切にライブラリを活用できているか
- 多重ネスト構造などのパフォーマンスが悪いコードを排除できてい

るか

通常のプログラミングの場合、日本語のコメントの利用に関しては議論が分かれますが、ポートフォリオの場合は評価者がわかりやすいように日本語でコメントを入力することをおすすめします。以下、notebookの可読性を高めるためのBefore／Afterを記載します。こちらを参考にnotebookを構築すれば、評価されるポートフォリオを作成できるようになるでしょう。

Before

シンプルに環境構築、データセットのロードと学習といった処理の分割をしているのみで、初めてこのコードを見た人にはどのような意図で書かれたコードなのか、全体の処理がどういった機能を果たしているのかわからない内容となっています。読み手側が意図を理解して読み解く必要のあるコードなので、改善が必要です（図9-20）。

図9-20　可読性の低い共有用ソースコード例
ダウンロードファイル：portfolio-word-embedding/notebooks/train_doc2vec_bad-sample.ipynb

After

修正後のコードでは、notebookの冒頭にどんな目的で書かれたコードなのか、どのような前提でコードが書かれているのかなど、解説と処理の流れが追加されています。冒頭に全体感を記載することで、読み手の方に、コード作成の意図を伝えることができます（図9-21）。

Slackの会話データのベクタライズモデル（Doc2Vec）を学習させる

1. はじめに

本ノートブックでは、Slack上の会話データをベクトル化する機械学習モデルの構築を行います。
機械学習のアルゴリズムには、Doc2Vecを利用します。

2. 事前に準備していること

本ノートブックの作成前に、すでに以下のことが完了していますので、ノートブック内では本処理を実行するコードやその解説は述べません。

- Slackの会話情報の抽出と整形
- 上記整形済みデータをGoogleDriveにアップロード（dataset.json）

3. 本ノートブックの目的

本ノートブックの目的は、以下の３つの処理を実行すること、及びその解説をすることです。

- Doc2Vecモデルの学習
- 学習済みモデルの動作確認
- 学習済みモデルの保存

4. 処理フロー

1. GoogleDriveのマウント
2. 必要なパッケージのインストール／インポート
3. データセットのロード
4. データセットの確認
5. Doc2Vecモデルの学習
6. 学習済みモデルの動作確認
7. 学習済みモデルの保存

4.1. 処理ごとの目的と入出力一覧

項番	目的	入力	出力
1	GoogleDriveとColabNotebookを接続 （データセット読込の準備）	-	-
2	学習、検証処理などに利用するパッケージを使用可能な状態にする	-	-
3	データセットをメモリ上で操作可能な状態にする	ファイルパス	データセット
4	学習後の手戻りを抑制するために、 データセットに予期せぬ誤りがないか確認する	データセット	データセットの中身（標準出力）
5	学習させたいデータセットにモデルを適応させる	未学習モデル	学習済みモデル
6	学習済みモデルが予期した動作をしているか簡易確認を行い、 後工程の手戻りを抑制する	学習済みモデル /検証用デモデータ	計算結果
7	学習結果を再利用できるようにファイル化する	-	学習済みモデルファイル

図9-21　可読性の高い共有用ソースコード例①
ダウンロードファイル：portfolio-word-embedding/notebooks/train_doc2vec.ipynb

また、それぞれの個別の処理に関しても、使用したライブラリとその用途、コードの流れ、想定しているインプットやアウトプットの解説を加えることで、グッと解釈しやすいものになります。

読み手を意識したコードを書くことはポートフォリオの作成に限らず重要です。ちょっとの気遣いではありますが、このような修正をすることで、コードの内容も正しく伝わるとともに、そういった気遣いができる人だということもアピールでき、一石二鳥です（図9-22）。

▾ 5. 処理詳細

▾ 5.1. GoogleDriveのマウント

GoogleColabにデフォルトで搭載されている google.colab パッケージを使って、自身のGoogleDriveをマウントします。

これにより、GoogleDriveをローカルファイルシステムのように扱えるようになります。

```
[ ] from google.colab import drive
    drive.mount('/content/drive')

    Drive already mounted at /content/drive; to attempt to forcibly remount, call drive.mount("/content/drive", force_remount=True).
```

▾ 5.2. 必要なパッケージのインストール／インポート

今回のDoc2Vecモデルの学習に必要なパッケージをまとめて、インストール／インポートします。

今回利用するパッケージとその用途を下記にまとめます。

GoogleColabにデフォルトで組み込まれていないパッケージは、明示的に pip install ... を実行します。

分類	パッケージ名	用途
標準ライブラリ	json	データセット（JSON形式）の操作の為
	smart_open	大規模データのファイルストリーミング用（通常データセットは大規模である場合が多い）
3rdpartyライブラリ	numpy	COS類似度算出処理のため
	gensim	Doc2Vecを使用するため

```
[ ] !pip install gensim

    Requirement already satisfied: gensim in /usr/local/lib/python3.6/dist-packages (3.6.0)
    Requirement already satisfied: numpy>=1.11.3 in /usr/local/lib/python3.6/dist-packages (from gensim) (1.18.5)
    Requirement already satisfied: six>=1.5.0 in /usr/local/lib/python3.6/dist-packages (from gensim) (1.15.0)
    Requirement already satisfied: scipy>=0.18.1 in /usr/local/lib/python3.6/dist-packages (from gensim) (1.4.1)
    Requirement already satisfied: smart-open>=1.2.1 in /usr/local/lib/python3.6/dist-packages (from gensim) (3.0.0)
    Requirement already satisfied: requests in /usr/local/lib/python3.6/dist-packages (from smart-open>=1.2.1->gensim) (2.23.0)
    Requirement already satisfied: idna<3,>=2.5 in /usr/local/lib/python3.6/dist-packages (from requests->smart-open>=1.2.1->gensim) (2.10)
    Requirement already satisfied: chardet<4,>=3.0.2 in /usr/local/lib/python3.6/dist-packages (from requests->smart-open>=1.2.1->gensim) (3.0.4)
    Requirement already satisfied: certifi>=2017.4.17 in /usr/local/lib/python3.6/dist-packages (from requests->smart-open>=1.2.1->gensim) (2020.11.8)
    Requirement already satisfied: urllib3!=1.25.0,!=1.25.1,<1.26,>=1.21.1 in /usr/local/lib/python3.6/dist-packages (from requests->smart-open>=1.2.1->gensim) (1.24.3)
```

```
[ ] import json
    import smart_open

    import numpy as np
    from gensim.models.doc2vec import Doc2Vec, TaggedDocument
```

▾ 5.3. データセットのロード

GoogleDriveに格納しているデータセットをロードします。

dataset.json の構造は以下のようになっています。

```
[
  {
    "tag": 0,
    "text": ["word0", "word1", "word2"...]
  },
  {
    "tag": 1,
    "text": ["word0", "word1", "word2"...]
  },
  :
]
```

これらをgensimのTggedDocumentインスタンスに格納しています。

【参考】：データセットのTggedDocument形式へのロードは、gensimの公式ドキュメントを参照して実装しました。

```
[ ] def read_corpus(fname, tokens_only=False):
        with smart_open.open(fname, encoding="utf-8") as f:
            dataset = json.load(f)
            for doc in dataset:
                doc_tag = int(doc['tag'])
                doc_text = doc['text']
```

図9-22　可読性の高い共有用ソースコード例②
ダウンロードファイル：portfolio-word-embedding/notebooks/train_doc2vec.ipynb

ポートフォリオサンプル

ポートフォリオとして提出するには、もう少し解説などを追加する必要があります。サンプルのソースコードやデータセットへのリンクを、ダウンロードファイルの「portfolio-word-embedding」フォルダにて提供しています。「README.md」で詳細を確認し、活用してください。

②機械学習モデルを利用するためのWebAPIの開発

概要

本節では、機械学習モデルをWebAPI経由で利用できるサービスを作ります。機械学習モデルは、文章データをベクタライズするモデルであれば何でもよいです。ここでは、ユーザー検索基盤で作成したモデルを用いる想定で進めます。

今回作ろうとしているWebAPIの機能と周辺モジュールの動きを確認します。ユーザー検索機能の推論モジュールのアーキテクチャ図をもう一度見てみましょう（図9-23）。

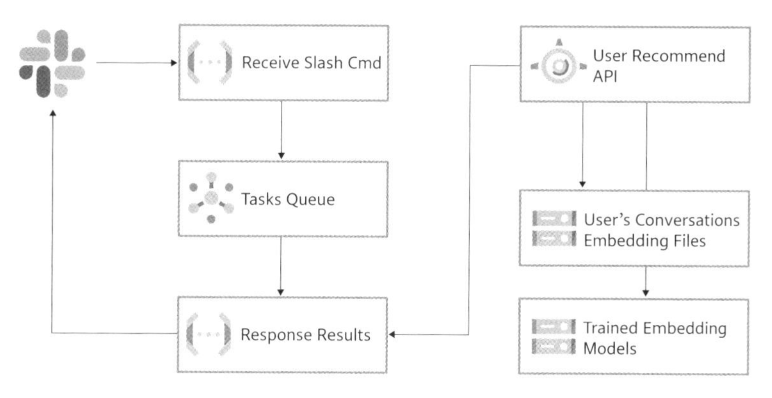

図9-23　推論モジュールのアーキテクチャ図

今回作るWebAPIのコア部分は上図のUser Recommend APIです。周辺には、API呼び出しのインターフェースを担うSlashコマンド、機械学習モデルを格納したクラウドストレージがあります。各セグメントの意味や役割は、「推論モジュールの挙動解説」を参照してください。

これらのロジックをもとにポートフォリオを作成する際、どのようなところに注意すれば評価されるのかは、第8章「2 機械学習を用いたWebサービスの開発」項（269ページ）項を参照してください。

ポートフォリオ作成のポイント

それでは、アピールしたいポイントについて解説していきます。以下のポイントに気をつけることで、設計～サービスのホスティングまでの一連の流れがより良いものとなるはずです。

ステップ・バイ・ステップで小さく拡張していく

データ×AI人材を目指す方の中には、Web系エンジニア出身でない方も多くいるでしょう。そういった方は「バックエンド開発」「クラウドインフラストラクチャ構築」「サービスのデプロイ」「機械学習モデルサービング」といった複数の領域を一気に片付けようとすると、行き詰まってしまうかもしれません。このような場合は、ステップ・バイ・ステップで小さく始めて、少しずつプログラムを拡張していくことをおすすめします。

今回の場合、以下のように細かいステップを踏んで、開発しました。

1. 空のAPIサーバを作成（内部処理はダミー）
2. 空のAPIサーバをGoogleAppEngineにデプロイして公開
3. 機械学習モデルをAPIサーバから利用する
4. APIサーバの内部処理を作る
5. Slashコマンドの全体像を整理する
6. Slashコマンドを受け取る関数を作る
7. Slashコマンドを受け取る関数でバックグラウンド処理をトリガーする機能を追加する
8. バックグラウンド処理を実行する関数を作る
9. バックグラウンド処理結果をSlackに返す機能を追加する

こうすることで、「バックエンド開発」「クラウドインフラストラクチャ構築」「サービスのデプロイ」「機械学習モデルサービング」といった複数の領域で詰まりそうなポイントを分散し、どうしようもなくなる状態を回避することが可能になります。実際の開発現場でも、小さく進めることは大切なので、現場でも活かされる知見です。

他のサービスとどのように連携するかを示す

機械学習モデルを利用するWebAPIには、「機械学習タスクを実行する」部分と「機械学習基盤と連携する」部分が存在します。したがって、APIサーバ単体で完結することはなく、高確率で他のサーバやクラウドストレージと連携します。これらの連携の様子を明確に示すことが必要です。

今回の例でいえば、図9-24のように推論部分として「①Cloud Functions, Cloud Pub/Subを介したSlackとの連携」、機械学習モデルや推論に必要なメタデータを利用する部分として「②Cloud Storageとの連携」があります。

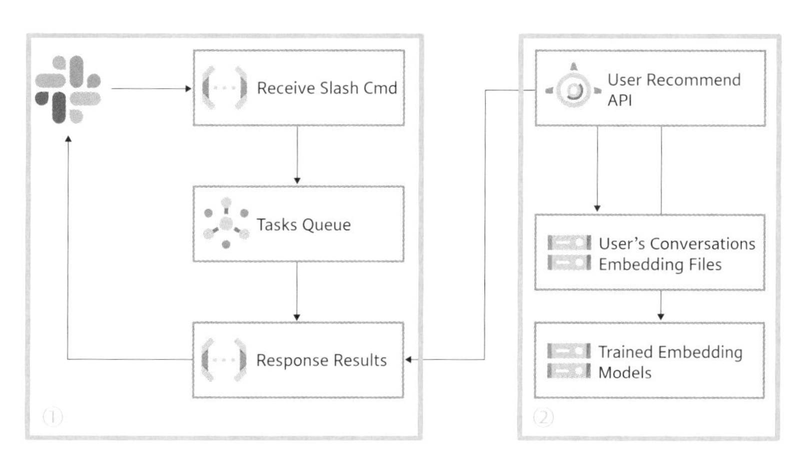

図9-24　サービス間の連携箇所

複数のサービスが連携する場合、こういったアーキテクチャの図説は必須でしょう。それに加えて、各セグメントの役割を明確にすることで、「何を考えて設計・実装したのか」という点をアピールできます。

アウトプットイメージ

WebAPIと仕様書

WebAPIをポートフォリオとして提出した際に、採用担当者がまず目にするのがこちらです。採用の初期段階では特に、ポートフォリオを隅々まで確認してもらえることは期待しない方がよいでしょう。採用担当者は、業務の合間を縫って、多くの資料に目を通さなければならないからです。したがって、短時間で全体像を把握しやすいリポジトリにすることを心がけることが大切です（図9-25）。

具体的には、パッと見ただけで「どんなメソッドが用意されているのか」「どうやって使うのか」がわかる状態であるとよいでしょう。

README.md

User Recommendation API Spec

Entrypoint

http://localhost:8080

Resources

user

HTTP Method	URL	Explanation
GET	/users	ユーザー名一覧を返す
GET	/users/search/?kw={topic key word}&max={recommend list max size}	パラメータとして与えたキーワードに関連の高いユーザーを返す。 キーワードは、kwパラメータに設定する。 maxパラメータに数値を設定すると、レコメンドするユーザー数の最大値を設定できる。

Local Test

start server locally (debug mode)

```
python main.py
 * Serving Flask app "main" (lazy loading)
 * Environment: production
   WARNING: This is a development server. Do not use it in a production deployment.
   Use a production WSGI server instead.
 * Debug mode: on
 * Running on http://127.0.0.1:8080/ (Press CTRL+C to quit)
 * Restarting with stat
 * Debugger is active!
```

http request (curl and jq)

```
# GET users
curl -X GET "http://localhost:8080/users" | jq
# GET recommended users
curl -X GET "http://localhost:8080/users/search" -d "kw=test" | jq
curl -X GET "http://localhost:8080/users/search" -d "kw=test" -d "max=5" | jq
```

図9-25　API仕様書のイメージ
ダウンロードファイル：portfolio-recommendation-api/README.md

実際に操作できるWebAPI

WebAPIは、データ×AI人材を目指す方が作るポートフォリオの中で最も共有しやすい成果物といえます。したがって、実際に操作できるWebAPIがない場合、むしろマイナス評価になりえます（もちろん、個人製作なので費用の都合上スリープ状態にしている場合などはあります）。

共有方法はいたってシンプルでWebAPIのホスティングURLを共有するだけで事足りるでしょう。ただし、前項に記載したAPI仕様書もセットで提供します。WebAPIに関するポートフォリオを採用担当者の方に見てもらう場合は、図9-26のような3つのステップが考えられます。採用の初期段階では、ソースまで細かく見てもらうことはあまり期待できませんが、それぞれ評価してもらえるように注力することが望ましいでしょう。

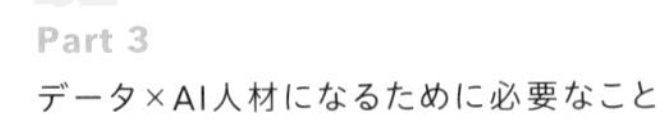

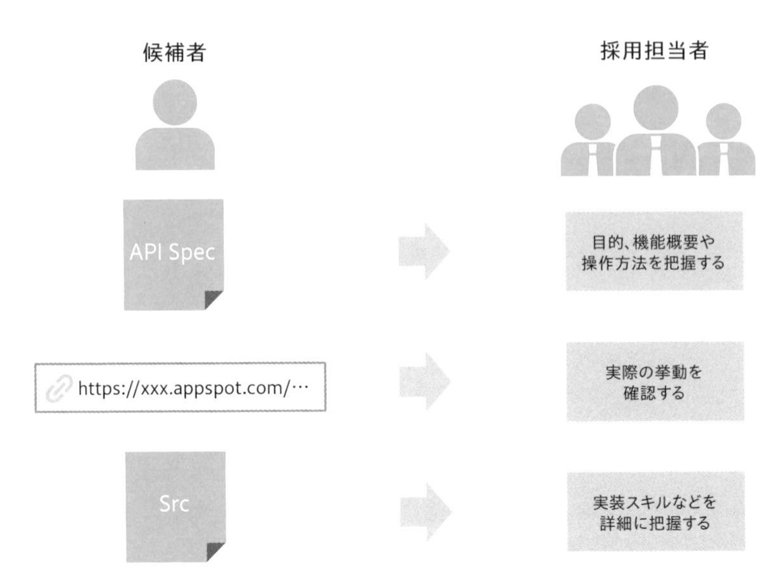

図9-26　APIに関する共有物と評価ポイントの対応

ポートフォリオサンプル

ポートフォリオとして提出するには、もう少しリファクタリングやテストを追加実施する必要があります。サンプルのソースコードやデータセットへのリンクを、ダウンロードファイルにて提供しています。それぞれ「README.md」で詳細を確認し、活用してください。

- 機械学習モデルを利用するWebAPIサーバ
  →「portfolio-recommendation-api」フォルダを参照
- WebAPIの処理をコールするSlashコマンド
  →「portfolio-slashcmd-gcp」フォルダを参照

③ダッシュボードの構築

概要

本章では、Slackのログ情報を用いてオンラインコミュニティの活発度を示すダッシュボードをベースに解説します。作成する成果物としては以下のようなダッシュボードを想定しています（図9-27、図9-28、図9-29）。

図9-27　ダッシュボードの例①
参照元：https://datastudio.google.com/s/qu90VPFOveU

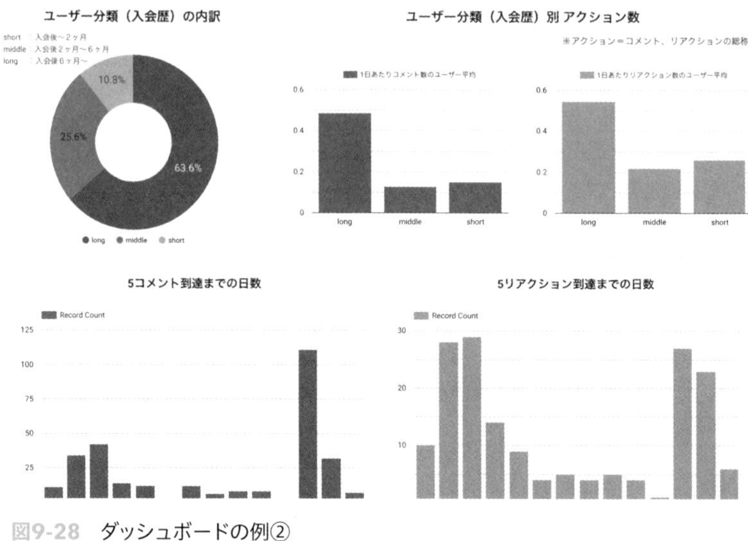

図9-28　ダッシュボードの例②
参照元：https://datastudio.google.com/s/lsEI47c-n1w

Data Learning Guild Slack DashBoard

入会月別１〜８週目の定着率（%）

入会月 ▲	入会者数	1週目	2週目	3週目	4週目	5週目	6週目	7週目	8週目
2019-06	211	18.0%	19.4%	12.3%	11.4%	12.8%	28.4%	14.2%	31.3%
2019-11	8	90.0%	80.0%	63.3%	63.3%	43.3%	53.3%	63.3%	46.7%
2019-12	41	65.6%	66.1%	69.3%	52.7%	62.4%	60.2%	47.7%	37.3%
2020-01	15	81.8%	72.7%	63.6%	68.2%	50.0%	54.5%	40.9%	50.0%
2020-02	45	57.5%	38.2%	44.3%	33.8%	35.4%	31.8%	37.9%	57.9%
2020-03	8	75.0%	75.0%	75.0%	62.5%	75.0%	50.0%	62.5%	62.5%
2020-04	36	83.9%	42.1%	41.2%	35.0%	56.8%	57.3%	40.2%	47.5%
2020-05	19	50.0%	50.0%	40.0%	36.7%	26.7%	26.7%	23.3%	13.3%
2020-06	15	50.0%	31.8%	27.3%	36.4%	50.0%	45.5%	27.3%	45.5%
2020-07	26	56.7%	62.5%	60.6%	63.5%	43.3%	39.4%	35.6%	28.8%
2020-08	13	50.0%	40.0%	25.0%	25.0%	25.0%	25.0%	30.0%	30.0%
2020-09	12	50.0%	6.7%	13.3%	10.0%	4.2%	5.6%	6.7%	0.0%
2020-10	14	57.1%	75.0%	100.0%	-	-	-	-	-
2020-11	4	-	-	-	-	-	-	-	-

図9-29　ダッシュボードの例③
参照元：https://datastudio.google.com/s/iqT7tFML_tE

こちらのダッシュボードは、ユーザー検索プロジェクトで蓄積されたデータをもとに構築されています。ユーザーにきちんとコミュニティを活用してもらえているかを測るために作成しました。このようなダッシュボードを作る上で、どのようなポイントに気をつければよいのか、ダッシュボード以外のアウトプットとしてどのようなものを作成すればよいのか解説します。

「3データ監視用のダッシュボード構築」でも述べたように、データ分析の文脈におけるダッシュボードとは、主に複数のデータソースから情報を取り込み・変換し、迅速な意思決定を支援するための情報（KPIなど）をひと目で見られるようにデザインしたページを指します。

ダッシュボードは、データを見る人（以降、オーディエンスと表記）の事前知識、データを見る目的、利用方法など様々な要素によって、最適なアウトプットが違います。したがって、ここで示すダッシュボードの内容が正解という訳ではありません。

どのようなところに注意すれば評価されるのかは、第8章「3 データ監視用のダッシュボード構築」項（272ページ）を参照してください。

ポートフォリオ作成のポイント

ダッシュボードの構築は、大きく分けると配置の色のバランスや図表の選び方といったデザイン面と、ビジネスの状況を正しく把握できる指標になっているかといったビジネス面の2種類の項目が重要です。

また、ダッシュボードを構築するにあたってSQLで再度集計することはよくあるので、併せてデータ加工もできるとよいでしょう。

ダッシュボードの利用シーンを明確にする

ダッシュボードに限った話ではありませんが、「何のために実施するのか」というWhyの部分を常に意識しておくことは重要です。作業を始めて、いろいろな課題に直面したとき、当初定めたWhyを振り返ることで的外れでない意思決定ができるからです。

『データ視覚化のデザイン』(永田ゆかり著、2020、SBクリエイティブ)を参考に要求事項をまとめることで、具体的なダッシュボードの利用シーンを設定できるでしょう。

■ 背景

ダッシュボードが必要になった背景や用意できる情報、スコープなどを整理します。

■ オーディエンス

最終的にこのダッシュボードを「見る人」・「使う人」が誰なのかということを明確にします。

■ 目的

オーディエンスが何の目的でこのダッシュボードを利用するのか、もう少し具体的にするなら「どんな意思決定をするために」利用するのかを明確にします。

■ 利用方法

このダッシュボードが、どれくらいの頻度でどのような手段で利用されるのか、またどんな場面で見られるのかを整理します。

複雑性の高い集計項目も指標として採用する

ダッシュボードの設計の種別は「論理設計」と「視覚化設計」に分けることができます。まずは論理設計に関して説明します。

論理設計とは、ダッシュボードに載せる情報の論理的な整合性や妥当性を設計する作業です。もう少し具体的に「何の情報」を「どんな順序で」提示するかを決めるとも表現できるでしょう。論理設計におけるポイントを簡単に述べると、以下のようになります。

- 提示すべき情報の列挙
  - 整理した要求に応える要素が漏れなく含まれていること
- 情報の提示順序の決定
  - 漏れなくダブりなく提示できていること
  - 先に概要、後に詳細という流れになっていること

まずは、上記のポイントがカバーされていることが重要になってきます。その上で、提示すべき情報の中に、元の情報より質の高い、複雑な情報を含めておくことをおすすめします。

たとえばユーザー検索プロジェクトの場合、「ユーザーが継続して使ってくれているか」ということを表現する指標を作成する際に、「ユーザーがある月に発言したか」という指標よりも「ユーザーが該当の月に5回以上発言したか」という指標にした方が、より複雑で質の高い情報となります。

上記のような定義にすることで、1回だけ発言したユーザーの中に、自己紹介のみ投稿して離脱してしまっているユーザーを除いたアクティブユーザーを抽出することができます。5回という数値を、継続して活用しているユーザーの中央値などで設定してもよいでしょう。

実務では単純で効果の高い指標を扱うことが多いですが、複雑な指標も理解した上でどちらの指標を表示させるのか選択できることが重要です。そのため、ダッシュボードに表示させる項目に、複雑な指標もいくつか混ぜておくと実力を示せるポートフォリオになるでしょう。

見ごたえのある分析ダッシュボードを作成する

前項で紹介した視覚化設計とは、どのような見た目にするかを設計する作業です。より具体的には「各データをどのチャートで表現するか」「チャートをどう配置するか」を決定する作業といえます。視覚化設計には、「フォントサイズ・カラーやチャートカラーを決める」作業もありますが、これについては、実装しながら、試行錯誤していく側面も多いの

で、どちらかといえば、実装フェーズの作業に分類されると筆者は考えています。

視覚化設計の基本の中でも、特に重要な要素の1つが、チャート選びです。チャートとは、棒グラフ、円グラフなどデータの可視化手法のことです。チャートは、普段テレビ番組やWebサイトでよく目にしますが、各チャートの長所や短所、主な目的というのは、意外と知られていないものです。

適切にチャートを選択するには、チャートごとの特徴を理解しておくことが重要です。ここでは、『データビジュアライゼーションの教科書』（藤俊久仁、渡部良一著、2019、秀和システム）を参考に本節で利用するチャートの特徴をまとめます。

■ 棒グラフ（縦）

棒の高さでデータを表し、カテゴリ別の指標値を絶対的にも相対的にも正確に表現できる。

■ 折れ線グラフ

横軸で連続的な値に対して縦軸の数量を比較するために使われる。時系列比較などでよく利用される。

■ 円グラフ

全体に対する内訳を表現するためによく使われる。カテゴリの数が4つ以上の場合は、棒グラフや積み上げ棒グラフで代替する。

■ 数表・テーブル

軸ごとの集計値を表で表したもの。

■ ヒートマップ

1軸、あるいは2軸のマトリックス上の数値を彩度で表す。

ヒストグラム

数値のインターバルの出現頻度を通じて分布を示すことを目的とする。棒グラフはカテゴリ別の比較を促進するという点において、ヒストグラムとは異なる。

他にも様々な図表がありますが、ポートフォリオとしてアピールする上では、単一のグラフのみではなく複数のグラフを適切に使えていたり、ドリルダウンの機能を扱えていたりすることが重要になってくるので、サンプルのダッシュボードのように棒グラフ、円グラフ、折れ線グラフ、テーブルなどを適切に組み合わせたダッシュボードを構築するとよいでしょう。

URLでダッシュボード画面が共有できるBIツールを選択する

ポートフォリオとして作成するのであれば、最終的にはダッシュボードとして共有する必要が出てきます。その際に、気をつけるべきポイントがURLでダッシュボードが共有できるBIツールを選定することです。

BIツールによっては、サーバ構築が必要になるため共有に手間がかかるものや、共有する際に有償が前提のツールなどもあるので、ツールを選ぶ前にURLベースでの共有が可能かを調査しておきましょう。

アウトプットイメージ

ユーザー検索プロジェクトで作成したダッシュボードに関して、どのようなアウトプットが必要になりそうか、ユーザー検索プロジェクトに紐付けて見てみましょう(表9-5)。

表9-5　ダッシュボード構築における代表的なアウトプット

アウトプット種別	概要
ダッシュボード本体	Google DataPortalで作成したダッシュボードを共有URLを用いて共有
データマート定義書	ユーザー分析用マート、チャンネル分析用マートなど分析用に構築したデータマートの定義書（後述）をmarkdown形式で執筆し技術ブログサービスなどに公開
ダッシュボード仕様書	ダッシュボードのキャプチャをダッシュボードごとに撮影し、グラフ要素ごとに項番をつけデータの集計定義を解説した記事を作成、技術ブログサービスなどに公開
ダッシュボード構築の内容を要約した記事	ダッシュボードで表示することになった指標や、不採用とした指標などに関して、作成の経緯をまとめて技術ブログサービスなどに公開

データマート定義書と馴染みがない方が多いと思いますので、以下でどのようなものなのか解説します。

データマート定義書

一般的にデータベース定義書、テーブル定義書とも呼ばれるドキュメントです。本書では、分析用に特化したデータベースのため、「データマート定義書」と呼ぶことにします。

ダッシュボードを構築する際に、データベースの内容をそのまま使用することは少なく、分析単位ごとにダッシュボード用のテーブルを作成することが一般的です。ダッシュボードで効果的に可視化、ドリルダウン、フィルタリングするためにはシステムで使用するテーブルとは少し違った形のテーブルを構築する必要があります。

たとえば、ユーザー検索プロジェクトのユーザー分析用のマートでは、表9-6のようなテーブルを作成しています。ユーザーの分析に必要な要素をひたすら列として追加した内容となっており、クロス集計するだけで様々な分析ができるような構造になっています。

表9-6　データマート定義書の例

項目名	項目内容	データ型
user_id	ユニークユーザーID[PK（=PRIMARY KEY)]	STRING
name	ユーザー名	STRING
deleted	退会済みフラグ	BOOL
register_date	入会日	DATE
staying_days	所属日数	INT
latest_staying_date	最終所属確認日	DATE
essential_ch_join_date	必須チャンネル参加開始日	DATE
optional_ch_join_date	任意チャンネル参加開始日（必須チャンネル以降に参加しているもの）	DATE
first_comment_date	1回目コメント日	DATE
fifth_comment_date	5回目コメント日	DATE
tenth_comment_date	10回目コメント日	DATE
latest_comment_date	最新コメント日	DATE
first_react_date	1回目リアクション日	DATE
fifth_react_date	5回目リアクション日	DATE
tenth_react_date	10回目リアクション日	DATE
latest_react_date	最新リアクション日	DATE
total_comments	総コメント数	INT
total_reactions	総リアクション数	INT
enrollment_preriod_type	入会歴区分	STRING
retention_1_week	1week定着フラグ	INT(0/1)

（次ページへ続く）

項目名	項目内容	データ型
retention_2_week	2week定着フラグ	INT(0/1)
retention_3_week	3week定着フラグ	INT(0/1)
retention_4_week	4week定着フラグ	INT(0/1)
retention_5_week	5week定着フラグ	INT(0/1)
retention_6_week	6week定着フラグ	INT(0/1)
retention_7_week	7week定着フラグ	INT(0/1)
retention_8_week	8week定着フラグ	INT(0/1)

ポートフォリオサンプル

- データラーニングギルド　分析ダッシュボード
  https://datastudio.google.com/s/hcsEb2ceY_E

④データパイプラインの構築

概要

次に、今回のユーザー検索プロジェクトを縁の下から支える、データパイプライン構築のポートフォリオ作成を解説します。ユーザー検索プロジェクトのデータパイプラインは、図9-30のような流れで「Slackの会話情報やメタ情報を日次でBigQueryに保存する」という機能を実現するものでした。

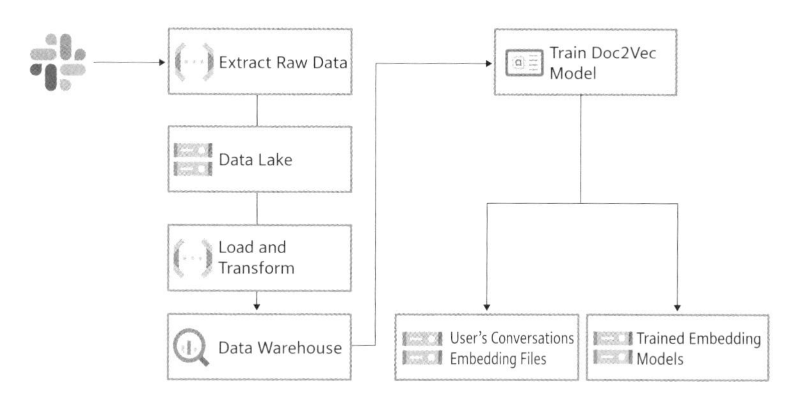

図9-30　推論モジュールのアーキテクチャ図

今回は、Google Cloud のサービスを利用してデータパイプラインを構築しています。各処理の実行はCloud Scheduler/Cloud Functionsを用いてサーバレスな構成で実現し、データレイクやモデルファイルのデータストアとしてCloud Storage、データウェアハウスとしてBigQueryを利用しています。

これらのソフトウェア及びサービスを用いてポートフォリオを作成する際、どのようなところに注意すれば評価されるのかは、第8章「4 データ収集・前処理のためのパイプライン構築」項（276ページ）を参照してください。

ポートフォリオ作成のポイント

それでは、データパイプライン構築におけるアウトプット、アピールしたいポイントについて解説していきます。以下のポイントに気をつけることで、アーキテクチャ設計〜パイプライン実装までの一連の流れがより良いものとなるはずです。

データパイプライン全体が俯瞰しやすいアーキテクチャ設計書を作る

データパイプラインの機能や構成を説明する際、通常は、データ入力元、出力先や変換処理の内容や実行頻度など、多くの情報を整理する必要があります。したがって、アーキテクチャ設計書がわかりにくい場合、説明を受ける側が混乱してしまう恐れがあります。この「説明を受ける側」とは、転職活動ではポートフォリオをレビューするエンジニアや人事の方ですが、実務では、データ活用に携わる他部署のメンバー及び開発チームメンバーです。そういった意味で、良質なポートフォリオを作るためにも、また今後の実務で良い成果を出すためにも、全体を俯瞰する図や解説資料を作成することは重要です。

データパイプラインは、成果物そのものを共有することが難しいという側面があります。したがって、「どんなものを作ったのか」をわかりやすく伝えることの重要性が、他のポートフォリオに比べて大きいといえるでしょう。「集計したデータを（スプレッドシートなどを用いて）表形式で確認できるようにする」「ノートブック環境[9-6]などで簡単に可視化したものを用意する」といったやり方で、ミニマムなアウトプットを用意するのも手です。

また、データパイプラインの構造だけでなく、「なぜそういう設計に

9-6：Jupyter(https://jupyter.org/)やGoogle Colab(https://colab.research.google.com/)など

したのか」という設計の意図を伝えることも重要です。データパイプラインの構築に利用できるソフトウェアやサービスは様々ありますが、それぞれ長所と短所があります。実務では、データ活用の目的や自社のリソースの性質、既存のインフラストラクチャの状態に合わせて、適切なソフトウェアを選択することが求められます。したがって、データパイプラインの構築力、データエンジニアリング力をアピールするためには、状況に応じた設計ができるように意識すること、そして設計の意図をわかりやすく伝えることがポイントです。

他の人が再現できるような成果物を作る

データパイプラインを構築する上で、難しいことの1つに「再現性を担保すること」が挙げられます。データパイプライン構築業務において、他者が再現できるように構築手順を追跡可能にしておくこと、人に依存しないように構築処理をコード化(Infrastructure as Code:IaC)することを意識しなければ、「構築した本人しかわからないブラックボックス」になってしまいます。

したがって、データパイプラインのインフラストラクチャの構築手順書やパイプラインのアーキテクチャ図などを用意しておくことをおすすめします。

「本人しかわからないブラックボックス」になり、再現性が担保できなくなると、ポートフォリオ作成の観点からは、以下のようなデメリットがあります(図9-31)。

- **どのように構築したのかわからないため、成果を適切に評価してもらえない**
- **実務において、「ブラックボックスなデータパイプライン」を作る人材と判断されてしまう**
- **面接の現場などで説明しづらい**

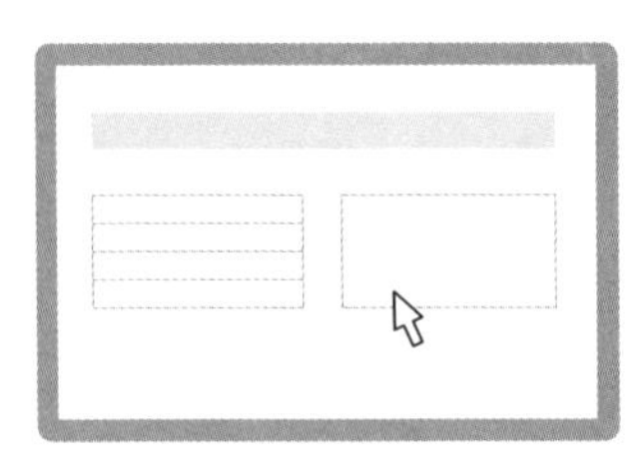

コンソール画面で
(主にマウス操作により)
データパイプラインの構築

構築手順がエビデンスとして残らないため、属人性の高いオペレーションを生み出し、再現性が担保できなくなる恐れがある

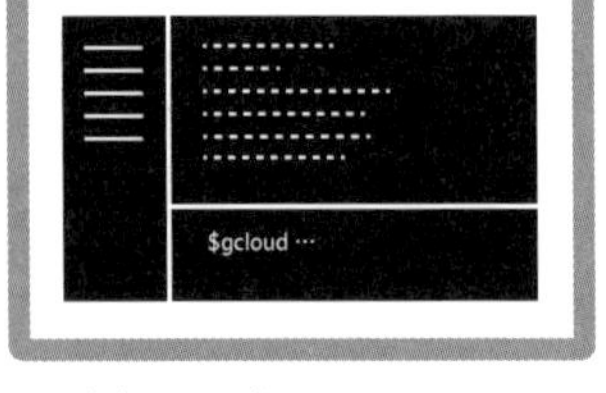

コードとコマンドで
インフラストラクチャを構築する

構築手順がコードとして残るため、再現性が担保でき、オペレーション自体のメンテナンス性が高まる

図9-31　再現性の高い環境構築のイメージ

では、再現性を担保するためには、どうやってデータパイプラインを構築するとよいのでしょうか。

最も実務的な解決のしかたとしては、IaCサービスを使う方法が挙げられます。IaCサービスを使えば、インフラ構築をコード化することができます。コード化には「構築手順が形あるものとして残る」「構築手順をGitなどバージョン管理ツールで管理できる」「手作業によるミスが減る」といったメリットがあります。具体的なサービス名としては、たとえば以下のようなものが挙げられます。

- Cloud Formation（AWS）
- Deployment Manager（GCP）
- Terraform（Hashicorp）

こうしたデータパイプライン構築をサポートするソフトウェアやサービスをうまく使うことで、再現性のあるデータパイプライン構築能力や既存のソフトウェアに関する知見をアピールできるでしょう。

モダンな技術の利用に積極的にチャレンジする

実際の現場では、データ活用の目的や環境によって、サーバ1台にMySQLとcronを立ち上げれば事足りることも多いです。しかし、いずれそういった現場でもデータ活用のフェーズが進み、活用領域が広がると、よりスケーラブルで可用性の高いシステムが要求されることになるでしょう。もちろん、業種的に大規模データを高速に処理しなければならないデータ活用先進企業の現場では、既に多くのモダンな技術を活用し、スケーラビリティや可用性、メンテナンス性の高いシステムが稼働しています。

したがって、ワークフローエンジンや学習マシンをKubernetesで冗長化させたり、BigQuery、Athenaで分析基盤の構築にチャレンジし、モダンな技術を使えることや、キャッチアップする姿勢があることのアピールが大切です。ただし、過度にリッチになりすぎないように気をつける必要はあるかもしれません。

アウトプットイメージ

アーキテクチャの解説やデータ加工のフロー図

データパイプラインは、成果物そのものを共有することが難しいという側面があるため、「何を考え、どんなものを作ったか」を文書で伝えることが他のポートフォリオより重要という旨を述べました。したがって、データ加工の流れや各モジュールの仕様・性質を解説することは重要なアピールポイントとなるでしょう。

また採用過程（特に初期段階）では、ポートフォリオを隅々まで見てもらえる可能性は低いため、アーキテクチャ解説もざっと見て全体がわかるような形式になっていることが大切です。そこで重要になるのが、アーキテクチャ図やデータ加工のフロー図です。

アーキテクチャ図の作成では、正確な図を描くことはもちろん、可読性を高めるために、たとえば以下のような点に注意するとよいでしょう。

- アーキテクチャ図のタイトルを記載する
- 各セグメントの役割を記載する
- 矢印の意味を凡例として明示する
- 色分けや配置を工夫して、同種のものをグルーピングする

以下、アーキテクチャ図の可読性を高めるためのBefore／Afterを記載します（図9-32、図9-33）。こちらを参考にアーキテクチャ図を作成すれば、評価されるポートフォリオを作成できるでしょう。

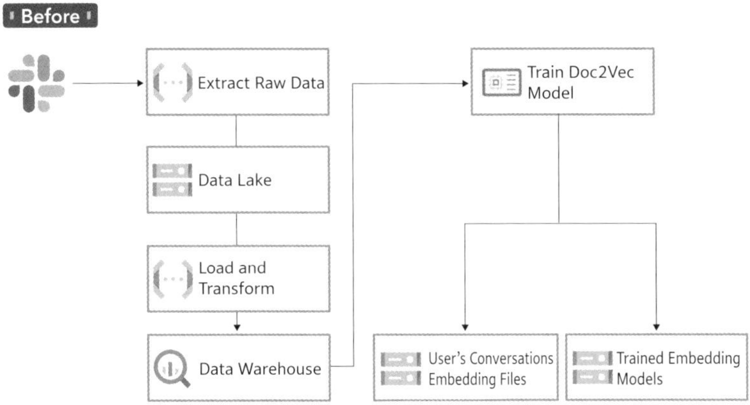

図9-32　改善前のアーキテクチャ図

After

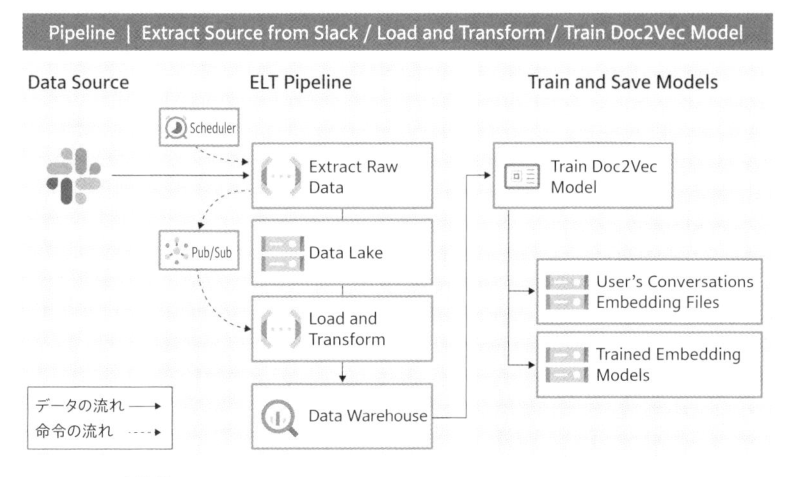

図9-33　改善後のアーキテクチャ図

今回の場合データの入力元がSlackのみであり、ETL処理も非常にシンプルなので、構造が複雑でわかりにくくなることはあまりないのですが、改善後の方が、1つひとつのセグメントの役割や設計意図が伝わりやすくなったはずです。

データパイプライン構築の経緯を要約した記事

データパイプライン構築で工夫した点や学んだ点など、自身のアピールしたいポイントを書きやすいのが要約記事です。前項でも述べたように成果物そのものを共有しにくいデータパイプラインにおいて、この要約記事の内容は重要な判断材料になります。

データパイプライン構築の要約記事には、以下のような点を盛り込むとよいでしょう。

- どのようなデータ活用を目的としたデータパイプラインなのか
- なぜそのようなデータ活用に取り組もうと思ったのか

- データはどんな順序でどんな頻度で流れるのか
- どのようなサービス、ソフトウェアやミドルウェアを用いて実現したのか
- なぜそのサービス、ソフトウェアやミドルウェアを使ったのか
- パフォーマンスやメンテナンス性を高めるためにどういった点を工夫したのか
- ログ情報はどのように収集しているのか

たとえば、今回のユーザー検索プロジェクトであれば、表9-7のような章立てで作成することで、アピールしたいポイントを載せながら、わかりやすい要約記事を作れるでしょう。

表9-7　データパイプライン解説の構成イメージ

見出し	概要
背景・課題・概要	Slackコミュニティにおいて、誰がどんな話題に詳しいかわからないという課題があり、その解決方法として検索ロジックを開発したこと、Slackの発言ログをもとにマッチングアルゴリズムを開発したことを記載
活用したサービス一覧	データパイプライン構築に利用したソフトウェアやサービスの一覧を記載し、読む前にどのような技術スタックに関することなのか俯瞰できるようにする
データパイプラインの目的	データ活用によってどのような課題を解決しようとしているのか、データパイプライン構築の目的を記載
アーキテクチャ概観	今回構築したアーキテクチャの全体像をアーキテクチャ図とともに解説
個別モジュール解説	アーキテクチャ概観で示した、各モジュールの役割や設計のポイントを記載
工夫したポイント	設計時のソフトウェア・サービス選択や、実装時のコーディング、デプロイ方法など気をつけた点や工夫した点を記載

見出し	概要
動作確認	データパイプラインのログやダッシュボード画面のキャプチャとともに実際の動きがわかるような内容を記載
課題点と考察、今後のアプローチ	うまくいった点、いかなかった点をとりまとめ、次のステップとしてどのようなことに取り組めばよいかを記載

アーキテクチャ図や各サービスの選定条件など、アーキテクチャ定義書などと一部重なるところはありますが、アーキテクチャ定義とは関係ない部分（例：今後改善していきたいこと）も書き加えることができるので、アピールできるポイントは多くなるはずです。

ポートフォリオサンプル

サンプルをダウンロードファイルにて提供しています。それぞれ「README.md」で詳細を確認し、活用してください。

- Slackのデータをデータウェアハウスに取り込むサンプル
  →「slack-data-pipeline」フォルダを参照
- データウェアハウスに蓄積した会話データからユーザーごとの特性を学習するサンプル
  →「portfolio-word-embedding」フォルダを参照

⑤分析レポートの作成

概要

本節では、ユーザー検索プロジェクトで蓄積したデータに基づいて分析レポートを作成することを題材に、分析レポートのポートフォリオ作成で気をつける部分を解説します。ユーザー検索プロジェクトのデータの元となっているのはデータラーニングギルドでの会話ログなので、Slackでの会話ログを用いた分析レポートを想定して解説を進めます。

以下に実際にデータラーニングギルドのイベントで実施したネットワーク分析のレポートを掲載します（図9-34）。分析レポートのポートフォリオでは、このような分析レポートの作成を目指します。

ネットワーク構築

- データソース：slack上のreplyデータ
  （2019年7月～2020年6月）
- ある１つスレッド上で会話した
  - 会話したユーザで同士１カウント
- フィルタリング
  - リンク生成３カウント以上
  - １本しかリンクがない（次数＝１）のノードは除外

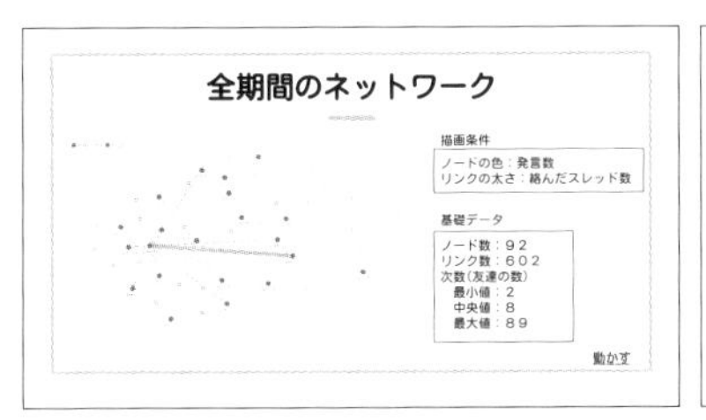

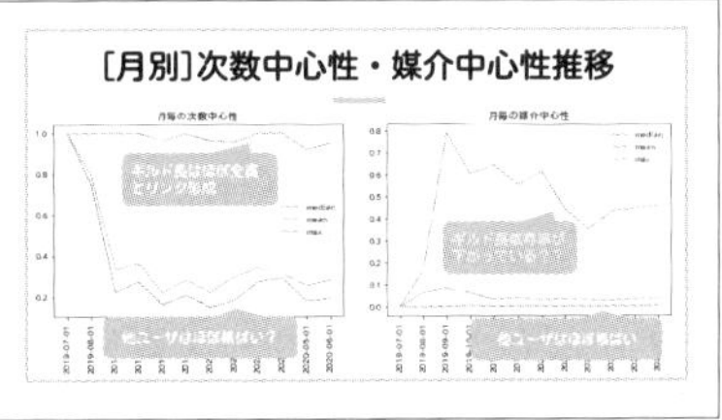

図9-34　ネットワーク分析を用いた分析レポートの例
出典：ワードクラウドとネットワーク分析でslackコミュニティの1年を振り返る（吉岡拓真）
https://speakerdeck.com/daikichidaze/slacknetutowakufen-xi

どのようなところに注意すれば評価されるのかは、第8章「5 分析レポート作成」項（280ページ）を参照してください。

ポートフォリオ作成のポイント

分析レポートのアウトプットは他のポートフォリオとは大きく異なり、「どのようなものを作ったか？」ではなく、「どのような結果が得られたか」が重要です。そのため、分析によって良い結果が得られたのか、再現性のある分析ができるのかといったところが評価ポイントとなってきます。

以下のようなポイントを意識してポートフォリオを作成すると、評価されるポートフォリオが作りやすくなります。

テーマ選びに明確な意志を持つ

データ×AI人材に重要な素養として「良い問いを立てられる」というものがあります。つまり「どのようなテーマを選んだか」ということ自体がアピールポイントとなるのです。たとえば、テーマを選定する場合に、以下のような質問を自問自答してみるとよいでしょう。

- 本当に分析する価値のある問いなのか
- よりコストのかからない他の方法で似たような分析結果を得られる方法はないか
- 他にもっと取り組むべき問いはないのか
- 分析をすることで良い結果が得られる見込みは立っているのか

たとえば、冒頭で紹介したネットワーク分析に関しては、以下のようなメリットがあり、他の手法では代替しにくい分析となっているため、比較的良いテーマといえるでしょう。

- コミュニティが大きくなると把握しにくくなるユーザー間の関係を可視化できる
- コミュニティの中で重要な役割を果たしているユーザーを特定し、ケアすることができる
- 各種中心性指標を算出することで、単純なコメント数などでは把握できない重要なユーザーを特定できる
- 発展的な分析でコミュニティを検出できるので、コミュニティに応じたイベントを企画できる

文章の構成パターンを意識する

分析レポートを作成する際は、目的に合わせたレポートの型を用いるとよいでしょう。コンサル要素の強いレポートではPREP法、研究開発

色が強い分析レポートではIMRAD形式を当てはめると読みやすいレポートが作れるようになるはずです。

冒頭で共有したネットワーク分析の分析レポートを例に、どのような構成にするとよいのかを考えてみましょう。

■ PREP法

PREP法に関しては、結論から話すことで主張をわかりやすくしたフォーマットで、コンサルタントの方などがよく使う方法です。結論・要点（Point）、理由（Reason）、事例・具体例（Example）、結論・要点（Point）の順序で文章を構成します。

ネットワーク分析の分析レポートをPREP法を用いて分析すると表9-8のようになります。

表9-8　PREP法を用いたストーリー構成

項目	例
結論・要点（Point）	コミュニティの発展に伴って相互の関係が育まれつつある
理由（Reason）	ネットワークのパスの数が増え、媒介中心性の偏りも減っている
事例・具体例（Example）	ネットワーク図の時系列変化を見るとネットワークが構築されている
結論・要点（Point）	方向性としては間違っていないので、同様のアプローチで継続してよい

■ IMRAD形式

IMRAD形式は論文などでよく使われるフォーマットで、序論（Introduction）、材料と方法（Materials and Methods）、結果と考察（Results and Discussion）、結論（Conclusion）という構成からなります。背景情報を共有していない方に分析結果を伝えるのに適切なフォーマットとなっているので、複雑な分析をした際はこちらのフォーマットに従って実施するとよいでしょう。

特に、材料と方法（Materials and Methods）は抜けがちな項目なので注意しましょう。ネットワーク分析のレポートをIMRAD形式で表現すると表9-9のようになります。

表9-9　IMRAD法を用いたストーリー構成

項目	例
序論（Introduction）	コミュニティにおいて何が課題で、何を解決したいと考えているのかを共有する
材料と方法（Materials and Methods）	使用したデータの期間や有効グラフの定義を共有する
結果と考察（Results and Discussion）	ネットワーク分析の結果とそれに基づいた分析
結論（Conclusion）	コミュニティの発展に伴って相互の関係が育まれつつある

集計による分析と、機械学習を用いた分析の両軸からなるデータ分析の実務では、集計を中心として分析を行い、より高度な分析がしたいときに機械学習を使う、という順序が一般的です。データ×AI人材として活動する上では、どちらの分析も行える必要があります。

そのため、集計をもとに結論を導く分析と、機械学習で結論を導いたり、予測・分類結果を算出したりする分析の、両方をレポートに含めるとよいでしょう。具体的には、基礎集計をして課題を抽出し、その課題に対して機械学習を用いるというアプローチを取ればストーリーとしても適切で、アピールしやすいポートフォリオになるはずです。

アウトプットイメージ

アウトプットは分析レポートのほぼ一択になるので、詳細な説明は割愛しますが、「どのようなテーマを選ぶか」が重要になるので、以下にSlackの会話データを用いたテーマ案を列挙しておきます。

- 解約ユーザー、非解約ユーザーとその行動傾向に関する分析レポート
- ヘビーユーザーと離脱してしまうユーザーの違いに関する分析レポート
- チャンネルごとの話題の傾向の差に関する分析レポート
- ユーザーの発言内容をもとにしたユーザークラスタリング
- コミュニティの中で盛り上がりやすい話題に関する分析レポート
- コミュニティの利用時間帯とその時間帯ごとの用途に関する分析レポート

上記のレポートは一例ですが、具体的なアクションに繋げられる分析テーマとなっています。このように、結果が具体的なアクションに紐付いている分析テーマを選ぶことで、魅力的なポートフォリオを作ることができます。

ポートフォリオサンプル

- ワードクラウドとネットワーク分析でslackコミュニティの1年を振り返る
  https://guild.data-learning.com/slack-analyzation
- はじめてのデータ分析 ～Slackデータを分析してみた～
  https://note.com/komiya_____/n/n011c64c0bd0e?magazine_key = m31bca302b70a

第10章 10年後を見据えたキャリア設計

ここまでの章では、データ×AI人材としてのファーストキャリアを獲得するための方法を解説してきました。しかし、データ×AI人材のキャリアはスタートしてからも大変です。

技術者全般にいえることですが、10年も経つと時代的な背景がまったく変わるため、過去のロールモデルは参考にならず、どのようなキャリアに進んでいくか、新しい情報をもとに自分で考えていかなければいけません。特にデータ×AI人材となると、業界で10年程度働いている筆者でも古株になってしまうくらい、移り変わりが激しいため、参考になるような人もほとんどいません。1年前の技術ですら古くなっているといったことがしばしば起こります。

ただし、キャリア構築において普遍的な部分は多くあります。IT技術の辿る道であったり、どのような技術が世の中から重宝されるかといった部分は、抽象度を上げればあまり変わっておらず、ある程度パターン化できます。そのため、本章では、データ×AI人材がどのようにキャリアを構築していくべきなのか解説します。

専門技術の辿る道

基本的には専門技術の辿る道は同じようなパターンになっており、ある程度体系化できます。そのため、データ×AI関連の技術であっても、これと同じようなことが起こると予想されます。大きな流れとしては以下のようになります。

1. 先進的な技術者が領域を開拓する
2. 専門技術の知識体系が生まれて技術者が増える

3 共通技術を効率化するフレームワーク、プラットフォームが登場する
4 共通技術を組み合わせてサービス開発ができるようになる

データ×AI系の技術はWeb系と同じくITに関する技術です。また、データ×AI系の技術とWeb系の技術はオープンソースを中心にエコシステムが発展しているという共通点があります。オープンソースの開発では、今まで組織の中で秘匿化されていた知財を共有することで、企業や個人を問わず様々な開発者から協力が得られるようになりました。それにより、様々なOS、ライブラリ、フレームワーク等が開発され、Web領域の発展を支えました。データ×AI系の技術も、同じIT系の技術であり、オープンソースに支えられているという観点から、Web開発やそれにまつわるインフラ構築などと似たような歴史を辿ると考えられます。それらの領域の技術を例にどういう変化があったか見ていきましょう。

1 先進的な技術者が領域を開拓する

まず専門技術は、先進的な技術者が領域を開拓するところから始まります。最新の技術といっても何かしらの技術の派生として生まれることが多いです。Webサービスでいうと、ネットワークで通信したり、PCでアプリケーションを操作したりといった最低限の下地がある上で徐々に開発が進みました。

たとえばWebサービスができたばかりの頃は、HTML/CSSで書かれた静的なコンテンツのみ表示されるようなWebサイトが基本でした。そして、Webサーバに関する技術も発展途上だったので、現在のデータセンターに配置するような形ではなく、自社のPCをサーバとしてサービスをスタートすることも多かったそうです。そこからユーザーのアクションに応じて動的に表示するコンテンツを変更する、CGI[10-1]と呼ばれる仕組みが構築されていきました。

10-1：Common Gateway Interfaceの略。Webサーバでプログラムを動かすための仕組み

このような時代は、参考になるようなドキュメントもほとんどなく、先進的な技術者が1つひとつ機能を作ったり、ブラウザを開発する企業がHTML/CSSの規格とその表示のためのシステムを作ったりしていました。

このように黎明期では、標準となる技術を探りながら、先進的な技術者が自分の英知を結集して、新しく規格を作ったり、ベストプラクティスを蓄積したりし、目的を達成するためのより良いやり方を開拓する地道な作業が必要です。

2 専門技術の知識体系が生まれて技術者が増える

そしてそのような黎明期が終わると、Web開発技術者、インフラエンジニアのような役割ができます。この粒度は、黎明期であれば広くエンジニアと定義されましたが、技術が発展するにつれて、Webエンジニア、フロントエンドエンジニアといった役職に分かれ、徐々に担当領域は狭く、専門性が高くなっていく傾向にあります。

Web開発ではPerl、PHP、Javaのような開発言語を使って開発できるようになっていきました。Webサーバも、自社のサーバをPCに直接繋げるのではなく、空調と電源設備の整ったデータセンターと呼ばれる場所で用意するようになり、仮にサーバが1台落ちたときも代わりのサーバで処理ができる冗長なシステム[10-2]を作るなど、どのようなサービスをどのように作り、どうやって安定的に運用するのかといった知識体系が生まれました。これらの知識を学習し活用することで、専門技術者としてのスキルを身につけ、仕事を獲得できるようになりました。またこの段階になると、資格試験など、技術者がどの程度のスキルを持っているのかを評価する仕組みも徐々に整ってきます。

企業がこれらの専門技術を活用することで競争優位に立てると判断した場合、専門技術者の獲得競争が激しくなるため、需要の高まりから専

10-2：システム用語で、余裕を持った状態、予備がある状態などを指す言葉として冗長性という単語がよく使われます

門技術者が高単価で仕事にありつける、バブルのような状況が発生します。とはいっても、Webエンジニアやインフラエンジニアといった職種が流行り始めた頃は、人材の流動性が低く個人の交渉力はそこまで強くなかったため、需要の高さが給与面で大きく反映されるということはありませんでした。現在は流動性も高くなり、個人の交渉力が増したため、需要の高い専門技術者は高単価で仕事が選べる状況にあります。

3 共通技術を効率化するフレームワーク、プラットフォームが登場する

専門技術が普及すると、共通の処理が多く発生することで、これを自動化、効率化するような仕組みが生まれ始めます。PCを作る際に、元々はCPUから開発をしていたのに、CPUはどのPCでも同じものが使えるので、専門の会社が自社のCPUを使ってPCの開発を始めるような流れと同じです。

Webサービスでは、有名なフレームワークとしてRuby on Railsという仕組みが登場しました。Ruby on Railsは、MVCという概念に基づいたシステム開発がしやすいように作られている他、ログインやファイルの処理など、Webサービスでよく使われる処理を簡単に実装できるRubyGemsと呼ばれる仕組みを備えています。

また、インフラの構築においても、昨今ではデータセンターを使わずにクラウドでサーバを構築するのが主流です。AWS、Azure、GCPなどのクラウドサービスを用いれば、ボタン1つでサーバの立ち上げが完了します。

このように、専門技術がある程度発達してくると、99%のフレームワークやプラットフォームの利用者、1%のフレームワークやプラットフォームの構築者に分かれます。ここで気をつけなければならない変化としては、フレームワーク、プラットフォーム利用者側から見ると、旧来のWebサービス開発やインフラ構築などの技術は、転用できる部分は多いものの、不要になるものも多くあるということです。たとえば、イン

フラの全体設計や冗長化の方法といった知識はそのまま使えますが、物理的なハードウェア管理の知識が活躍する場面はほとんどなくなります。

4 共通技術を組み合わせてサービス開発ができるようになる

　これよりさらに共通化が進むと、サービスとして共通機能をパーツとして組み合わせてサービス開発ができるようになります。たとえば、Webサイトであれば今は多くのサービスがWordPressで構築されています。WordPressをインストールし、必要な機能プラグインを用意すれば、ほぼコードを書くことなく自社のブログサイトやWebサイトを構築することができます。

　最近ではnocodeと呼ばれるような仕組みも多く登場してきており、コードを書いたりインフラを整えたりといったことを考えずにサービスを立ち上げることが容易になってきています。サービス間の連携としても、ZapierやIFFFTといった主要なサービスを連携するためのサービスが登場してきており、まったくコードが書けない、もしくは少ししかコードを書けない状況であってもWebサービスの立ち上げと検証ができるようになってきています。

　ただし、これらの共通化できるサービスは、複数の人が利用したい機能から優先的に実装されるため、個別のニーズを捉えきれず、小回りがきかないという特徴があります。そのため、ある程度プロトタイプが作れたら、自社で細かな改善や技術的なメンバーを雇い入れる必要があります。

　このフェーズにおいては、ハイスキルの技術者と、技術を使ってビジネスを立ち上げることができる人材の価値が高まります。技術を使ったサービスの構築自体は容易になるため、単純なサービスを作るだけでは価値を出しづらくなってきます。その反面、共通化された既存サービスでは対処しきれないような技術的な難易度が高い開発であったり、技術をあくまでツールとして捉え、ビジネス設計をすることに価値がシフトしていきます。

データ×AI技術のどの領域で戦うべきか?

データ×AI技術も、基本的には上記と同じような流れを踏襲しています。まず初期の段階では、機械学習の代表的なアルゴリズムの研究から始まりました。そしてそれらの技術が簡単に実現できるようなパッケージやライブラリが、RやPythonという言語で登場しました。そのため裏側の複雑なアルゴリズムを知らなくても、機械学習の構築ができるようになりました。さらにはAutoMLの登場によって非データサイエンティストの人でもGUI上で機械学習モデルの構築ができるようになり、画像分類や、自然言語処理も簡単にできるようになりました。そしてこの流れはより加速すると考えられ、今後、ライブラリを使えるだけの人材は苦戦するであろうことが予想されます。そのため、どの領域で戦うべきかを考える必要があります。目指すべき方針としては、大きく以下のような選択肢が考えられます。

- **プラットフォームを作る側のスペシャリスト**
- **プラットフォーム化が追いついていない最新の技術を常に追いかけてアップデートする人材**
- **プラットフォームを効率良く扱うためのスペシャリスト**
- **ビジネスと技術の橋渡しをする人材**
- **技術をツールとして捉え、ビジネスをデザインできる技術者**

プラットフォームを作る側のスペシャリストは少数で、技術者の中でも比較的高いレベルの人材が担っているため、技術者として高みを目指したい人のキャリアパスとしては1つの選択肢になるでしょう。

プラットフォーム化が追いついていない最新の技術を常に追いかけてアップデートする人材に関しても、上記一連の流れの最初のフェーズを担う人材なので少数です。とはいっても、技術領域は日々新たに増えているので、最新領域の技術を扱う技術者は、常にある程度のニーズがあります。

最もボリュームゾーンになるのが、プラットフォームを効率良く扱うためのスペシャリストです。これは、どのプラットフォームを選択するかが重要になりますが、クラウドの登場に伴ってクラウドエンジニアと呼ばれる職種が登場しました。このように共通化された技術を効率良く使うことで、従来より高いパフォーマンスでサービスを提供できることも多く、そのような仕組みを構築できる人は重宝されます。システムのスピード、コスト効率、予測の精度など、様々な指標によってサービスのパフォーマンスの構造を理解し、適切にその指標を改善に導けるようなスキルが求められます。

また、それらのスペシャリストとビジネスの現場を橋渡しするような役割も求められます。技術の多様化が進んでいる現在、すべての技術を適切に把握することは不可能です。技術を浅く広く理解し、ビジネスの現場と繋ぐことで、適切に活用できるようになります。技術を身につけつつ、ビジネスの現場も理解できる人は非常に重宝されます。

最後が、技術をツールとして捉え、ビジネスをデザインできる技術者です。自分でサービスを立ち上げることができ、ビジネスモデルの設計もできるので、ビジネス仮設の設計、実装、検証のサイクルを素早く回すことができます。そのため、変化の早い環境においてはキーマンとなりうる存在です。こういった人材は、CTOやVPoEといった技術に関する投資判断やマネジメントの職、もしくは起業が最終的なゴールになるでしょう。

代表的な役割をいくつか紹介しましたが、年々技術の進化のスピードは早くなっているため、これらのサイクルは、技術者としてのキャリアの中で繰り返し発生すると考えられます。技術のトレンドと変化を捉え、適切なポジションを取れるようにキャリア設計をし、時代の変化に合わせて柔軟に対応していきましょう。

スキル×スキルで希少性を高める

技術者としてのキャリアを築く上で、どのようなスキルをどういった形で取得していけばよいのでしょうか。個々人の専門性は、個々人の持っているスキルとスキルの掛け合わせによって定義することができます。そのため、キャリアを作っていく上で、どのようなスキルを身につけていくかは非常に重要な軸になります。専門性を面で捉え、深さ×広さで考える必要があるのです（図10-1）。

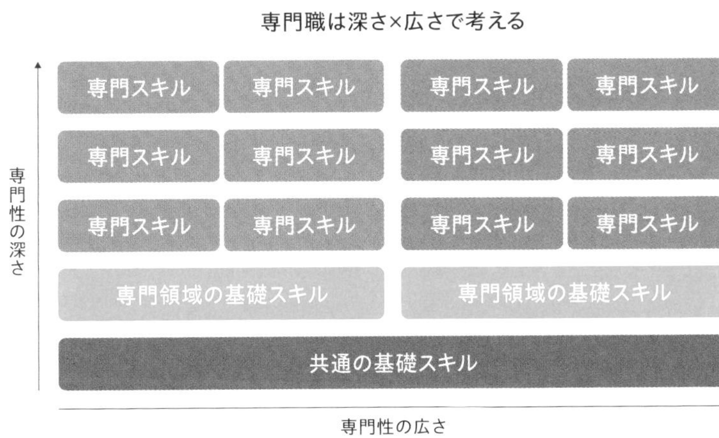

専門職は深さ×広さで考える

専門スキル 専門スキル 専門スキル 専門スキル
専門スキル 専門スキル 専門スキル 専門スキル
専門スキル 専門スキル 専門スキル 専門スキル
専門領域の基礎スキル 専門領域の基礎スキル
共通の基礎スキル

専門性の深さ
専門性の広さ

図10-1　スキル習得に関するイメージ

専門スキルには土台となる共通のスキルがあります。そしてその上により詳細な専門スキルを積み重ねていくような形で、専門性は形成されていきます。たとえば、一次関数を覚えて、その後に二次関数を覚えるといった具合です。データ×AI人材のスキルも、共通の土台となるスキルは多く存在します。機械学習の知識であれば、統計学の知識の上に成り立っていますし、データ分析の一連の流れを実施するスキルは、数学、ロジカルシンキング、データベースへの理解、科学的な検証プロセスといった多くの土台の上に成り立っています。

ここで考える必要があるのが、同じ基礎スキルに基づいた複数スキルの組み合わせは、習得しやすい一方で競合も激しいという点です。たとえば、機械学習のスキルには時系列解析、効果検証、因果推論などがあります。これらは重なり合っている部分も多いため、機械学習の専門知識を増やす過程で比較的自然に身につけることができます。しかし、それだけに、同じようなスキルセットを持った人は非常に多いのです。現時点ではこれらのスキルは習得難易度が高く、かつ価値に直結するため人材ニーズが高いですが、今後学習が容易になったり、簡単に分析ができるツールが登場したりすると、人材が飽和するかもしれません。

上記のような理由から、どのようなスキルを組み合わせると市場で求められる人材になれるのか考えてみるとよいでしょう。時系列解析と組み合わせるスキルセットとしては、たとえばWebマーケティングの専門スキルなどがあります。ある程度の知識がある人は多いですが、統計的な分析と施策の両方に明るい人材は非常に希少です。これは、時系列解析などの統計的な分析と、Webマーケティングで必要な土台となるスキルが異なるためです。

専門人材のスキル習得パターンには大きく分けると以下の3つがあります。

- **専門特化型人材**
- **バランス型人材**
- **専門の掛け合わせ型人材**

それぞれのスキルを図示すると、図10-2のようになります。それぞれ、どのような特徴があるのか、またどのようなメリットとデメリットがあるのか解説します。

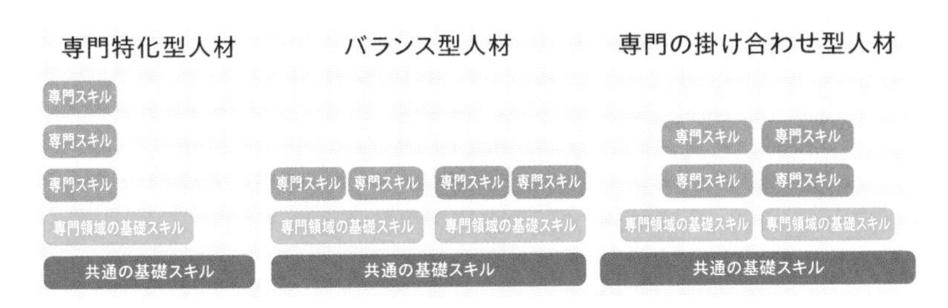

図10-2　専門特化型人材、バランス型人材、専門の掛け合わせ型人材のスキルイメージ

専門特化型人材

まず1つ目のパターンが、専門特化型人材です（図10-3）。具体的にはある特定の領域で博士号を持つ人や、研究者でR&Dをメインに行っている人です。このスキルパターンの特徴は、ハイリスクハイリターンなところです。その領域の第一人者となることで、大きな仕事に関われたり、研究結果が大きな価値を生んだりすることもあるかもしれません。しかしその一方、技術領域が代替される可能性もあります。技術にもよりますが、専門領域が狭いと働ける場所も限定的になりがちです。多くの企業はそこまで高度な技術を求めてはいません。日々の仕事に誠実に取り組み、期待される成果を上げれば十分ということも多いです。また、専門領域でトップクラスになることができればよいのですが、そうなれなかった場合、そこそこの専門技術を1種類しか持たない人材になってしまうリスクもあります。一部のエースプレイヤーが大金を稼ぐ一方で、数年で退団を余儀なくされる人もいるような、プロスポーツ選手に似た働き方をイメージするとわかりやすいでしょう。

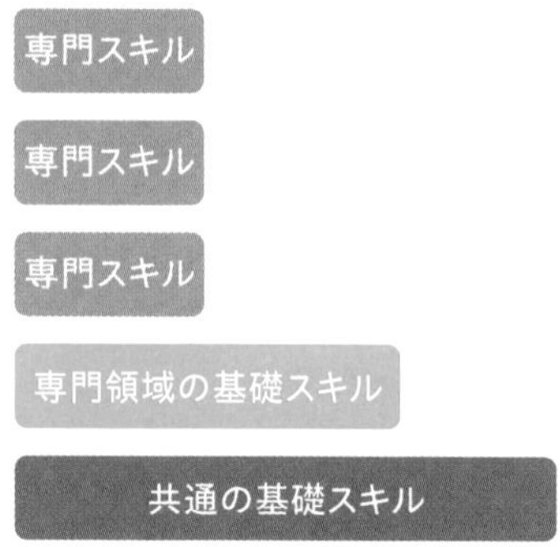

専門スキル

専門スキル

専門スキル

専門領域の基礎スキル

共通の基礎スキル

図10-3　専門特化型人材のスキル

バランス型人材

2つ目のパターンが、バランス型人材です（図10-4）。データ×AI人材でいうと、データサイエンススキル、データエンジニアリングスキル、ビジネススキルをまんべんなく習得しているような人材が当てはまります。様々なスキルを身につけているので、比較的リスクは少ないです。上流のポジションで働いている場合や、1人あたりの職域が広い少人数のチームの際に活躍できます。コンサル・PMのような職種や、スタートアップのメンバー、DX推進チームの初期メンバーなどでも、手を動かしながら様々なことを幅広く実践できるので価値を発揮しやすいです。比較的上流に入りやすいので、平均して収入は高くなる傾向にあります。ただ、一領域の専門家としてアサインされると強みが活かせなくなる可能性も大きいので、上流工程で仕事ができるような営業力も必要です。また、複数のスキルを柔軟に組み合わせて仕事をするため、プロジェクト全体を俯瞰して見ることができるスキルが必須です。

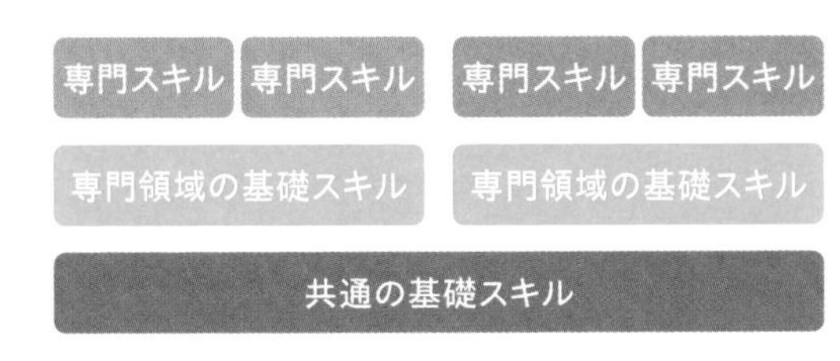

図10-4　バランス型人材のスキル

専門の掛け合わせ型人材

3つ目のパターンが専門の掛け合わせ型人材です（図10-5）。うまくスキルを掛け合わせることができると、効率良く市場価値を高めることができます。その道で仕事ができるレベルと、その道の第一人者になるレベルでは、学習時間から雲泥の差があります。しかし第一人者のレベルには達していなくても、複数の領域を掛け合わせることで一気に希少性を増すことができます。専門の掛け合わせ型人材が最も価値を発揮するためには、複数の専門性を活かすことができる職場を探す必要があります。その場合、どのスキルを掛け合わせるか、その組み合わせが重要です。データ×AI人材において価値が発揮される組み合わせとしては、機械学習スキルとAPI開発スキル、マーケティングスキルと効果検証スキルなどがあります。その時代やタイミングによって何を掛け合わせるとよいかは変わってくるので、現在自分が持っているスキルを振り返ってみて、どうすれば価値が発揮できそうか考えてみましょう。

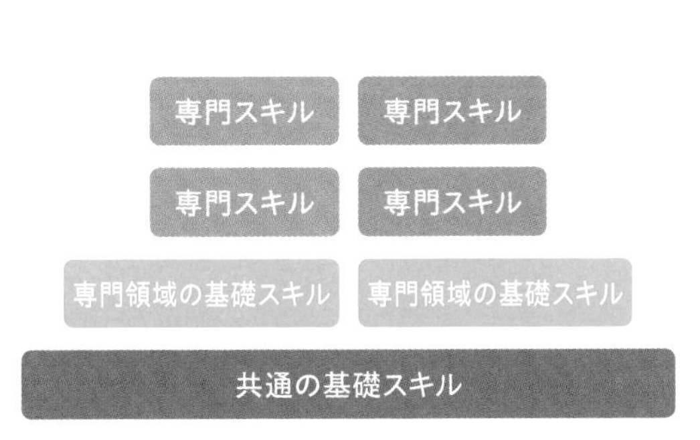

図10-5　専門の掛け合わせ型人材のスキル

スキルに業界知識を掛け合わせて奥行きを作る

ここまでの内容では、どのようなスキルを獲得するかに焦点を置きましたが、ここにさらに業務知識や業界知識といったスキルを掛け合わせることで、スキルに奥行きが生まれます。面ではなく立体として、スキルセットを捉えるイメージです。

データ分析では、トピックが違うとデータの取り扱い方がまったく異なります。たとえばユーザーデータであれば、5、10、15といったキリのいい数値が買われやすかったり、10,000円と9,980円では0.2%しか価格が変わらないのに対し、反応率はそれ以上に向上したりと、段階的な変化が発生します。一方でセンサデータは、物理法則に従ったデータが取りやすいという傾向がありますが、計測時に一定ノイズが含まれるので、そのノイズの取り扱いが大変になる場合もあります。アンケートは5段階、7段階、9段階、10段階評価、単一選択、複数選択などでアンケートを取ります。9段階でデータを取得した際には、1～9の間に相対的に意味のある尺度を、連続量としてどう扱うかというテクニックが重要になります。最終的に使う手法が同じであったとしても、業界やデータセット特有の癖が必ずあるのです。

また意思決定の指針や軸も、業界によってまったく異なります。たとえば医療分野のがん検査などに関する分析であれば、精密な検査を行うためのフィルタリングがメインの目的であり、がんにかかっている陽性の患者を陰性と判定してしまう偽陰性のサンプルを減らすことが重要です。一方で、人材採用の分野では、高いパフォーマンスを発揮できる人を見逃してしまうリスクは許容できるものの、雇った後にパフォーマンスが低いというリスクは許容しがたいため、偽陽性のサンプルを減らす必要があります。

業界知識があると分析の考察にも影響が出ます。製造業の有害物質の異常発生に関する調査であれば、なぜそれが起こったのか、物理現象を想像することで原因に近づくことができます。たとえば、製造工程で材料が気化する可能性であったり、工場内の湿度や気温が風の流れにどのような影響を与え、工場内の空気中の塵の状態がどうなるかといったことが想像できると、思わぬ落とし穴にはまらずに済みます。現場レベルではどのような施策ができるのか把握しておくことで、施策に繋げやすい分析をすることも可能です。現場感がないデータ×AI人材が分析した結果、価値のない提案をしてしまうことがあります。たとえば「工場の機材を変えましょう」といった提案をされたとしても、コストや減価償却の関係から既存設備をあと2年は使わなければならない場合には、無意味な提案となってしまいます。現場に詳しい人材が同席するのであれば、ちょっとした機材のメンテナンスや使い方の改善など、行動に移しやすい施策案になるよう分析することも可能です。

マーケティング分析のような領域においても、広告出稿の仕組み、オフラインの広告とオンラインの広告の特徴の違い、放送局、データの取得方法、東日本大震災やリーマンショック、新型コロナウィルスなどが市場にどのような影響を与えるのかといったことに理解があると、データを適切に解釈して筋のいい分析ができます。

そのため、技術的なスキルセットはもちろんですが、分析する業界の知識を深く理解していることで、より効果の高い分析ができるようになります。

各スキルセットをどのように伸ばすか?

習得すべきスキルの方向性が定まったら、どのようにスキルを習得していけばよいのでしょうか。ハードスキルとソフトスキルという軸を意識すると、効率的にスキルセットを習得するための戦略が立てられます。

ハードスキルは特定の専門知識や研修で得られるスキルを指し、ソフトスキルはリーダーシップやコミュニケーション、時間管理といった個人の特性に関連するスキルを指します。そのため、ハードスキルは主に独学や研修、技術的な指導によって習得することができますが、ソフトスキルは、座学に加えて実務での経験と質の高いフィードバックをもとに習得していく必要があります。

本節で紹介するデータ×AI人材に求められるハードスキルとソフトスキルには、図10-6のようなものがあります。

ハードスキル	ソフトスキル
・語学力	・問題解決能力
・数学、統計に関する知識	・科学的思考能力
・プログラミング言語	・コンピュテーショナルシンキング
・データベース管理	・クリティカル・シンキング
・アーキテクチャ設計	・デザイン思考
・データマネジメント	・誠実さ
・分析・レポーティング	・信頼性
・各種機械学習手法	・アイデア発想
・ディープラーニング	・適応力
・システム設計	・情報整理
・マーケティング	・共感力
・効果検証	・革新性
・セキュリティ	・リーダーシップ
・BIツールに対する理解	・フォロワーシップ
・SaaSに関する理解	・タイムマネジメント
・クラウドサービスに関する理解	・チームビルディング
・個人情報保護	

図10-6　ハードスキルとソフトスキル

実際の業務においては、仕事の7〜8割はハードスキルを必要とするので、専門職で働く上でも、ハードスキルは前提条件として必須になります。ハードスキルを獲得すれば、仕事をする上での最低要件を満たすと考えてもよいでしょう。ハードスキルは日々アップデートされていくので、常に学び続ける必要があります。

ハードスキルにソフトスキルを掛け合わせることで仕事に価値を生み

出せます。たとえば、自分の持っているハードスキルでは対応しきれない問題が発生した場合、自分で調査して解決する、詳しい人に解決のサポートをしてもらう、代替策を考える、あるいは諦めるという判断をしなければなりません。

そのため、他の人と連携を取る、新しい知識を身につける、もしくは、調査するというスキルが必要になります。また、分析結果を価値あるものにする上でもソフトスキルは重要です。分析結果を価値あるものにするためには、適切な分析テーマを選定した上で、周りからのデータ提供、現場やビジネスの実態のヒアリング、分析、結果の共有、チームメンバーからのアクションが必要です。

曖昧で複雑な問題に取り組む際も、ソフトスキルが重要になります。答えのない複雑な問題への対応は、何から着手するか考えるところからスタートします。誰が適任かもわからない中でゴールを決め、課題を1つひとつ洗い出し、プロジェクトを立ち上げなければなりません。その中では、様々なチームや各メンバーの置かれた状況を理解し、総合的な判断を下しながら進める必要があります。そのためにはハードスキルが必要ですが、それだけでは歯がたちません。

ソフトスキルは業務の中で培われていくところが多い能力です。目には見えにくいスキルですが、様々な面で効いてきます。むしろ目に見えにくいからこそ、スキルを身につけた業務経験者は重宝されるのです。

ハードスキル、ソフトスキルそれぞれについて、業務内、あるいは業務外で習得するにはどうしたらいいか解説します。

業務の中でできるスキル習得

まず、業務の中でできるハードスキル習得の方法として最も手っ取り早いのが、未習得の技術を取り入れて業務を遂行してみることです。理想としては既存の知識が7～8割、新しい知識が2～3割といった技術がよいでしょう。月に160時間働くのなら、3割を新しい技術に充てることができれば、48時間程度の学習をするのと同等の効果を得ることができます。週10時間の学習時間を捻出するのはなかなか難しいですが、このような方法であれば無理なく継続的にスキルを上げていくことができます。既存の知識の比率が7〜8割というのは、実際すべての知識を身につけた上で業務にあたることは少なく、既存知識が活きない領域だと業務効率も学習効率も悪くなってしまうためです。

ソフトスキルの習得は、プロジェクトマネジメント、課題の整理、情報の整理とドキュメンテーションなど、何かしらテーマを決めて取り組むとよいでしょう。その際には、上司やチームメンバーから良質なフィードバックを得ることが重要です。ソフトスキルの習得のためには、良い上司やチームメンバーがいる環境を優先することが、仕事を選ぶ上で重要なポイントといえます。また、フィードバックがもらえる環境や仕組みがある職場が望ましいでしょう。1on1などで直接課題点をフィードバックしてもらうことで、自分では気づかない問題点や改善点を知ることができます。ソフトスキルは他者の振り返りを見て学ぶこともできるので、KPT[10-3]のような振り返りフレームワークが導入されている職場、あるいはOKR[10-4]など、ゴールに向けたアクションを分解して考える仕組みのある職場が望ましいでしょう。また、仕事を通じて成長するには、ときには耳の痛い意見を素直に聞き入れることも必要です。しかし実際は、批判されたりすると「自分の人格が否定された」と捉えてしまうことがあります。そのような意見を「自分の成長のためのアドバイス」として受け入れるためには、相手が自分を攻撃することがないと信頼できるような心理的安全性の高い職場環境であることも重要です。

業務の外でできるスキル習得

業務外でハードスキルを習得する場合は、基本的には第7章に記載し

10-3：Keep（成果が出ていて継続すること）、Problem（解決すべき課題）、Try（次に取り組むこと）を整理する、振り返りと次の行動を検討するためのフレームワーク

10-4：Objectives and Key Resultsの略。目標と主要な結果に分けて目標設定と管理を行う目標設定・目標管理方法

た内容と同じようなアプローチで習得ができます。そのため詳細は割愛しますが、勉強会に出る、専門書で学ぶ、資格の勉強をする、個人プロジェクトで分析レポートや分析システムを作成するという方法が有効です。また、既にある程度スキルを持っている方は、その領域のカンファレンスに参加することも有効です。特定領域のカンファレンスでは、ツールやサービス、技術のアップデートにフォーカスした発表などもあるので、新しい知識を効率良く獲得するには最適です。

ソフトスキルは、チームや仕事相手との関係性の中で習得するものなので、業務外で習得するのは難しいですが、コミュニティに所属する、長期の分析企画にエントリーをする、副業するなどの方法であれば、業務外でも習得が可能です。

どのようなスキルであっても習得の手順は、まず知識を身につけてから実践するという流れになります。正しい知識を得ることで、自分にとってどのソフトスキルが必要かわかるようになります。どんなソフトスキルがあるのか、そのソフトスキルではどういうことが重要なのか、書籍を読み込んでみるのも1つの手です。知識を得たとしても、「理解している」レベルから「実践できる」レベルに至るまでには大きな壁がありますが、すべては知るところからスタートします。

また、コミュニティに所属すると会社と似たような環境を得ることができます。たとえば、オンラインサロンのような相互交流型のコミュニティを活用するのも手ですし、勉強会や専門特化のコミュニティに所属するような方法もあります。特に、コミュニティの運営サイドで関わることができると、コミュニティを活性化させる、メンバーの技術習得や成長を促す、継続性を持たせる、情報を管理・共有する、といった側面を考えることになるので、自然とソフトスキルも上がっていきます。

企業が主催している、長期の分析企画にエントリーするのもソフトスキルの習得に有効です。可能であれば単独ではなく、チームでの参加が望ましいです。長期プロジェクトの場合は、基本的に業務と同じ流れで進むことが多いので、擬似的に分析プロジェクトを経験することができます。また、ソフトスキルの習得を目的にする場合であれば、お互いにフィードバック、振り返りをしながら、改善点を洗い出す中で、効率良く自分のスキルを磨いていくことができます。

その他、第7章で紹介した機械学習コンペの参加や、副業も有効なアプローチです。機械学習コンペは、企業開催の分析企画と同様、チームで参加することで、知見の共有ができ、多くの学びを得ることができます。中堅以上のキャリアであれば、依頼を受けやすくなるので、副業もスキルアップにはおすすめです。副業で案件に関わる場合は専門家としての活躍を期待され、動き方もフリーランスと近い形になります。時間も限られてくるので、短い時間でクライアントの望む結果を出さなければなりません。今の業務ではチャレンジできないような業務に挑戦して一歩抜け出したいという場合には副業は有効な戦略となってくるでしょう。

短期的なスキルと長期的なスキル

キャリア設計では、どのスキルを獲得するかという点が重要な検討事項です。その上で考えるべきなのが、短期的なスキルと長期的なスキルという視点です。スキルについては、先にハードスキルとソフトスキルという分類を紹介しましたが、短期的なスキル、長期的なスキルという観点でも分類することができます。

短期的なスキルを持っていることで、案件や会社に入りやすくなるため、目先の利益を最大化するには短期的なスキルの習得も重要です。一方で長期的なスキルを持っておくことで5年後、10年後に一段、二段上の仕事ができるようになります。これは、長期的スキルにはスポーツでいうところのフィジカルのような要素があり、備えていることでどんなタイプの案件でも通用するような地力となるためです。たとえば、高い身体能力と運動神経、適切な走り方のフォームを身につけていれば、陸上、サッカー、野球など、どのようなスポーツでも活躍できます。また短期的なスキルの習得の下地になることも多く、短い時間でスキルを習得したり、概要を掴んだりといったことができるようになります。逆にいうと、短期的なスキル習得の際に、なぜその技術が重要なのか、どう効果があるのかといった点に理解を深めておくことで、長期的なスキルにも転換できるようになります。

これらの側面があるため、短期的なスキルと、長期的なスキルは、どちらかを優先的に習得するというより、どのようなバランスで習得するかが重要です。短期的なスキルがないと高度な仕事の獲得が難しくなる、長期的なスキルがないと伸び悩む、という壁が発生します。ここでは短期的なスキル、長期的なスキルのそれぞれに、どのようなものがあるのかを見ていきましょう。目安として、短期的なスキルは直近3年以内で活躍するスキル、長期的なスキルは3年以上使い続けられるスキルとイメージしておくとよいでしょう。

短期的なスキル

短期的なスキルには、現在の世の中でトレンドになっている技術で具体的なニーズのある分野や、最新サービスに関する知識などが含まれます。たとえば以下のような技術が分類されます。

- 最新サービスの動向に関する知識
- 特定のクラウドサービスに関する知見
- モダンなアーキテクチャ設計に対する知識と理解
- 最新の機械学習アルゴリズムに関する理解と実装スキル
- 直近急速に流行った技術やサービスに関する実装スキル

基本的には、直近に流行ったものやサービスの動向といった、鮮度の高い情報・技術が多くなります。たとえば、最新サービスの動向に関する知識としては、どのサービスのパフォーマンスが良いのかといったベンチマーク、有名企業によるサービスの採用事例と採用の理由、サービスのプライシングや使い勝手の良さ、落とし穴といった内容が含まれます。これらの知識を持っていることでサービス選定においてより良い判断ができるようになります。一方でこれらの内容は、日々サービスが改善されているので、2〜3年後には状況が変わっていることがほとんどです。

また、特定のクラウドサービスやモダンなアーキテクチャに関する知識は、アーキテクチャ設計をするために役立ちます。しかし年々ベストプラクティスが変わっていくので、新たなサービスの登場によって、過去のベストプラクティスが通用しなくなることもあります。もちろん、大まかな全体構造は変わらないことが多いので、アーキテクチャ設計の知識自体は長期的なスキルに含まれます。

また、最新の機械学習アルゴリズムなどは、論文とともにフレームワークの利用方法が公開されます。これらの最新手法は、常にアップデートがされているため、数年前から大幅に改善されたアルゴリズムが主流になっていることも珍しくありません。基本的には既存のアルゴリズムを改善したような内容になっているものが多いため、身につけた知識が完全に無駄になる訳ではないですが、機械学習モデルの実装においては、最新の技術情報を把握し、適切なアルゴリズムを選択することが求められます。

長期的なスキル

長期的なスキルは、短期的なスキルを素早く習得し、効率的に活用していくスキルと言い換えてもいいかもしれません。たとえば以下のようなものを挙げることができます。

- 統計学に関する知識

- 機械学習に関する基礎理論の理解
- コンピュータサイエンスに関する知識／技術
- プロジェクトマネジメントに関するスキル
- システム開発の原理原則に関する理解
- ロジカルシンキングスキル
- ビジネスモデル設計に関するスキル

データ×AI人材のスキルの中で、重要かつ長期的に活用できるものとしては、統計学に関する知識、機械学習に関する基礎理論の理解、コンピュータサイエンスに関する知識や技術が挙げられます。新しい理論が出てきたとしても、基本的には既存のコンピュータサイエンスの枠組みで扱われてきた問題に対する解決策がほとんどです。既存の技術では計算効率や計算量が障壁となって解けなかった問題が、新しいアルゴリズムの開発や、ハードウェアの進化によって解けるようになることがあります。そのため、仮に新しいアルゴリズムが開発されたとしても、基本的な技術や知識を押さえておけば、どのような用途で使えばよいか、判断がしやすくなります。また、新しいアルゴリズムといっても、基本的には既存の技術に新しい要素を加えたものが多いため、基本をしっかりと網羅しておけば、キャッチアップにそこまで時間はかかりません。また、主流のフレームワークが変わったとしても、アルゴリズムの動きを理解できれば、計算量のチューニングなども最新のフレームワークに則って柔軟に対応することができます。

またプロジェクトマネジメントやシステム開発の原理原則の理解も、長期的なスキルと考えてよいでしょう。個々のプロジェクトによって状況は変わりますが、どんなプロジェクトでも、ベースとなる手法は同じようになることが多いです。また、プロジェクトの成功パターンは千差万別ですが、失敗するプロジェクトには多くの共通パターンがあります。そのような共通パターンを理解し、プロジェクトを進めることができる能力は、長期的なスキルといえるでしょう。

そして、物事を理解し適切に伝えるスキルであるロジカルシンキングや、ビジネスモデル設計のスキルも、長期間活用し続けることができるでしょう。技術者にとっても、他のメンバーとのコミュニケーションは重要です。ビジネスを理解することで、どの技術や実装が競争優位を生むのか把握し、システム面で競合に対する優位性を生み出すことができます。

長期的なスキルを活用すると、短期的スキルを効率良く身につけることもできます。長期的なスキルと最新の短期的スキルを、より多く、また高いレベルで持っている人が、長期的に求められる人材になれます。長期的なスキルを活かした働き方をしつつ、短期的なスキルが陳腐化しないようアップデートしていきましょう。

成長する技術を見極める

スキルを身につける際は、既に完成されている信頼性が高い技術（枯れた技術とも表現されます）、今後成長していく技術を中心に選ぶべきです。それでは、成長する技術はどのように見極めればよいのでしょうか。その1つの基準は、見通せる未来のタイプを分類し、見通しに合わせてスキルへの投資戦略を構築することです。ヒューコートニーらは『不確実性時代の戦略思考』（ハーバード・ビジネス・レビュー　2009年7月号）の中で、未来のタイプを「確実に見通せる未来」「いくつかの可能性がある未来」「可能性の範囲が見えている未来」「まったく読めない未来」と分類しています（図10-7）。

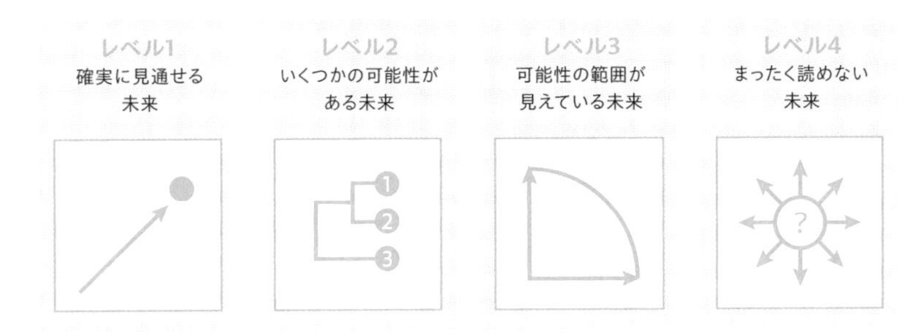

図10-7　不確実性の4つのレベル

確実に起こりうる未来のために、堅実に対応して安定した職業人生を描くことは重要ですが、不確実な未来に対して準備し、大きなリターンを得ることも重要です。確実な選択肢だけを選んでいると、大きなリターンを得られる可能性は低くなります。もちろん確実に見通せる未来といっても、実際には多くのパターンがあるため、すべてが予見されている訳ではありません。

技術面では総合的に見て、狙い目となる領域が存在します。たとえば、2010年頃は、ビッグデータのような領域は今後伸びることがほぼ確実視されていましたが、プレイヤーの数は需要に対して足りていませんでした（ディープラーニング等の技術はまだまだ発展途上だったため、AI領域が伸びるかは未知数でした）。

未来の可能性が読めない技術領域に投資を行うと、その領域が大きく伸びた際に得られるリターンは大きくなります。たとえば、仮想通貨が大ブレイクした際のブロックチェーン技術者はありとあらゆるところで引っ張りだこでした。

ではそれぞれの未来のタイプで、どのような対策を取るべきなのでしょうか。

確実に見通せる未来

最も見通しが立ちやすく、計画を立てやすいのが確実に見通せる未来です。人口の変化、開発済みのシステムの今後の運用計画、主要なプログラミング言語の技術者数と今後の需要、計画された技術投資（Meta社がメタバース事業に1兆円投資するなど）、技術の大局的な方向性（コンピュータのスペックの上昇とそれに伴ってできることの増加、自動運転やAIの発達、センサデータの浸透）、データサイエンス系学部の卒業生の人数、といったものが該当します。

大局的な方向性を見定め、着実にキャリアをデザインしていくにあたっては、確実に見通せる未来に備えておくことが重要です。たとえば、今後確実に廃れていき、供給が需要を上回ることがほぼ確実な技術を学習するのは得策とはいえないでしょう。今後10年で確実に必要とされる技術を見定め、その技術に軸足を置くことで、後述するような不確実な未来に対してチャレンジできるようになるのです。

いくつかの可能性がある未来

データの利活用や雇用に関する法律がどう整備されるか、市場のシェアを握る会社がどこになるかといったことは、未来にいくつかの可能性があるといえます。たとえば、プライバシーに関する法規制が緩和されるかどうか、解雇規制が緩和されるかどうか、電気自動車の開発を支援するかしないかといった政府の方針によって、市場の動向は変わります。

技術の選択にあたっては、このような複数の未来の可能性を考慮する必要があります。たとえば、ニューラルネットワークのフレームワークにはChainer、Tensor Flow、PyTorch、Kerasなどがありましたが、Chainerの開発は終了してPyTorchに引き継がれました。このように、ツールのサポートが終了してしまうと、使い方など学習したことが無駄になることもあります。一方で、ディープラーニングに関する知識や精度改善の方法は、どのフレームワークでも共通しています。オープンソースはそれ自体で稼いでいる訳ではないため、サポートありきの姿勢は思想的にふさわしくないものの、コミュニティが活発か、メンテナーが継続的にメンテナンスできる体制を構築しているかなどは、オープンソースの技術の選択では重要になります。

他に、クラウドサービスやSaaSのツールなどでも、サービスの終了、仕様変更などが行われる可能性があります。そのため、これらの技術を中心にキャリアを設計する場合、使用している技術が今後どのような状況になりそうかを気にかけつつ、似たような技術領域でも共通する汎用性の高いスキルを身につけておくとよいでしょう。自分が使っている技術のニーズが高まり、第一人者になれそうな場合は、その技術にスキルを振り切ってポジションを取りにいくという選択肢も有効です。

可能性の範囲が見えている未来

今後、流行する技術、市場における各種の比率などは、予想する上で明確な可能性が見づらいものです。たとえば、NFTをはじめとしたブロックチェーンの応用技術がどの程度市場に浸透するか、メタバースがどの程度市場に受け入れられ、どのように流行するのか、企業のデジタル化がどの程度進むか、といったことは今後の技術領域の未来を左右するような要素ですが、どのように落ち着くのか予想するのは不可能であるといえるでしょう。

また、事業会社で働くのか、外部のメンバーとして働くのかといったキャリアの選択を考えるにあたっては、社員とフリーランスの比率、内製化と外注化の比率が、今後どのように推移するかが重要な指標になります。しかし、これもフリーランスが増え、内製化が進むという大局的な方向性の予測はできますが、いつ頃までにどの程度の比率になるかの予測は難しいでしょう。

これらの未来に対しては、今後の技術発展のシナリオを予想し、大きな変化が発生した際に、その波に乗れるよう準備をしておくという対策が有効です。たとえば、最新技術が登場した際、趣味の延長レベルで学習をしておけば、技術領域の情報を押さえておくことができます。特に、現在自分が得意としている領域が代替される可能性がある場合は、しっかりと備えておきましょう。

まったく読めない未来

新しく生まれる技術、新しく生まれる市場、新しく発生する技術的な課題など、まったく読めない未来も度々発生します。たとえば、スマートフォンの流行、ブロックチェーン、メタバース、ディープラーニングなどは、ブーム以前に技術領域こそあったものの、ここまで大きな流れになることを予測できた人は少なかったでしょう。

これらの技術の変化は、非常に曖昧性が高いため、必ずしも技術が登場した瞬間に飛びつく必要はありません。技術が登場した際に、その技術にどのような価値があるのかを見極め、自分の持っている技術と親和性があれば、取り組んでみるというようなアプローチがよいでしょう。先述した通り、新しく出てきた技術は、徐々に体系化が進みます。着実にキャリアを構築するという観点では、体系化され始めたタイミングあたりで習得するのがよいでしょう。

一方で、これらの領域は大きく伸びる可能性もあるため、起業、新規事業、副業などで取り組む対象としては、検討価値のある領域となるでしょう。

どのタイミングで確度の高い予測に変わるのかは、個人の専門分野や持っている知識によって変わってくるため、ある人にとってはまったく読めない未来であっても、他の誰かにとっては可能性の範囲が見えていたり、確実に見通せる未来だったりすることもあるかもしれません。そういった予測精度のギャップを把握できることはチャンスでもあるので、自分と他人の予測にギャップがありそうな領域をキャリアの主軸に置く選択肢を取るのもよいでしょう。

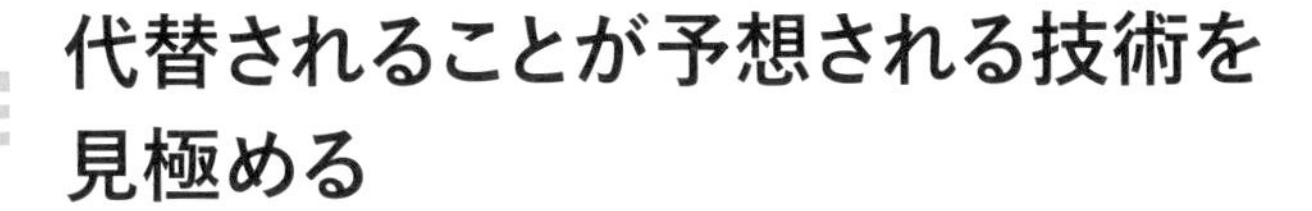

代替されることが予想される技術を見極める

成長する技術の見極めは重要ですが、代替されることが予想される技術を見極めておくことも非常に重要です。最近では、多機能なライブラリやパッケージが次々と登場しており、数ヶ月かけてようやく実装できた成果物が、たった数行で実装できるようになるようなことも珍しくありません。本章の冒頭でお話ししたように、過去には一定数のインフラエンジニアがクラウドに置き換えられ、ウェブフレームワークに置き換えられたエンジニアも多く存在します。

この流れは、データ × AI人材にも必ず起こります。以前はscikit-learnのような機械学習ライブラリが使いこなせれば、仕事にありつけるような時期もありましたが、現在ではscikit-learnで機械学習アルゴリズムが少し実装できるくらいでは仕事になりません。同様に、特定の分析トピックを得意としている人も危険があるかもしれません。たとえば、以下のようなツールを用いることで、データ × AI領域の多くのプロセスを自動化し、GUIベースで簡単に実装することが可能です。

- データプレパレーションツール
- AutoMLサービス
- 分析特化型サービス
- 各種クラウドサービス

本節では、データ × AI領域で代替の可能性が高いこれらのツールについて、どのように仕事を置き換えるのか、またどのように活用していくのか解説します。

データプレパレーションツール

データ活用において最も工数がかかり、分析の8割を占めるともいわれている工程が、データの前処理です。この前処理を効率的にGUIベースで行うことができるのが、データプレパレーションツールです。

データプレパレーションツールでは、データベースとの連携によってデータを取得し、結合、集計、加工などの豊富な機能を、ノードを繋げるような形で簡単に実現することができます。現在、多くの分析では、Pythonのpandasを用いたり、SQLでETL処理が書かれていたりします。しかし、複数の入り組んだ集計は簡単ではなく、コードが数百行にわたることも珍しくありません。データプレパレーションツールを用いることで、同じ複雑度の前処理であっても、GUIベースで手順をわかりやすく可視化できます。そのため、SQLなどと比べて処理の流れが把握しやすく、非エンジニアであっても扱いやすいという利点があります。

また、従来は分析者が欲しがっているデータを、エンジニアが抽出、集計してから渡すという場面がありました。しかし、データプレパレーションツールを用いれば、そのプロセスを分析者自身が行えるようになり、自動化することも可能です。最近では、BIツールの標準機能としても搭載されているので、簡単に利用できる環境も整いつつあります。データ基盤の構築において、SQLが活躍する場面はまだまだ多いですが、集計、抽出をメインに担当する人材の仕事が、徐々にデータプレパレーションツールに代替されうる可能性を視野に入れておきましょう。

AutoMLツール

機械学習のモデル構築も、簡易なモデル実装はAutoMLツールによって代替されつつあります。第2章で説明したように、AutoMLは、特徴量エンジニアリング、複数モデルの検討、パラメータの自動探索、モデルの評価とその可視化など、モデリング時にデータサイエンティストが時間をかけて行っていた業務を、自動で実施する機能を持っています。今まで、リードデータサイエンティスト1名、アシスタントデータサイエンティスト2名、機械学習エンジニア1名といった体制で実施してきた業務を、リードデータサイエンティスト1名で賄えるようになるイメージです。そのため、仮説の構築や問題設計、特徴量の検討などができるリードサイエンティストのような人材は、1人でこなせる仕事の量が増えるため需要が高まります。一方で、指示されたモデルをただ作って試せるだけのデータサイエンティストの需要は低くなっていくことが予想されます。

分析特化型サービス

第2章では、分析特化型サービスがデータの利活用を推進していると解説しました。その最たる事例がGoogle Analyticsをはじめとしたアクセス解析ツールです。Google Analyticsを使えば、Webサイトの分析に必要な指標を一通り分析することができます。しかも、GoogleはGoogle Analyticsの機能の多くを無料で提供しています。これにより、アクセスログを1から分析するような仕事の大部分はGoogleAnalyticsに代替されてしまいました。

一方で、GoogleAnalyticsによってデータの収集、蓄積、分析が容易になったため、単純集計から一歩進んだ幅広い分析が行われるようにもなりました。その結果として、集計のみを行う労働集約型の仕事はなくなった一方で、ビジネスや分析手法を理解した人が、分析に基づいて施策を提案するコンサル的な仕事が増えました。このような変化が、ありとあらゆる業種や業態で進んでいます。そのため、需要の高い特定領域の分析に特化している場合は、サービスやツールに代替される可能性がないか、常に注意を払い、代替される可能性がある場合は、そのツールを活用してより高度な分析ができるように準備をしておく必要があります。

各種クラウドサービス

Amazon Web Services、Google Cloud、Microsoft Azureなどの各種クラウドサービスでは、日々新しい機械学習に関するサービスが登場しており、代表的なユースケースであればサービスを組み合わせるだけで、システムが完成することも増えてきました。たとえば、画像認識、音声認識、レコメンドエンジンなどは、必要なデータセットの準備だけで学習が完了するような環境が既に整っています。クラウドサービスを活用するため、多少のシステム開発は必要ですが、クラウドシステムの開発ができる人であれば機械学習システムの構築が簡単にできてしまいます。

これらのサービスは、よく使われる代表的なものから実装されていくので、最新のアルゴリズムが導入されることは少ないですが、昔からある技術を使って同じようなシステムを別の会社に横展開しているような人にとっては、これらのサービスに仕事を代替されてしまう、もしくは付加価値が低くなってしまうという事態は起こりうるでしょう。

代替されない技術とは何か？

それでは、これらのツールの登場によって代替されない技術とは何でしょうか。

本章で述べた長期的なスキル、ソフトスキルのようなスキルはツールによる代替が難しく、普遍的な技術なため、代替されにくい傾向があります。上述したようなツールによって技術の代替が進むと、今まで第一線で働いてきた、ハードスキルとソフトスキルをバランス良く備え、価値を生み出すデータ活用の方法を考えられる人材の価値が上がります。一方で、ハードスキルのみの習得に偏った人材は、ツールに代替されて人材としての価値が相対的に低くなってしまいます。既存の技術でできることを理解しつつ、ビジネスを推し進める力を併せ持つ人材が生き残れるのです。

専門技術が辿る道の解説でも触れたように、技術の自動化やフレームワーク化は、共通のアプローチで解決ができ、適用範囲が広い技術から順に対象とされていきます。そのため、適用範囲が広すぎない技術、共通化が難しい技術などは、代替されにくい傾向にあります。特定領域に特化したドメイン知識を活かすような領域も、共通化が難しいため代替されにくい傾向にあるでしょう。複数分野に共通した潰しの効きやすいスキルを身につけるメリットは大きいですが、このようなリスクも含んでいるため、バランスの取れたスキル構築戦略が重要になります。

これらのことを意識しつつ、ソフトスキル、ハードスキル、特化したスキル、ドメイン知識などをバランス良く身につけ、代替されにくい人材を目指しましょう。

1年後、3年後、5年後、10年後を考えてキャリア設計をしてみよう

ここまで、データ×AI人材のキャリアの構築にあたって、どのようなスキルを習得していけばよいのか、どういった方向性を目指していけばよいのか解説しました。では、具体的にキャリアの計画に落とし込む際、どのようにスケジュールを立てていけばよいのでしょうか。

本章で示したように、技術の状況は刻一刻と変化していきます。そのため、今の時点で10年後のキャリアのデザインを考えたとしても、10年後の市場は想像していた状況とまったく異なったものになっているでしょう。そのため、短期目標である1年後、中期目標である3〜5年後、長期目標である10年後以降にキャリアを分割してデザインすることをおすすめします。

1年後のキャリア

どのような技術を身につけて、どのような仕事をしているのか、具体性を持って計画できるのが1年後のキャリアです。何か新しい技術を0から習得しようとすると、平均的に数ヶ月〜1年程度かかります。そのため、直近1年のキャリアでは特定技術をキャッチアップし、その技術を使って成果を出すことを目標にしましょう。

具体的にどんな言語を学ぶか、どんなフレームワークを学ぶか、どんな機械学習の分野を学ぶかといった具体的な学習内容や、実務で自作のモデルをデプロイする、コンペサイトで入賞する、機械学習システムを作る、MOOCのコースを終了するといった、短期的スキルを中心とした具体的な成果と紐付けて計画を立てるとよいでしょう。

3〜5年後のキャリア

3〜5年という期間は、キャリアチェンジ、キャリアアップを目指すのにちょうど良い期間です。3〜5年程度経つと、所属組織、業界の状況などもある程度変わっていることが予想されるため、長期的なスキルと短期的なスキル、ハードスキルとソフトスキルの組み合わせなど、どのようなスキルセットを身につけたいのかという観点から考えるとよいでしょう。

また、キャリアチェンジの可能性として、自社での昇進、他社への転職、同職種でのキャリアアップ、現在のスキルを活かした別職種へのキャリアチェンジなど、働きたい環境やポジションなどを考えることも重要です。

最もキャリアに影響を与える期間となるので、どこから考えたらよいかわからないという方は、まずこの3〜5年後のキャリアのイメージ作りから始めるとよいでしょう。イメージする上では、具体的に検討できる範囲からで構いません。

10年後以降のキャリア

技術の変化が早いデータ×AIという領域は、10年後にどんな技術が流行っているか予想がつかないと考えてよいでしょう。ある程度予想できることもあるものの、そのときに流行っている技術は、前述したまったく読めない未来や、可能性の範囲が見えている未来の中から生まれる可能性が高いです。そのため、特定の技術が流行ることを見越して、技術の習得を先回りすることは難しいです。では、10年後に向けてどのようにキャリアをデザインすればよいのでしょうか。

10年後に向けては、進むべき大きな方向性を決めて、都度状況に合わせて3〜5年後のキャリアのアップデートを続けるという方法が望ましいでしょう。

たとえば、具体的な技術領域は決められなくとも、R&D的な方向に進むのか、コンサル的な方向に進むのか、エンジニアリングに強みを持った方向に進むのか、マネジメントの方向に進むのか、といった方向性は決めることができます。また働き方も、フリーランスとして自由に働く、企業の中で働く、独立起業をするなど、方向性は定めることができます。そして、それらの方向性によって身につけるべきスキルは変わってきます。長期的な方向性にマッチするように、習得すべきスキルセットや実績を設計しつつ、3〜5年後の目標を都度設定することで、望んだキャリアに進むことができるでしょう。

n＝1の人生を思いっきり楽しもう

本書では、データ×AI人材の働き方、キャリアデザインについて解説しました。各章で様々な選択肢を列挙しましたが、明確な指針は示していません。「結局何が最善なんだろう？」とモヤモヤした気持ちになった方もいるかもしれません。しかし、キャリアのデザインには共通する最適解がなく、あなたの持っているスキル、経験、居住地や年齢などの制約条件によって大きく変わってきます。本書を手引きに、あなたオリジナルのキャリア設計に役立ててもらえれば幸いです。

今後、あなたがデータ×AI人材のキャリアを構築していく中で、様々な良いこと、悪いことが起こることでしょう。そんな1つひとつの出来事に影響されすぎないために、最後に物事を確率分布として捉える方法をお伝えします。たとえば、良いこと、悪いことが混合正規分布に従って起こっていると仮定します。全体を通して起こる出来事は図10-8の「全体分布」のようになるでしょう。しかし、しっかりと努力を続けることで「努力を続けた人の分布」のような形に変化させることができます。一方で努力できなかった場合は、「努力できなかった人の分布」のような形に変化するでしょう。このように、努力によって結果を変えることはできなくても、結果の前提となる分布は変えることができます。

一方で、頑張ったとしても結果は左右することができません。運悪く1%以下の確率の側に位置してしまうこともあります。悪いことが起こった際には、努力不足なのか、運が悪かったのか、しっかりと切り分けを行いましょう。図10-8からもわかるように、劇的な結果を得られる可能性があるのは、努力した人だけです。

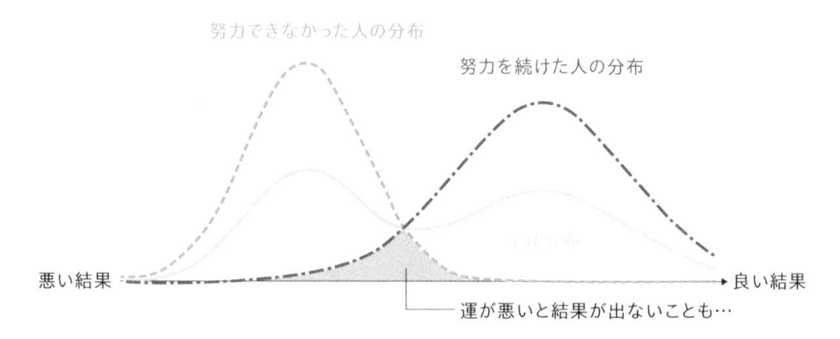

図10-8　努力による結果の分布の違い

データ分析をしていると、稀にしか起こらないことを外れ値として除外してしまう傾向にありますが、統計的には異常値とみなされるような3σの外の出来事だって、1000回も繰り返せば確率的に平均3回程度は起こります。統計的にはコンマ数%の確率でしか起こらないことであっても、奇跡的な出会いによって人生が変わるかもしれませんし、明日災害が起こって生活に苦労するかもしれません。あるいは、持っている株が急騰するかもしれませんし、急落するかもしれません。悪いことがあったら「あ、たまたま運が悪かったんだな」と割り切り、良いことがあっても「今のはたまたま運が良かっただけかも」と過信しすぎないようにしましょう。

私達にできることといえば、コンマ数%の良い出来事に出会えるように、チャレンジの回数を増やすこと、日々努力することによってその抽選の確率を上げることだけです。良い出来事があったとしても、悪い出来事があったとしても、n＝1のあなたの人生をしっかりと噛み締めて、思いっきり楽しみながらデータ×AI人材のキャリアを描いていきましょう。

INDEX

英字

あ

か

さ

た

な

は

ま

や

ら

著者プロフィール

村上智之

データサイエンティスト、Webエンジニア、データ分析コンサルタントなどの経験を経て、2018年にデータラーニングを設立。初学者に向けたデータ分析の教育事業とデータ分析の受託事業、データ分析人材向け有料職業紹介事業を展開。社員数数万人、売上数千億円以上の大企業からスタートアップまで幅広い領域でのデータ分析コンサルティング、DXの推進サポートを手がける。著書に『働き方のデジタルシフト』(共著、技術評論社)がある。

装丁・本文デザイン■大下賢一郎

DTP■■■■■■■■BUCH⁺

データ×AI(エーアイ)人材キャリア大全

職種・業務別に見る必要なスキルとキャリア設計

2022年 6月20日 初版第1刷発行

著　者■村上智之(むらかみ・ともゆき)

発行人■佐々木幹夫

発行所■株式会社翔泳社(https://www.shoeisha.co.jp)

印刷■■公和印刷株式会社

製本■■株式会社国宝社

本書へのお問い合わせについては、iiページに記載の内容をお読みください。

造本には細心の注意を払っておりますが、万一、乱丁(ページの順序違い)や落丁(ページの抜け)がございましたら、お取り替えいたします。03-5362-3705までご連絡ください。

ISBN978-4-7981-7234-7

Printed in Japan